KB151876

University Laboratory Experiments
of Electronic Circuits

대학 전자회로
실험
수정판

신현철 지음

SPICE와 실험실습의 통합적 접근

한티미디어

저자 소개

신현철

KAIST 전기 및 전자공학과에서 학사, 석사 및 박사학위를 취득하였다. 박사학위 연구로부터 지금까지
약 30여 년 동안 줄곧 무선 통신을 위한 초고속 RF 반도체 집적회로 및 시스템 분야 연구 개발을 수행하고 있다.
삼성전자에서는 3세대 이동통신용 CDMA RF 송수신기 반도체 칩 개발, 미국 UCLA에서는 밀리미터파 대역 RF
반도체 칩 개발, 이후 미국 퀄컴에서는 4세대 이동통신용 RF 송수신기 반도체 칩 개발에 참여하였다.
현재 대학에서 5세대 이동통신 및 밀리미터파 대역 무선통신을 위한 RF 송수신기 반도체 집적회로 및
시스템에 대해 가르치면서 연구 개발을 수행하고 있다.

약력

2003년 ~ 현재: 광운대학교 전자융합공학과 교수
2010년 ~ 2011년: 미국 퀄컴 중앙연구소 초빙교수
2002년 ~ 2003년: 미국 퀄컴 RF/Analog IC 그룹 연구원
2000년 ~ 2002년: 미국 UCLA 대학교 박사후연구원
1998년 ~ 2000년: 삼성전자 시스템 LSI 사업부 연구원
1997년: 독일 다임러벤츠 연구소 박사과정연구원

대학 전자회로 실험 _{수정판}
SPICE와 실험실습의 통합적 접근

발행일 2023년 9월 8일 수정판
지은이 신현철
펴낸이 김준호
펴낸곳 한티미디어 **|** **주소** 서울시 마포구 동교로 23길 67 3층
등 록 제 15–571호 2006년 5월 15일
전 화 02)332–7993~4 **|** **팩스** 02)332–7995
ISBN 978–89–6421–476–3 (93560)
정 가 25,000원

마케팅 김택성 노호근 박재인 최상욱 김원국 **|** **관리** 김지영 문지희
편 집 김은수 유채원 **|** **본문** 이경은 **|** **표지** 유채원
인 쇄 우일미디어

이 책에 대한 의견이나 잘못된 내용에 대한 수정정보는 한티미디어 홈페이지나 이메일로 알려주십시오.
독자님의 의견을 충분히 반영하도록 늘 노력하겠습니다.

홈페이지 www.hanteemedia.co.kr **| 이메일** hantee@hanteemedia.co.kr

PREFACE

대부분 대학교의 전자공학 관련 학과에서는 2학년 회로이론과 3학년 전자회로 과목을 통해 회로 관련 이론을 학습하고 추가로 실험 과정을 3-4 학기에 걸쳐서 이수한다. 보통 다른 전공 과목이 한두 강좌로 끝나는 것에 비하면 회로 관련 이론 및 실험 수업은 총 7-8 강좌를 이수하도록 되어 있는 것이다. 이는 전자회로 관련 지식이 전자공학에서 얼마나 중요한가를 보여준다고 할 수 있다.

1940년대 트랜지스터의 발명으로 시작된 전자공학은 현재의 IT 사회를 이루는 기반이 되었다. 1970년대 본격적으로 시작된 반도체 트랜지스터 및 집적회로 제조 기술의 비약적 발전과, SPICE(Simulation Program with Integrated Circuit Emphasis)에 기반한 회로 해석 및 설계 기술의 도입이 현재의 IT 하드웨어 기술 수준으로 이어진 것이다. 이러한 하드웨어 기술이 이제는 AI(Artificial Intelligence) 등 소프트웨어 기술 발전의 새로운 도약으로 이어지고 있다. 따라서, 전자회로의 정확한 이해는 전자공학 전공의 가장 핵심적인 기초가 된다.

저자는 시중에 출판되어 있는 국내외 전자회로실험 교재가 현재의 전자회로 기술 발전 추세에 맞지 않는 경우가 많고 때로는 핵심 이론과의 연관성도 낮은 경우가 많음을 알게 되었다. 이에 적절한 대학 전자회로 실험 교재가 필요함을 느끼고 본 교재를 집필하게 되었다. 본 교재는 대학교에서 전자회로 이론 수업만으로는 습득하기 어려운 실용적이고 실제적인 지식의 습득을 돕기 위해 편찬되었다. 또한, 실험 내용뿐 아니라 SPICE 시뮬레이션 부분을 강화하여 이론을 통해 배운 내용을 확인하고 실험 내용 및 결과를 시뮬레이션을 통해 미리 예상할 수 있도록 하였다.

아무쪼록 본 교재를 통해 학생들이 전자회로에 대해 직접적이고 살아있는 지식을 학습하는 데 도움이 되기를 바란다.

끝으로 본 교재 집필에 도움을 준 광운대학교 고속 집적회로 및 시스템 연구실 최재경, 김병현, 이수재, 이진호 학생들에게 감사를 전한다.

2023년 8월

신현철 교수

광운대학교 전자융합공학과

이 책은 대학교 전자회로실험을 두 학기 과정으로 학습할 수 있도록 구성되었다. 총 22개의 단위 실험과 4개의 종합 실험 프로젝트로 구성되어 있는데, 한 학기에 11개의 실험과 1개의 프로젝트를 수행하는 것으로 계획되었다.

이 책의 학기별 구성은 다음과 같다. 하지만 학교별 교육과정에 따라 그 구성을 변경할 수 있을 것이다.

첫 번째 학기

- 실험 1: 실험에 사용되는 측정 장비를 익히는 실험
- 실험 2-4: 다이오드 관련 실험
- 실험 5-9: BJT 트랜지스터 특성 및 3개 기본 구조 BJT 증폭기 실험
- 실험 10-11: 연산증폭기 실험
- 종합 실험 프로젝트 1 또는 2: 파형 발생기 및 전자 감시 경보기 중 하나의 주제를 선정해 설계, 제작, 측정 전 과정을 수행

두 번째 학기

- 실험 12-16: MOSFET 트랜지스터 특성 및 3개 기본 구조 MOSFET 증폭기 실험
- 실험 17-19: 전류미러, 차동 증폭기, 주파수 응답 등 증폭기 관련 응용 회로 실험
- 실험 20: 고출력 전력증폭기로서의 푸시풀 증폭기 실험
- 실험 21: 연산증폭기 기반 능동 저역통과필터 실험
- 실험 22: 연산증폭기 기반 발진기 회로 실험
- 종합 실험 프로젝트 3, 4, 5: 오디오 증폭기, 발진기, 스펙트럼 디스플레이 중 하나의 주제를 선정해 설계, 제작, 측정 전 과정을 수행

예비 리포트 작성 방법

학생들은 모든 단위 실험을 수행하기 전에 예비 리포트를 작성하여 제출해야 한다. 이 책은 매 단원마다 예비 리포트에 포함되어야 할 내용을 제시하고 있다. 예비 리포트는 크게 세 가지 내용을 포함한다.

첫째, 실험에 필요한 기본적인 배경 이론 및 연관된 심화 이론, 그리고, 데이터시트를 찾아보고 사용하게 될 실험 부품에 대한 배경지식 등을 학습하고 제시해야 한다.

둘째, 매 단원마다 제시된 SPICE 시뮬레이션 과제를 직접 수행하고 결과를 제시해야 한다. 학생들이 SPICE 시뮬레이션을 수행할 때 도움을 주기 위해 본 교재의 해당 부분에는 시뮬레이션 결과의 모범적인 예시들을 포함시켜 놓았다. 물론 제시된 결과가 유일한 정답은 아니며 학생들의 시뮬레이션 환경이나 조건에 따라 조금씩 달라질 수 있다. 따라서, 학생들은 교재에 제시된 SPICE 모범 결과들을 참고하여 자신이 직접 시뮬레이션을 수행하고 그 결과를 제시해야 한다.

셋째, 매 실험 내용에는 곳곳에 측정 결과와 이론값을 비교하라는 문제가 있다. 이와 같이 실험 내용 중간에 이론적인 계산이 요구되는 부분에 대해서는 미리 계산을 수행하여 그 결과를 제시해야 한다.

결과 리포트 작성 방법

매 단원의 실험 내용은 (1), (2), (3) … 등의 순번으로 순차적으로 진행하도록 구성되어 있다. 따라서, 각 번호별 실험을 수행한 후 측정 결과값 또는 오실로스코프 파형 이미지 등을 교재의 해당 부분에 직접 적어넣거나 캡처한 이미지를 붙이도록 한다.

결과 리포트는 실험을 진행하면서 얻은 결과들을 본 교재에 직접 손으로 채워 넣어서 완성하고 해당 부분을 스캔 또는 복사해서 제출하도록 한다.

매 단원 끝에는 핵심 내용을 정리하고 개념을 확인하는 퀴즈를 두었다. 퀴즈의 해답도 결과 리포트에 포함해서 같이 제출한다.

종합 프로젝트 진행 및 평가 방법

한 학기 동안 단위 실험을 종료한 후 학기 말에 3주에 걸쳐서 종합 프로젝트를 수행한다.

프로젝트 수행 첫째 주에는 학생들이 프로젝트 예비 보고서를 작성해서 제출해야 한다. 예비 보고서에는 실험 설계 프로젝트에 대한 실험 계획 및 예비 설계 내용을 포함한다. 만약 실험실에 구비된 부품 외에 추가 부품이 필요하다면 구매 계획도 수립해야한다. 첫째 주에 프로젝트 수행 계획을 발표하고 실험을 시작한다. 예비 설계에 따른 구현을 하고 문제점을 파악한다.

둘째 주에는 프로젝트 작품을 완성하고 주요 결과들을 정리한다. 프로젝트 결과물의 완성도를 높이기 위해서 수업 시간만으로 부족한 경우 수업 시간 외에 추가 실험을 통해 프로젝트를 완성하도록 한다.

프로젝트 회로는 브레드보드에 구성하는 것을 기본으로 한다. 하지만, 완성도를 높이기 위해 인쇄회로기판에 결과물을 구현한다면 더욱 바람직하다.

프로젝트 수행 마지막 주에는 결과물의 시연 및 평가를 진행한다. 직접 시연을 통해 결과물이 정상적으로 동작함을 보여주고 주요 평가 지표 항목에 대해서는 정량적으로 성능을 증명한다. 결과물의 시연, 발표 평가, 결과 보고서 등을 종합하여 프로젝트를 평가한다.

필요 부품 목록

분류	부품 번호	주요 사양	비고
BJT	2N3904	NPN, General Purpose Fairchild Inc., ON-Semiconductor Inc.	실험 5-9
	2N3906	PNP, General Purpose Fairchild Inc., ON-Semiconductor Inc.	실험 5-9
	BD237	NPN, 2A 25W Power BJT, ON-Semiconductor Inc.	실험 20
	BD234	PNP, 2A 25W Power BJT, ON-Semiconductor Inc.	실험 20
연산증폭기	uA741	DIP-8, STMicroelectronics	실험 10, 11, 21, 22
다이오드	1N4148	DO-35, ON-Semiconductor Inc.	실험 2-4, 11
MOSFET	2N7000	N-MOSFET, TO-92, ON-Semiconductor Inc.	실험 12-19
저항		20 Ω, 50 Ω, 100 Ω, 180 Ω, 200 Ω, 300 Ω, 500 Ω, 560 Ω, 680 Ω, 800 Ω, 1 kΩ, 1.2 kΩ, 1.5 kΩ,1.8 kΩ, 2.2 kΩ, 3 kΩ, 3.3 kΩ, 5 kΩ, 6.8 kΩ,7 kΩ, 9.1 kΩ, 10 kΩ, 20 kΩ, 25 kΩ, 33 kΩ, 50 kΩ, 100 kΩ, 330 kΩ, 390 kΩ, 1 MΩ	0.25 W, 1 %
캐패시터		1 nF, 0.1 μF, 0.2 μF	탄탈륨
		1 μF, 10 μF, 15 μF, 47 μF, 100 μF	전해

CONTENTS

실험 1
실험 장비

1 개요

전자회로 실험에서 사용하는 주요 측정 장비에는 오실로스코프(Oscilloscope)와 함수 발생기(Function Gencrator)가 있다. 오실로스코프는 시간에 따른 전압 파형을 측정하는 장비로서 일반적으로 X축은 시간, Y축은 전압 값을 표시한다. 함수발생기는 구형파, 삼각파 등과 같이 다양한 함수 형태의 전압 파형을 발생시켜주는 신호발생기(Signal Generator)이다.

본 실험에서는 오실로스코프와 함수발생기를 비롯해서 DC 전원공급기 및 디지털 멀티미터 등 실험에 사용되는 주요 장비에 대해 알아보고 실제 실험을 통해 그 동작과 특성을 확인한다.

2 배경 이론

1 오실로스코프(Oscilloscope)

그림 1-1은 일반적인 오실로스코프의 전면부 사진이다. 좌측에는 파형을 표시하는 디스플레이 화면, 우측 상단에는 각종 제어부, 우측 하단에는 신호 입력단자가 있다.

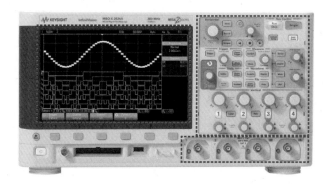

그림 1-1   오실로스코프 전면부

그림 1-2의 제어부 확대 사진을 참조하여 오실로스코프의 주요 제어 기능을 알아보자.

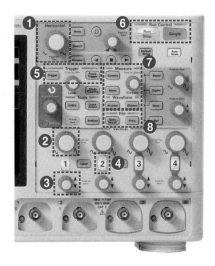

그림 1-2　오실로스코프 제어부

❶ 수평축 시간 제어(Horizontal): 오실로스코프의 수평축인 시간 변수를 조정한다. 수평축의 단위는 [sec/div]이다. 예를 들어 수평축을 1 msec/div으로 설정한다면 수평축 한 칸이 1 msec에 해당한다.

❷ 수직축 전압 제어(Vertical): 오실로스코프의 수직축인 전압 변수를 조정한다. 수직축의 단위는 [V/div]이다. 수직축 조정 노브를 이용하여 디스플레이의 Y축 한 칸이 몇 볼트(Volt)에 해당하게 할 것인지 조정할 수 있다. 예를 들어, 0.5 V/div으로 설정하면 수직축 한 칸이 0.5 V에 해당한다.

❸ 수직축 오프셋 전압 제어: 수직축 전압값의 0 V 기준선을 상하로 조정할 수 있다.

❹ 표시 채널 설정: 표시하고자 하는 채널을 선택한다. 예를 들어, 1번, 2번을 선택하면 1번, 2번 입력단자에서 측정되는 파형만이 화면에 표시되게 된다.

❺ 트리거 설정(Trigger): 트리거란 표시할 파형의 시작점을 특정하는 역할을 한다. 예를 들어, 정현파 전압 파형을 측정한다고 하자. 화면상 수평축 전체 시간 범위가 정

현파 주기의 정수배가 아니라면 끝나는 점의 전압 값이 시작하는 점의 전압 값과 다를 것이다. 이때, 화면 좌측의 파형 시작점을 끝나는 점에 이어서 표시하게 된다면, 매번 파형을 표시할 때마다 파형의 시작점이 계속 변하게 될 것이다. 결과적으로 디스플레이되는 파형이 계속적으로 변동하게 되어 파형을 안정적으로 관찰하는 것이 불가능하다. 이 문제를 해결하기 위해, 시작점을 특정 전압, 예를 들어, 0.3 V로 특정한다면, 언제나 0.3 V에서 파형을 시작하여(이를 '트리거'라고 함) 보여주게 되는 것이다. 결과적으로 디스플레이되는 파형이 흔들리지 않고 언제나 일정한 상태로 보여지게 될 것이다.

❻ 반복 측정 방식 제어(Run Control): 'Run'은 반복 측정을 의미한다. 'Run'을 선택하면 오실로스코프는 자동으로 측정을 반복하면서 결과를 디스플레이한다. 측정 중단을 의미하는 'Stop'을 선택하면 현재 측정을 완료하고 그 결과를 디스플레이하고 더 이상의 측정을 멈춘다. 1회 측정을 의미하는 'Single'을 선택하면 버튼을 누르는 순간에 1회만 측정하고 멈춘다.

❼ 파형 특성 변수 계측(Measure): 'Meas' 버튼을 선택하면 화면에 표시되는 파형의 다양한 특성 변수 값을 자동으로 계산하여 표시해 준다. 예를 들어, 출력신호의 주파수, 진폭, 최댓값, 최솟값 등을 오실로스코프가 자동으로 계측 및 계산하여 표시해 준다.

❽ 스크린 파형 이미지 저장(Save): 'Save/Recall'에서 'Save' 메뉴를 선택하면, 현재 스크린에 표시되는 파형의 이미지를 캡처하여 비트맵(.bmp) 형식으로 저장할 수 있다. 스크린 캡처 기능은 측정된 파형의 이미지를 저장하고 결과를 기록할 때 유용하게 사용할 수 있다.

2 함수발생기(Function Generator)

아래는 일반적인 함수발생기의 전면부 사진이다 있다. 함수발생기의 주요 부분은 다음
과 같은 기능을 갖는다.

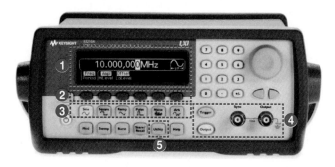

그림 1-3　함수발생기

❶ 출력파형 표시: 사용자가 설정한 출력파형의 종류, 주파수, 진폭, DC 오프셋 전압
등을 표시한다.

❷ 파형 특성 변수 설정: 출력파형의 주파수, 진폭 등 여러 가지 특성 변수 값을 설정할
수 있다.

❸ 파형 종류 선택: 정현파('Sine'), 구형파('Square'), 경사파('Ramp')(또는 삼각파
('Triangular')), 펄스파('Pulse'), 잡음 신호('Noise') 등 여러 종류의 파형을 선택하여
출력할 수 있다. 임의 파형('Arb')을 통해서는 사용자가 프로그래밍한 임의의 파형
을 발생시킬 수 있다.

❹ 출력단자: 전압 파형이 출력되는 단자이다. 'Output' 버튼을 이용하여 출력을 활성
화 또는 중단할 수 있다.

❺ 부하저항 모드 설정: 함수발생기에는 부하저항 모드를 변경할 수 있다. 그림에 표시
한 함수발생기의 경우, 'Utility' 버튼을 누르면, 'Output Setup' 설정이 가능한데, 여
기서 부하저항(Load impedance)을 '50 Ω 모드' 또는 'High-Z(High-Impedance) 모
드'의 두 가지 모드로 설정할 수 있다.

■ 부하저항 모드의 이해

함수발생기는 전압을 발생시키는 전압신호원(Voltage Source)이다. 일반적으로 실제의 전압신호원은 그림 1-4(a)와 같이 이상적인 내부 전압원 V_S와 내부 전원 저항 R_S로 이루어진다. 이때, 내부 전원 저항 R_S는 일반적으로 50 Ω이다. 하지만, 실제 장비에서는 정확히 50 Ω이 아니라 100-200 Ω 정도의 값이 될 수도 있음에 유의해야 한다.

두 가지 부하저항 모드에 대해 생각해보자. 우선, High-Z 모드는 그림 1-4(a)와 같이 부하가 없는 상황, 즉 부하저항 R_L이 무한대인 상황에서 함수발생기가 동작하는 경우를 말한다. 이때 출력단자에서 측정된 출력전압 V_{out}은 내부 발생 전압 V_S와 같을 것이다. 따라서, High-Z 모드로 설정하면 내부 발생 전압 V_S는 사용자가 설정한 출력전압 V_{out}과 동일하게 정해진다.

그림 1-4(b)는 50 Ω 모드에서의 동작환경으로서, 부하저항 R_L이 50 Ω 상황에서 동작하는 경우를 말한다. 이때 출력단자에서 측정된 출력전압 V_{out}은 내부 발생 전압 V_S의 1/2이 될 것이다. 즉, 50 Ω 모드로 설정하면 내부 발생 전압 V_S는 사용자가 설정한 출력전압 값 V_{out}의 2배로 정해진다.

이러한 두 가지 부하저항 모드가 실제 사용 환경에서 어떤 영향을 미치는가 알아보자. 실제 함수발생기 동작 시에 부하저항 R_L은 무한대나 50 Ω이 아닌 임의의 다른 값이라고 가정하자. 이때, 출력전압은 $V_{out} = V_s \times R_L/(R_S+R_L)$로 결정된다. 예를 들어, 그림 1-4(c)와 같이 부하저항 R_L = 150 Ω인 경우를 생각해보자. 만약, 사용자가 함수발생기의 출력전압 V_{out}을 10 V로 설정했고, 함수발생기가 High-Z 모드라면, 내부 발생 전압 V_S는 10 V일 것이므로, 실제 부하 R_L에 전달되는 출력전압 V_{out}은 7.5 V가 될 것이다. 반면, 함수발생기의 출력전압을 10 V로 설정했고, 함수발생기가 50 Ω 모드라면, 내부 발생 전압 V_S는 20 V일 것이므로, 실제 부하 R_L에 전달되는 출력전압 V_{out}은 15 V가 될 것이다.

이와 같이 함수발생기를 사용할 때는 부하저항 모드에 따라 내부 발생 전압 V_S 및 실제 출력전압 V_{out} 값이 두 배 차이가 날 수 있음을 잘 이해하고 사용해야 한다.

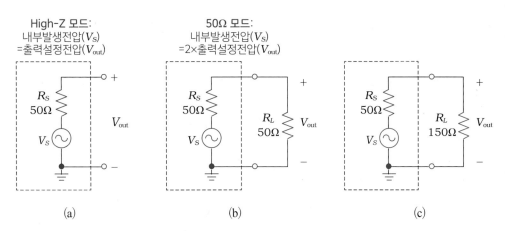

그림 1-4　함수발생기의 부하저항모드

(a) High-Z 모드의 동작 환경, (b) 50 Ω 모드의 동작 환경, (c) 일반적인 동작 환경

3 DC 전원공급기(DC Power Supply)

아래는 일반적인 DC 전원공급기의 전면부 사진이다. 여기에 제시된 전원공급기는 정전압원(Constant Voltage Source) 또는 정전류원(Constant Current Source)으로 사용하는 것이 가능하다. 본 실험 과정에서는 정전압원으로 사용하는 경우가 대부분이므로 이 경우에 한정하여 살펴보기로 한다. DC 전원공급기 주요 부분은 다음과 같은 기능을 갖는다.

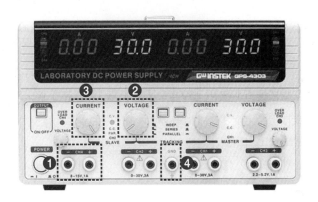

그림 1-5　DC 전원공급기

❶ 채널(CH): 4개의 채널을 통해 독립적으로 DC 전압을 공급할 수 있다. 각 채널 출력전압마다 '+' 및 '−' 단자를 통해 DC 전압을 공급한다.

❷ 출력전압 조정(Voltage): 'VOLTAGE' 노브를 이용해 출력 DC 전압을 조정한다.

❸ 최대 전류 설정(Current): 'CURRENT' 노브를 이용해 출력단자에서 공급할 수 있는 최대 전류 값을 설정한다. 만약 큰 부하가 연결되어 출력단자에 흐르는 전류가 설정된 최대 전류 값을 초과하게 되면 출력단자에 흐르는 전류는 이 값으로 고정되고 오히려 출력전압이 감소하게 된다. 이때는 전원공급기는 정전류원으로 동작하는 상태가 되는 것이고 C.C(Constant Current) 램프가 켜져서 전원공급기의 동작 상태 변화를 표시하게 된다.

❹ 접지단자(GND): 장비 전체의 기준 접지단자이다. 예를 들어, 채널 출력 '+' 단자를 접지단자에 연결시키면 '−' 단자에서는 음의 전압을 발생시킬 수 있다.

4 디지털 멀티미터(Digital Multimeter: DMM)

그림 1-6   디지털 멀티미터

❶ 중앙 큰 노브를 돌려 측정 모드를 설정한다. 측정 모드에 따라, AC 전압, DC 전압, 저항, 단락 상태 표시 부저, 다이오드, AC 전류, DC 전류를 측정할 수 있다.

❷ 측정을 위한 프로브 연결 시에는 세 단자의 중앙에 'COM' 단자를 공통으로 이용하고, 전압, 저항, 다이오드, 단락/개방 등의 측정에 대해서는 우측 단자를 이용하고, 전류 측정 시에는 좌측 'A' 표시 단자를 이용한다.

3 　필요 장비 및 부품

- 장비: DC 전원공급기, 멀티미터, 함수발생기, 오실로스코프
- 부품: 저항 (50 Ω, 100 Ω, 180 Ω, 300 Ω, 680 Ω)

4 　예비 리포트

실험실에 구비된 오실로스코프, 함수발생기, 디지털 멀티미터, 전원공급기의 제조사 및 모델 번호를 알아보고 해당 장비의 사용자 매뉴얼을 검색하라. 사용자 매뉴얼을 참고하여 각 장비별 주요 사용법을 간단히 요약하라.

　만약, 실험실에 구비된 장비의 구체적인 정보를 구할 수 없다면, 오실로스코프는 키사이트 社(Keysight Technologies, http://www.keysight.com)의 DSOX-2022A, 함수발생기는 키사이트 社의 33210A, 디지털 멀티미터는 플루크 社(Fluke Co, http://www.fluke.com)의 117, DC 전원공급기는 굿윌인스트루먼트 社(Good Will Instrument Co., http://www.gwinstek.co.kr)의 GPS-4303 장비에 대해 조사하라.

5 실험 내용

■ 장비 간 공통 접지 잡기(Chassis Ground)

앞으로 진행될 실험에서 오실로스코프, 함수발생기, DC 전원공급기 등 여러 개의 장비를 사용하게 되는데, 실험실 환경에 따라 각 장비의 기준 접지 전압이 다를 수 있다. 따라서, 여러 개의 장비를 사용할 경우 모든 장비들의 접지(그라운드, Ground, GND)를 한 점으로, 즉, 공통으로 만들어 주는 것이 중요하다. 이를 위해서는 각 장비의 그라운드를 사용자가 직접 공통으로 묶어야 한다. 공통 접지가 잡히지 않으면 장비 간 기준 전위가 달라서 실험 및 측정에 오차가 발생할 수 있다. 예를 들어, 전원공급기에서 10 V를 발생시켜도 이를 오실로스코프로 측정할 때는 12 V, 13 V 등 전혀 다른 값으로 보일 수 있는 것이다.

　　아래와 같이 장비 간 공통 접지를 연결하여 3개의 장비 그라운드 'GND1', 'GND2', 'GND3'가 모두 연결되도록 결선하라.

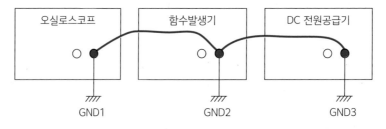

그림 1-7　측정 장비 간 공통 접지 방법

■ 오실로스코프와 함수발생기 측정

(1)　함수발생기를 정현파 모드로 하고, 주파수 1 kHz, 피크−피크 진폭 4 V_{pp}가 되도록 하고, 부하저항모드는 High−Z 모드로 설정한다. 오실로스코프의 수직축 스케일을 1 V/div, 수평축 스케일을 0.2 msec/div으로 설정하고, 함수발생기에서 나오는 출력파형을 측정하고 기록하라.

TIP 스크린 이미지 캡처: 앞으로의 실험 내용 중 파형을 측정하고 기록하라는 것은 오실로스코프 파형 이미지
를 그대로 보이라는 의미이다. 이를 위해서는 오실로스코프 스크린에 표시된 측정 파형의 이미지를 캡처해
서 저장하는 것이 필요하다. 별도의 디지털 카메라를 이용할 수도 있지만, 오실로스코프의 내부 기능으로
제공되는 스크린 캡처/저장 기능을 이용하는 것이 편리하다. 앞으로의 모든 실험 과정에서 가장 많이 반복
적으로 수행하는 과정이니 익숙하게 할 수 있도록 충분히 숙지하여야 한다.

(2) 오실로스코프의 시간축 스케일을 0.5 msec/div와 1 msec/div로 변경하면서 출력
파형을 기록하라. 오실로스코프에 측정된 파형에 어떤 변화가 있는가?

(3) 오실로스코프의 수평축 스케일을 0.5 msec/div로 한다. 오실로스코프의 수직축 스케일을 0.5 V/div, 1 V/div, 2 V/div로 변화시키면서 파형을 관찰하고 기록하라.

(4) 함수발생기를 5 kHz, 6 V_{pp} 정현파(Sinusoidal Wave) 발생으로 설정하고 오실로스코프에 이 파형이 적절하게 표시되도록 수평축 및 수직축 스케일을 조정하라. 화면 중앙 수평선은 0 V가 되도록 오프셋을 조정하라. 이때의 수평축 및 수직축 스케일을 기록하라.

수평축 스케일 (sec/div) = _____

수직축 스케일 (volt/div) = _____

(5) 한 주기에 해당하는 수평 눈금의 칸 수를 세어보고 파형의 주기를 계산하라.

한 주기가 차지하는 수평축 칸수 (div) = _____

파형의 주기 (sec) = _____

(6) 함수발생기를 5 kHz, 6 V_{pp} 구형파(Square Wave) 신호 발생으로 설정하고 오실로 스코프를 이용하여 출력파형을 기록하라.

(7) 함수발생기를 5 kHz, 6 V_{pp} 경사파(Ramp Wave) 신호 발생으로 설정하고 오실로 스코프를 이용하여 출력파형을 기록하라.

(8) 함수발생기를 5 kHz, 6 V_{pp} 정현파 발생으로 설정하고 오실로스코프에 이 파형이 적절하게 표시되도록 수평축 및 수직축 스케일을 조정하라. 이 정현파의 실효값(Root Mean Square: rms)은 이론적으로 얼마인가? 오실로스코프의 계측 기능('Meas')을 이용하여 실효값을 측정하고 이론값과 비교하라.

$$V_{rms} \text{ (이론값)} = \underline{\hspace{3cm}}$$
$$V_{rms} \text{ (오실로스코프를 이용한 측정값)} = \underline{\hspace{3cm}}$$

(9) 디지털 멀티미터로 함수발생기의 출력전압을 실효값으로 측정하라. 오실로스코프로 측정한 실효값과 멀티미터로 측정한 실효값을 비교하라.

$$V_{rms} \text{ (멀티미터를 이용한 측정값)} = \underline{\hspace{3cm}}$$

(10) 함수발생기에서 오프셋 전압을 조정하여 출력신호의 DC 레벨을 조정할 수 있다. 함수발생기의 오프셋을 0 V, −1 V, +1 V로 각각 설정하고, 오실로스코프를 이용하여 출력파형을 측정한다. 오실로스코프를 DC 커플링 모드로 설정하고 세 가지 출력신호를 측정하라. 이때 오실로스코프의 오프셋은 조정하지 않고 파형의 변화를 관찰하는 것이 중요하다.

(11) 오실로스코프를 AC 커플링 모드로 변경하고 앞의 세 가지 출력신호를 다시 측정
하라.

(12) 위의 측정으로부터 오실로스코프의 AC 커플링과 DC 커플링 모드의 차이가 무엇
인지 설명하라.

■ **함수발생기의 부하저항 모드**

(13) 함수발생기를 10 V_{pp} 진폭과 100 Hz 주파수를 갖는 정현파가 발생하도록 설정하라. 함수발생기를 High−Z 모드와 50 Ω 모드 두 가지 경우에 대해 출력신호를 오실로스코프로 측정하고 기록하라. 측정된 출력진압의 진폭은 얼마인가?

High−Z 모드에서의 출력신호 크기 (V) = _____

50 Ω 모드에서의 출력신호 크기 (V) = _____

(14) 위의 실험으로부터 함수발생기가 High−Z 모드일 때와 50 Ω 모드일 때 실제 출력전압과 사용자의 설정 전압의 관계가 어떻게 다른지 설명하라.

■ 함수발생기 내부 전원 저항 측정

(15) 함수발생기를 High-Z 모드로 하고, $10\ V_{pp}$ 진폭과 100 Hz 주파수를 갖는 정현파를 발생하도록 설정하라. 함수발생기 출력전압을 오실로스코프로 측정하라. 이때의 전압은 함수발생기의 내부 전압 V_S에 해당한다.

High-Z 모드에서의 출력신호 크기 (V) = _____

(16) 함수발생기의 출력단자에서 접지단자로 부하저항 R_L을 병렬로 연결하라. 부하저항 R_L 값을 50 Ω, 100 Ω, 180 Ω, 300 Ω, 680 Ω으로 차례로 변경하면서, 출력전압을 오실로스코프로 측정하라. 그림 1-4(c)에서 임의의 부하저항 R_L에 대해, 출력전압 V_{out}과 내부전원전압 V_S가 $V_{out} = V_S \times R_L/(R_S + R_L)$의 관계로 결정되는 것을 살펴본 바 있다. 이 실험을 통해 측정된 V_{out} 및 V_S를 이용하여 함수발생기의 내부저항 R_S 값을 계산하라.

$R_L(\Omega)$	Open	50	100	180	300	680
$V_{out}(V)$						
$R_S(\Omega)$						

(17) 위의 각 경우에 대해 측정된 R_S 값이 큰 편차 없이 비슷한 범위로 측정되었는가? 측정된 R_S의 평균값을 구하고 이를 함수발생기의 내부 전원 저항 R_S로 보도록 하자.

함수발생기의 내부 전원 저항 R_S (Ω) = _____

⏳ **TIP** 여기서 얻은 R_S 값은 별도로 기록해 두어서 추후 실험 과정에서 전압신호원의 내부 전원 저항이 필요할 경우 사용하기로 한다. 참고로 저자가 사용한 함수발생기의 내부 전원 저항 R_S는 약 200 Ω으로 측정되었다.

■ DC 전원공급기(DC Power Supply)

(18) DC 전원공급기의 CH1에서는 +5 V를 CH2에서는 −5 V 전압을 발생시키도록 설정하라. 전원공급기의 단자 연결을 어떻게 하였는지 그리고, 멀티미터를 이용하여 CH1 및 CH2의 DC 전압을 측정하고 확인하라.

(19) 오실로스코프를 DC 커플링 모드로 하고 CH1 및 CH2의 DC 전압을 오실로스코프를 이용하여 측정하라.

(20) DC 전원공급기에서 +5 V와 0 V 사이에 100 Ω 저항을 연결하라. 이때 저항에 흐르는 전류는 이론적으로 얼마인가?

저항에 흐르는 전류 (이론값, mA) = _____

(21) DC 전원공급기에서 CH1의 'CURRENT' 노브를 조정하여 공급되는 최대 전류를 설정할 수 있다. 우선, 'CURRENT'를 충분히 크게 설정하여, 100 Ω에 흐르는 전류를 충분히 크게 공급할 수 있도록 하라. 이때 'C.V.' 램프가 들어오고 있음을 확인하라. 이는 전원공급기가 정전압원으로 동작하고 있다는 표시이다. DC 전원공급기에서 원하는 전류가 저항을 통해 흐르고 있음을 멀티미터를 이용하여 확인하라.

저항에 흐르는 전류 (측정값, mA) = _____

(22) 'CURRENT' 노브를 조정하여, 최대 전류를 원하는 값보다 낮게 설정하라(예를 들어, 50 mA 이하). 해당 채널에 'C.C' 램프가 들어옴을 확인하라. 이는 전원공급기가 전류 제한에 걸려서 전류가 제한 값 이상 공급되지 못하고 있음을 의미한다. 다시 말하면, 정전류원으로 동작함을 의미한다.

(23) 멀티미터를 이용하여 실제 100 Ω을 통해 흐르는 전류와 여기에 걸리는 전압을 측정하라.

'CURRENT' 최대 허용 전류 설정값 (mA) = _____
저항에 흐르는 전류 측정값 (mA) = _____
저항에 걸리는 전압 측정값 (V) = _____

(24) 앞으로의 실험에서 DC 전원공급기를 사용할 때 'CURRENT'를 어떤 값으로 설정
하는 것이 바람직한가? 필요한 값보다 낮게 설정하면 어떤 문제가 발생하는가?
필요한 값보다 너무 높게 설정하면 어떤 문제가 발생하는가?

1. 전압 신호의 시간에 따른 파형을 관찰하기에 적절한 측정 장비는 무엇인가?

    ① 오실로스코프   ② 함수발생기

    ③ DC 전원공급기   ④ 멀티미터

2. 오실로스코프 측정 시 파형의 시작 점을 일정하게 유지하도록 하는 기능은 무엇인가?

    ① 수평축 조정   ② 수직축 조정

    ③ 트리거   ④ 접지

3. 내부 전원 저항이 200 Ω인 함수발생기를 High-Z 모드로 설정하고 진폭이 1 V인 정현파
    를 발생시켰다. 함수발생기 출력단자에 1 kΩ 저항을 연결했을 때 저항에 출력되는 정현파
    의 진폭은 얼마인가?

    ① 1 V   ② 0.83 V

    ③ 2 V   ④ 1.66 V

4. 육안으로 연결 상태 확인이 어려운 복잡한 회로에서 두 노드 간의 개방 또는 단락 여부를
    간단히 확인하기에 좋은 측정 기기는 무엇인가?

    ① 오실로스코프   ② 함수발생기

    ③ DC 전원공급기   ④ 멀티미터

5. 정현파의 진폭이 1 V 라고 한다면 피크-피크 진폭은 얼마인가?

    ① 0.5 V   ② 1 V

    ③ 2 V   ④ 4 V

실험 2
다이오드 특성

1 개요

전자회로를 구성하는 대표적인 능동소자로 다이오드와 트랜지스터가 있다. 다이오드는 저항, 인덕터, 캐패시터 등의 수동소자와 마찬가지로 두 개의 단자를 갖는다. 수동소자는 두 단자간의 전압과 그 사이를 흐르는 전류가 선형적인 관계를 갖기 때문에 선형 소자(Linear Device)라고 한다. 반면에, 다이오드는 능동소자로서 양단에 인가하는 전압의 크기나 방향에 따라 그 사이에 흐르는 전류가 비선형적인 관계를 갖는 비선형 소자(Nonlinear Device)이다.

본 실험에서는 비선형 능동소자로서 PN 접합 다이오드(PN-Junction Diode)의 기본 특성을 이해하고 SPICE 시뮬레이션과 실험을 통해 그 동작과 특성을 확인한다.

2 배경 이론

그림 2-1는 PN 접합 다이오드의 구조와 회로 기호(Circuit Symbol)이다. 실리콘 반도체에 한쪽은 P형 도핑을 하고 다른 쪽은 N형 도핑을 하게 되면, 그 접합 경계 면에서 에너지 준위 차이에 의해 비선형적인 전류-전압 특성이 발생하게 된다. P형 반도체 쪽이 다이오드의 양('+')의 단자이며, N형 반도체 쪽은 음('-')의 단자이다. 양의 단자는 전자를 받아들이는 쪽이기 때문에 애노드(Anode), 음의 단자는 전자를 방출하는 쪽이기 때문에 캐소드(Cathode)라고도 불린다.

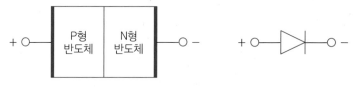

그림 2-1 PN 접합 다이오드의 구조 및 회로 기호

PN 접합 다이오드의 전류-전압 특성을 살펴보자. 그림 2-2(a)와 같이 다이오드 양 단에 전압원 V_D를 인가할 때 다이오드를 통해 흐르는 전류 I_D는 그림 2-2(b)와 같다. 여기서 전류-전압 특성을 세 가지 영역으로 구분해서 생각해볼 수 있다.

① 순방향 바이어스 영역(Forward Bias Region): 다이오드 양단간 전압 V_D가 양의 값 일 경우, 즉 $V_D > 0$일 때, V_{DO} 전압 이하에서는 전류가 거의 흐르지 않다가 V_{DO} 전압 이상에서 전류가 급격히 증가하게 된다. 여기서 V_{DO} 전압을 다이오드 턴온 전압(Turn-on Voltage)이라 한다. V_{DO} 값은 반도체 에너지 밴드갭(Energy Band Gap)이나 도핑 농도(Doping Concentration)에 따라 정해진다. 예를 들어, 실리콘 (Si) 반도체의 경우 대략 0.7 V 정도이고, 게르마늄(Ge) 반도체의 경우 0.3 V 정 도가 된다.

① 역방향 바이어스 영역(Reverse Bias Region): 다이오드 양단간 전압이 음의 값일 경우, 즉 $V_D < 0$일 때, 다이오드 양단간에는 전류가 거의 흐르지 않는다. 역방 향 바이어스에서의 전류 값은 pA - nA 수준으로 거의 무시할만한 크기로서, 이 영역에서는 다이오드가 거의 차단(Turn-off) 또는 개방(Open)되어 있다고 볼 수 있다.

② 항복영역(Breakdown Region): 역방향 바이어스 전압이 매우 커지면 접합면에서 의 전기장이 유전체를 파괴할 수준에 이르게 되고 이로 인해 전류가 급격히 흐르 게 된다. 이때의 전압을 다이오드의 항복전압 V_B(Breakdown Voltage)라고 한다. V_B는 대개 50-100 V 이상 매우 큰 값을 갖는다. 다이오드가 일단 항복영역에 진 입하게 되면 유전체가 파괴되어 소자가 타버리게 되므로, 다이오드 사용 시 역방 향 전압이 V_B를 넘지 않도록 주의해야 한다. 한편, V_B를 수 V 정도로 만들어서 항복영역을 안전하게 이용할 수 있도록 하는 특수한 다이오드를 제너 다이오드 (Zener Diode)라 한다.

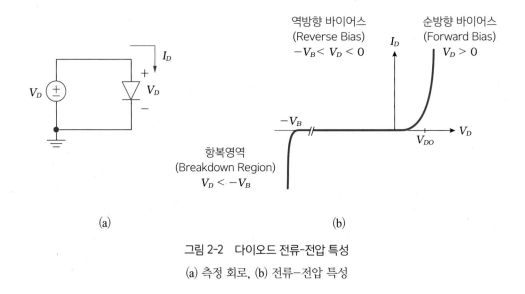

그림 2-2   다이오드 전류-전압 특성
(a) 측정 회로, (b) 전류-전압 특성

그림 2-2(a)의 다이오드 전류 I_D와 전압 V_D는 이론적으로 다음 관계를 갖는다.

$$I_D = I_s(e^{V_D/nV_T} - 1) \tag{1}$$

여기서, I_S는 포화전류(Saturation Current)라 하고, 다이오드의 물질 특성과 제조 변수에 의해 결정되는 값이다. 대개 수 pA − nA 정도의 매우 작은 값을 갖는다. n은 다이오드의 이상계수(Ideality Factor)라 한다. 이상적인 다이오드에서는 1이지만 실제 다이오드는 대개 1-2 사이의 값을 갖는다. V_T는 열전압(Thermal Voltage)이라 하고 kT/q로 계산된다. 여기서 k는 볼츠만 상수, T는 절대온도, q는 전자의 전하량이다. V_T는 상온에서 대략 25.8 mV이다.

다이오드가 순방향 바이어스 영역에 있을 때 V_D가 수백 mV 이상만 되어도 V_D/nV_T ≫ 1이므로, 다이오드 전류−전압 관계식 (1)은 아래와 같이 간단한 지수함수의 관계식으로 근사화할 수 있다.

$$I_D \approx I_s e^{V_D/nV_T} \tag{2}$$

다이오드가 역방향 바이어스 영역에 있을 때 대개 $V_D/nV_T \ll 0$이므로, 다이오드의 전류는 아래와 같이 거의 상수 값으로 근사화할 수 있다.

$$I_D \approx -I_S \tag{3}$$

3 **필요 장비 및 부품**

- 장비: DC 전원공급기, 멀티미터
- 부품: 다이오드 (1N4148), 저항 (1 kΩ, 1 MΩ)

4 **예비 리포트**

(1) 실험에 사용될 다이오드 1N4148의 SPICE 모델을 확인하고 각 파라미터에 대해 간단히 설명하라.

(2) 다이오드의 이상계수 n은 어떻게 결정되는지 설명하고, 이 값이 1보다 커지는 이유는 무엇인지 설명하라.

(3) SPICE 시뮬레이션 과제를 수행하고 그 결과를 보여라.

(4) 본 실험 순서에 따른 내용을 읽고 이론적인 계산이 필요한 부분은 결과를 구하라.

5   SPICE 시뮬레이션

다이오드의 전류–전압 특성을 알아보기 위해 아래와 같이 다이오드에 직접 DC 전압원 V_D를 인가하고 다이오드에 흐르는 전류 I_D를 시뮬레이션 해보자.

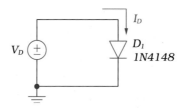

그림 2-3   다이오드 전류-전압 특성 시뮬레이션 회로

⏳ **TIP** 본 교재의 각 단원에는 SPICE 시뮬레이션 과제가 부과되어 있는데, 학생들이 참고할 수 있도록 회로도와 시뮬레이션 결과를 포함시켜 놓았다. 주의할 점은 제시된 결과들이 유일한 정답은 아니며 시뮬레이션 환경에 따라 달라질 수 있다는 것이다. 따라서, 본 교재에 제시된 SPICE 결과들은 참고 목적으로만 활용하고, 학생들은 자신이 직접 SPICE 시뮬레이션을 수행하여 결과를 얻어야 한다.

(1)   그림 2–3의 회로를 SPICE로 구성하라.

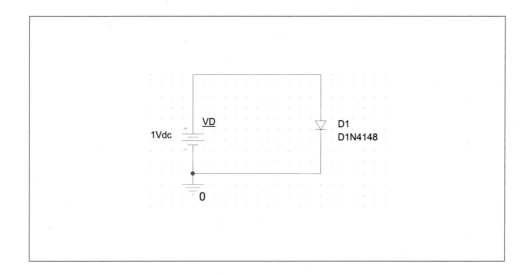

(2) V_D를 0~0.9 V까지 변화시키면서 DC 시뮬레이션을 수행하고, I_D-V_D 그래프를 그려라.

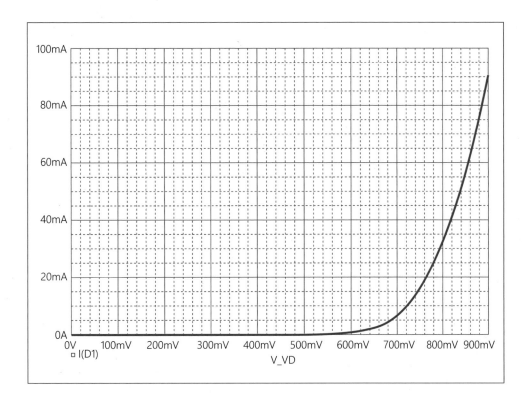

(3) I_D = 1 mA일 때 V_D를 다이오드의 턴온전압 V_{DO}라고 정의한다면, V_{DO}는 얼마인가?

다이오드 턴온전압 V_{DO} (시뮬레이션값) = _____

(4) V_D를 $-20 \sim 0$ V까지 변화시키면서 DC 시뮬레이션을 수행하고, $I_D - V_D$ 그래프를 그려라.

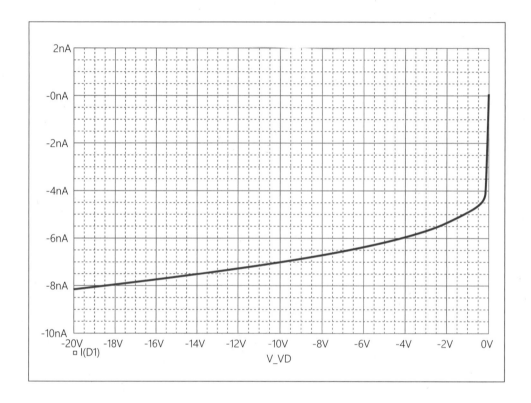

(5) $V_D = -5$ V일 때 I_D 값이 포화전류 I_S와 거의 같다고 가정한다면, 다이오드의 포화 전류는 얼마인가?

다이오드 포화전류 I_S (시뮬레이션값) = _____

(6) 앞서 구한 I_S와 $V_D = 0.7$ V에서의 I_D 값을 이용하여 다이오드의 이상계수 n 값을 계산하라. 이 값은 SPICE 모델에서 확인한 값과 얼마나 차이가 나는가?

다이오드 이상계수 n (시뮬레이션값) = _____

다이오드 이상계수 n (SPICE 모델값) = _____

6 ▶ 실험 내용

■ 다이오드 검사

디지털 멀티미터의 다이오드 측정 모드를 사용하여 다이오드의 동작 여부, 극성, 턴온
전압을 측정할 수 있다. 그림 2-4(a)와 같이 멀티미터를 '다이오드 측정 모드'로 설정하
고 다이오드를 순방향 연결로 측정하면 다이오드에 전류가 흐른다는 표시로 멀티미터
는 부저 소리와 함께 턴온전압을 표시한다. 반대로 그림 2-4(b)와 같이 다이오드를 역
방향 연결하여 측정하면 전류가 흐르지 않는 개방(Open) 상태가 되었다는 의미로 'OL'
을 표시하며 부저는 울리지 않는다. 만약 순방향 검사에서 턴온전압이 매우 높거나, 역
방향 검사에서 개방 상태가 아닌 것으로 측정된다면 해당 다이오드가 정상적이지 않은
것으로 판단할 수 있다.

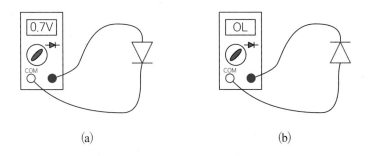

(a)   (b)

그림 2-4   멀티미터를 이용한 다이오드 검사
(a) 순방향 모드 검사, (b) 역방향 모드 검사

(1) 멀티미터의 다이오드 측정 모드를 이용하여 다이오드를 검사하라.

순방향 검사 시 표시 전압 = _____, 순방향 검사 시 소리 발생 여부 = _____

역방향 검사 시 표시 전압 = _____, 역방향 검사 시 소리 발생 여부 = _____

(2) 멀티미터의 다이오드 측정 모드를 이용하여 회로의 단락(Short) 또는 개방(Open) 여부를 손쉽게 판단할 수 있다. 멀티미터를 다이오드 측정 모드로 설정하고 프로브 양끝을 차례로 붙였다 떼었다 하면서 다음을 확인하라.

프로브 단락상태에서 검사 시 표시 전압 = _____

프로브 단락상태에서 검사 시 소리 발생 여부 = _____

프로브 개방상태에서 검사 시 표시 전압 = _____

프로브 개방상태에서 검사 시 소리 발생 여부 = _____

TIP 이 방법은 멀티미터를 이용해서 회로의 단락 또는 개방 여부를 전기적으로 확인하는 편리한 방법이다. 육안으로 회로의 단락 또는 개방을 확인하기 어려운 경우에 많이 사용된다.

■ 다이오드 전류-전압 특성

(3) 그림 2-5와 같이 브레드보드에 구성하라. 저항 R_1의 실제 값을 멀티미터를 이용하여 측정하라. DC 입력전압 V_{in} = 0 V를 인가하고 회로에 전류가 흐르지 않음을 확인하라.

R_1 측정값 (Ω) = _____

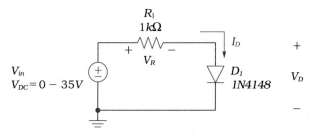

그림 2-5 다이오드 순방향 특성 측정 회로

(4) V_{in}을 증가시키면서 저항에 걸리는 전압 V_R을 확인한다. V_R이 0.1 V에서 30 V까지 되도록 V_{in}을 증가시키면서 V_D를 측정하라. 이때, 전류 $I_D = V_R/R_1$으로 구할 수 있다. 아래 표에 따라 측정을 진행하고 결과를 기록하라. 한편, 다이오드의 DC 저항 R_{DC}를 다이오드에 걸리는 전압 V_D와 전류 I_D를 이용하여 계산하라.

$V_R(V)$	$V_{in}(V)$	$V_D(V)$	$I_D(=V_R/R_1)(mA)$	$R_{DC}(=V_D/I_D)(\Omega)$
0.1				
0.2				
0.3				
0.4				
0.5				
0.6				
0.7				
0.8				
0.9				
1				
2				
3				
4				
5				
6				
7				
8				
9				
10				
15				
20				
25				
30				

(5) 위의 측정 데이터를 이용하여 다이오드의 전류–전압 특성, 즉 I_D–V_D 그래프를 그려라. 측정된 점들 사이는 부드럽게 연결시키도록 한다. 그래프의 시작점은 (V_D = 0 V, I_D = 0 mA)에 해당하는 원점이므로, 원점부터 부드럽게 연결하여 그래프를 완성하라. 첫 번째 그래프는 I_D = 10 mA까지만 그리고, 두 번째 그래프는 I_D = 30 mA까지 그려라.

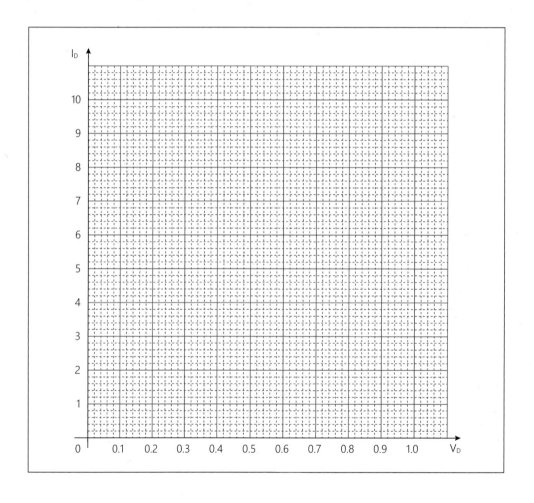

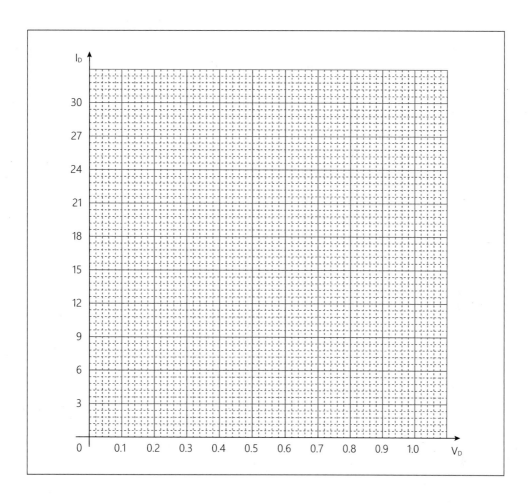

(6) 위의 두 측정 그래프는 이론적으로 예측한 지수함수 그래프와 유사한가?

(7) 측정 그래프를 보면 다이오드가 턴온되는 전압 V_{DO}를 특정한 한 점으로 정의하기 어려운 것을 알 수 있다. 이러한 이유로 회로 해석의 편의성을 위해 대개 다이오드 턴온전압 V_{DO}를 I_D가 1 mA 또는 5 mA 정도의 특정한 값에서의 V_D 값으로 정의하는 방법이 많이 사용된다. I_D = 1 mA 또는 5 mA일 때의 V_D를 다이오드의 턴온전압 V_{DO}라고 정의한다면, 측정된 다이오드의 V_{DO}는 얼마인가?

I_D = 1 mA 조건에서 V_{DO} (V) = _____

I_D = 5 mA 조건에서 V_{DO} (V) = _____

(8) 다이오드의 역방향 전류를 측정하기 위해 그림 2-6 회로를 브레드보드에 구성하라. V_{in}을 0–20 V까지 아래 표와 같이 변화시키면서 V_R을 측정한다. 만약, V_{in} = 20 V에서 V_R이 0.1 V 이하의 너무 작은 값으로 측정된다면 실험의 정확도를 높이기 위해 R_1을 10 MΩ으로 바꾸어서 다시 실험하도록 한다. 다이오드에 흐르는 역방향 전류는 $I_D = V_R/R_1$로 계산할 수 있다. 멀티미터를 이용하여 R_1의 실제 값을 측정하여 계산에 사용한다.

R_1 (측정값) = _____

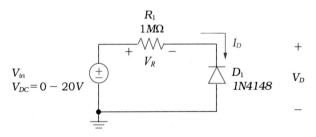

그림 2-6   다이오드 역방향 특성 측정 회로

V_{in} (V)	V_R (V)	V_D (V)	I_D (= V_R/R_1)(mA)
0			
1			
2			
3			
4			
5			
10			
15			
20			

(9) 이론적으로 V_{in}이 V_T보다 매우 크다면 다이오드의 역방향 전류는 다이오드의 포화 전류 I_S와 거의 동일하다. 따라서, 위의 측정 결과에서 V_{in}이 5–20 V 범위에서의 I_D 값은 거의 I_S에 해당한다고 할 수 있다. 다이오드의 I_S 값은 얼마인가? 측정 결과의 평균값을 사용할 수 있다.

다이오드 포화전류 I_S (측정값) = ＿＿＿＿＿

(10) 위에서 구한 I_S 값과, 앞서 측정한 I_D–V_D 측정 결과를 이용하여 다이오드의 이상계 수 n 값을 계산해보라. 이를 SPICE 모델값과 비교하라.

다이오드 이상계수 n (측정값) = ＿＿＿＿＿

다이오드 이상계수 n (모델값) = ＿＿＿＿＿

■ 소신호 등가저항

(11) 앞선 실험 (5)에서 구한 그래프에서 I_D = 2 mA 및 10 mA인 점에서 접선을 그려서 기울기를 계산해보라. 이 기울기의 역수 값이 다이오드의 소신호 등가저항에 해당하는 값이다.

I_D = 2 mA일 때 다이오드 소신호 등가저항 r_D (측정값) = _____

I_D = 10 mA일 때 다이오드 소신호 등가저항 r_D (측정값) = _____

(12) 다이오드의 소신호 등가저항은 이론적으로 $r_D = nV_T / I_D$로 구할 수 있다. n은 앞서 실험적으로 구한 값을 사용하고, V_T = 25.8 mV으로 계산하라.

I_D = 2 mA일 때 다이오드 소신호 등가저항 r_D (이론값) = _____

I_D = 10 mA일 때 다이오드 소신호 등가저항 r_D (이론값) = _____

(13) 위의 두 가지 방식으로 구한 다이오드의 소신호 등가저항을 비교해 보라. 두 결과는 유사한가? 차이가 있다면 주로 어떤 이유에 의해서 차이가 발생하였다고 생각하는가?

1. 다이오드의 전류-전압은 어떤 함수의 관계식을 따르는가?

    ① 2차 함수   ② 로그함수

    ③ 지수함수   ④ 삼각함수

2. 다이오드에 역방향 전압을 인가했을 때 흐르는 전류는 대략 얼마인가?

    ① 0 A   ② 1 pA

    ③ 1 nA   ④ 포화전류

3. 실리콘 PN 접합 다이오드가 순방향 바이어스 되었을 때 턴온전압은 대략 얼마인가?

    ① 0 V   ② 0.7 V

    ③ 1 V   ④ 50 V

4. 다이오드의 동작영역에 해당하지 않는 것은?

    ① 순방향 바이어스 영역   ② 역방향 바이어스 영역

    ③ 항복영역   ④ 포화영역

5. PN 접합 다이오드의 DC 전류가 1 mA이고 열전압(Thermal Voltage) V_T = 25 mV, 이상
    계수(Ideality Factor) n = 1일 때, 소신호 등가저항 r_D는 얼마인가?

    ① 25 Ω   ② 40 Ω

    ③ 100 Ω   ④ 200 Ω

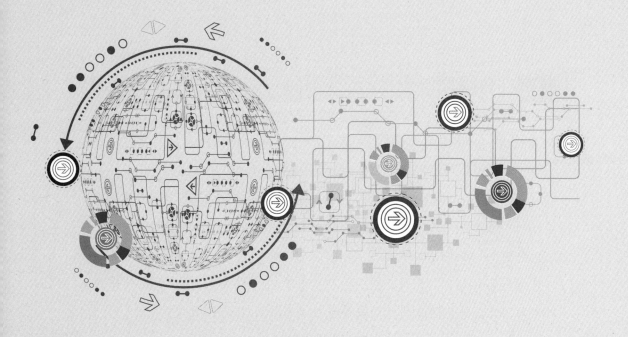

실험 3
다이오드 기본 회로

1 ▶ 개요

본 장에서는 다이오드와 저항으로 이루어진 기초적이고 간단한 다이오드 회로에 대해서 회로의 동작을 이해하고 해석하는 방법을 배운다. 다이오드 회로의 DC 해석을 위해서 다이오드의 정전압강하 모델(Constant Voltage Drop Model)을 이해하고 적용할 수 있어야 하고, 다이오드 회로의 AC 소신호 해석을 위해서는 다이오드의 소신호 모델(Small-Signal Model)을 이해하고 적용할 수 있어야 한다.

본 실험에서는 다이오드와 저항으로 구성된 몇 가지 기초적인 다이오드-저항 회로에 대해 SPICE 시뮬레이션과 실험을 통해 그 동작과 특성을 확인한다.

2 ▶ 배경 이론

■ 다이오드의 DC 등가모델

PN 접합 다이오드의 전류-전압 특성은 지수함수로 표현된다. 따라서, 다이오드 회로를 SPICE 시뮬레이션을 통해 해석할 때는 이러한 지수함수를 기반으로 하는 정확한 수치해석적 계산을 하게 된다. 하지만, 지수함수 계산을 포함한 회로 해석은 대개 간단한 손 계산을 통해 결과를 도출하기 어려울 정도로 복잡해서 실용적이지 않다. 이러한 문제를 해결하고자 어느 정도의 오차를 감수하고라도 훨씬 간단하고 손 계산에 편리한 다이오드의 DC 등가모델이 사용된다.

그림 3-1(a)는 다이오드를 완벽한 전기적 스위치로 보는 이상적 다이오드 모델(Ideal Diode Model)이다. $V_D > 0$ V인 순방향 바이어스에서는 다이오드가 단락(Short)된 것으로 모델링되고, $V_D < 0$ V인 역방향 바이어스에서는 다이오드가 개방(Open)된 것으로 모델링된다.

이상적인 다이오드 모델을 이용하면 다이오드 회로 해석이 매우 쉽고 간단해진다. 왜냐하면 회로 내에서 다이오드 양단에 인가되는 전압 방향에 따라 다이오드를 단락 또는 개방 상태로만 보면 되기 때문이다. 즉, 순방향 턴온상태에서는 다이오드 양단간에 전압강하가 없으며 양극에서 음극으로 전류가 흐르게 되며 다이오드가 만들어내는 유효 저항은 0 Ω으로 볼 수 있고 단락(Short) 상태가 된다. 반면에, 역방향 오프 상태에서는 다이오드 양단간에 전류는 흐르지 않게 되며 다이오드가 만들어내는 유효 저항이 무한대로서 개방(Open) 상태가 된다.

이러한 이상적 다이오드 모델은 약 0.7 V의 다이오드 턴온전압 V_{DO} 효과를 포함하지 못하는 단점이 있다. 이러한 문제점을 극복한 좀 더 실용적이고 정확한 모델이 정전압강하 모델(Constant Voltage Drop Model)이다. 정전압강하 모델은 그림 3-1(b)와 같이 $V_D > V_{DO}$에서 다이오드를 V_{DO}의 정전압원을 포함한 단락(Short) 회로로 모델링하고, $V_D < V_{DO}$에서는 다이오드를 개방(Open)된 것으로 모델링한다. 정전압강하 모델은 일반적으로 다이오드 회로의 DC 해석에 가장 많이 사용되는 등가모델이다.

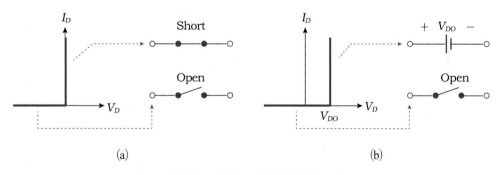

그림 3-1 다이오드의 DC 등가회로 모델

(a) 이상적 다이오드 모델(Ideal Diode Model), (b) 정전압강하 모델(Constant Voltage Drop Model)

■ 다이오드 소신호 등가모델

PN 접합 다이오드의 전류-전압 특성은 지수함수 관계를 갖는다. 만약 해석하고자 하는 신호가 매우 작아서 특정 바이어스점에서 크게 벗어나지 않는 소신호(Small-signal)라고 한다면 다이오드의 소신호 등가모델(Small-Signal Equivalent Model)을 이용할 수 있다.

　그림 3-2는 다이오드의 소신호 등가모델과 그 도출 원리를 보이고 있다. 우선 다이오드의 DC 바이어스점(Q-point), 즉, I_{DQ}와 V_{DQ}를 알고 있다고 가정한다. 그런데, 여기서 회로 해석을 좀 더 간단하게 하기 위해 다이오드의 정전압강하 모델을 적용하면 $V_{DQ} = V_{DO}$(약 0.7 V)로 근사화할 수 있다.

　다음은 바이어스점을 중심으로 다이오드 양단간의 전압-전류가 매우 작은 양만큼 움직인다고 하자. 이때 전류-전압 관계는 다이오드 지수함수 특성 곡선에 접선을 그어서, 접선에 해당하는 선형적인 관계를 따른다고 근사화할 수 있다. 여기서 접선의 기울기의 역수는 저항 성분이 되는데 이를 다이오드의 소신호 등가저항 r_D라 한다. 소신호 등가저항 r_D는 다음 식으로 주어진다.

$$r_D = \frac{nV_T}{I_{DQ}} \ (\Omega) \tag{1}$$

　따라서, 다이오드의 바이어스점에서의 소신호 등가모델은 V_{DO}라는 정전압강하 성분과 r_D라는 소신호 등가저항으로 이루어지게 된다.

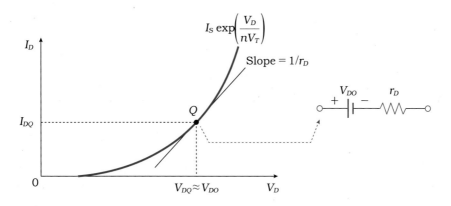

그림 3-2   다이오드의 소신호 등가모델

3 ▶ 필요 장비 및 부품

- 장비: DC 전원, 멀티미터
- 부품: 다이오드 (1N4148), 저항 (680 Ω, 1 kΩ, 2.2 kΩ)

4 ▶ 예비 리포트

(1) 다이오드의 세 가지 등가회로 모델, 즉, 이상적 다이오드 모델(Ideal Model), 정전압강하 모델(Constant Voltage Drop Model), 소신호 모델(Small—Signal Model)에 대해 비교 설명하라.

(2) SPICE 시뮬레이션 과제를 수행하고 그 결과를 보여라.

(3) 본 실험 순서에 따른 내용을 읽고 다이오드의 정전압강하 모델을 이용하여 회로 해석을 수행하고 해당 부분에 결과를 기록하라.

5   SPICE 시뮬레이션

실험 내용에 주어진 모든 회로에 대해 SPICE 회로도를 구성하고 DC 시뮬레이션을
수행하고 결과를 제시하라.

(1) 그림 3-3 다이오드-저항 회로의 DC 시뮬레이션 결과를 구하라.

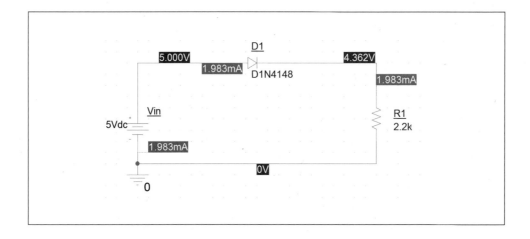

(2) 그림 3-4 직렬 다이오드 회로의 DC 시뮬레이션 결과를 구하라.

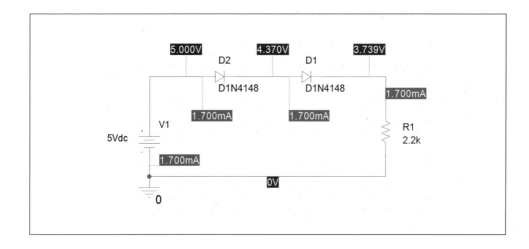

(3) 그림 3-6 다이오드-저항 병렬 회로에 대해 DC 시뮬레이션 결과를 구하라.

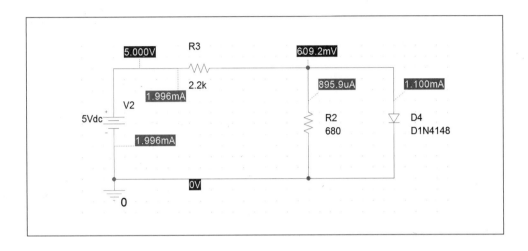

(4) 그림 3-8 회로에 대해 DC 시뮬레이션을 수행하고 결과를 구하라.

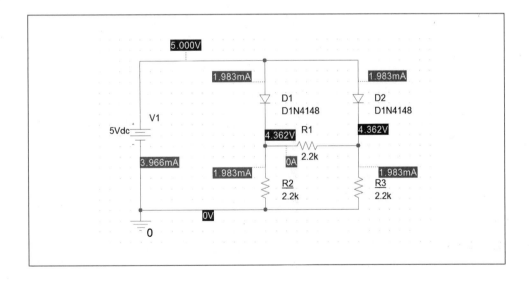

(5) 앞의 시뮬레이션 (4) 회로에서 R_3 저항을 1 kΩ으로 변경하고, DC 시뮬레이션을
수행하고 결과를 구하라.

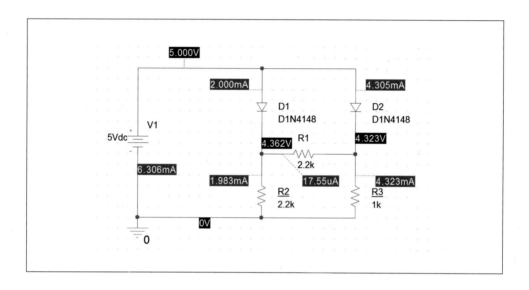

6　실험 내용

(1) 실험에 사용하는 다이오드의 턴온전압 V_{DO}를 멀티미터의 다이오드 측정 모드를
이용하여 측정하라. 이 값을 이후 실험에서 계산이 필요한 곳에 사용하라.

턴온전압 V_{DO} (측정값) = _____

(2) 그림 3-3 회로를 브레드보드에 구성하라. 저항 R_1의 실제 값을 측정하고 기록하라.

R_1 (측정값) = _____

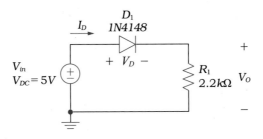

그림 3-3   다이오드-저항 실험 회로

(3) 입력전압 V_{in} = 5 V를 인가하고 멀티미터를 이용하여 다이오드 전압 V_D와 출력전
압 V_O를 측정하라. 다이오드 전류 $I_D = V_O/R_1$을 구하라.

$$V_D \text{ (측정값)} = \underline{\hspace{3cm}}$$

$$V_O \text{ (측정값)} = \underline{\hspace{3cm}}$$

$$I_D \text{ (측정값)} = \underline{\hspace{3cm}}$$

(4) 다이오드의 정전압강하 모델을 이용해 회로를 해석하라. 다이오드의 턴온전압
V_{DO}는 앞의 실험 (1)에서 측정한 값을 사용한다. 이론값과 측정값을 비교하라.

$$V_D \text{ (이론값)} = \underline{\hspace{3cm}}$$

$$V_O \text{ (이론값)} = \underline{\hspace{3cm}}$$

$$I_D \text{ (이론값)} = \underline{\hspace{3cm}}$$

(5)　그림 3-4 회로를 브레드보드에 구성하라. 직렬로 연결된 두 개의 다이오드가 같은 종류임을 확인하라.

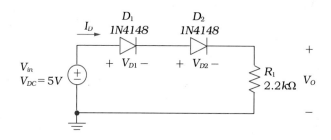

그림 3-4　직렬 다이오드 실험 회로

(6)　입력전압 V_{in} = 5 V를 인가하고 멀티미터를 이용하여 다이오드 전압 V_{D1}, V_{D2}와 출력전압 V_O를 측정하라. 다이오드에 흐르는 전류 $I_D = V_O/R_1$을 구하라.

$$V_{D1} \text{ (측정값)} = \underline{\hspace{2cm}}, \quad V_{D2} \text{ (측정값)} = \underline{\hspace{2cm}}$$
$$V_O \text{ (측정값)} = \underline{\hspace{2cm}}$$
$$I_D \text{ (측정값)} = \underline{\hspace{2cm}}$$

(7)　다이오드의 정전압강하 모델을 이용해 회로를 해석하라. 이론값과 측정값을 비교하라.

$$V_{D1} \text{ (이론값)} = \underline{\hspace{2cm}}, \quad V_{D2} \text{ (이론값)} = \underline{\hspace{2cm}}$$
$$V_O \text{ (이론값)} = \underline{\hspace{2cm}}$$
$$I_D \text{ (이론값)} = \underline{\hspace{2cm}}$$

(8)　그림 3-5와 같이 두 개의 다이오드를 마주보도록 회로를 다시 구성하라. 이 경우 다이오드 D_2가 역방향 바이어스에 놓이게 됨을 유의하라.

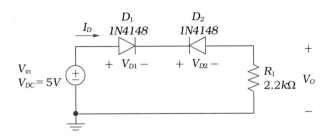

그림 3-5   마주보는 직렬 다이오드 실험 회로

(9) 입력전압 V_{in} = 5 V를 인가하고 멀티미터를 이용하여 다이오드 전압 V_{D1}, V_{D2}와
출력전압 V_O를 측정하라. 다이오드 전류 $I_D = V_O/R_1$을 구하라.

V_{D1} (계산값: $V_{in} - V_{D2} - V_O$) = _____, V_{D2} (측정값) = _____

V_O (측정값) = _____

I_D (측정값) = _____

TIP 순방향 다이오드 D_1에 걸리는 전압 V_{D1}은 일반적인 디지털멀티미터로 측정할 경우 오류가 매우 커서 정확한 값을 얻기 힘들다. 따라서 본 실험에서는 주어진 계산식을 통해 V_{D1}의 값을 간접적으로 구하도록 한다.

(10) 주어진 회로를 다이오드 정전압강하 모델을 이용해 DC 해석하라. 다이오드의 턴
온전압 V_{DO}는 앞서 측정한 값을 사용한다. 이론값과 측정값을 비교하라.

V_{D1} (이론값) = _____, V_{D2} (이론값) = _____

V_O (이론값) = _____

I_D (이론값) = _____

(11) 그림 3-6의 회로를 브레드보드에 구성하라. 사용된 저항 R_1, R_2 값들을 측정하고
기록하라.

R_1 (측정값) = _____

R_2 (측정값) = _____

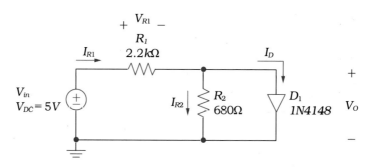

그림 3-6   다이오드-저항 병렬 실험 회로

(12) 입력전압 V_{in} = 5 V를 인가하고 V_{R1}, V_O를 측정하고, 이를 이용해서 I_{R1}, I_{R2}, I_D를 계산하라. 측정 결과를 다이오드의 정전압강하 모델을 이용한 이론적인 회로 해석 결과와 비교하라.

	$V_{R1}(V)$	$V_O(V)$	$I_{R1}(=V_{R1}/R_1)$	$I_{R2}(=V_{R2}/R_2)$	$I_D(=I_{R1}-I_{R2})$
측정값					
이론값					

(13) 그림 3-7은 두 개 다이오드가 서로 반대 방향으로 병렬로 연결된 회로이다. 주어진 회로를 브레드보드에 구성하라. R_1의 실제 값을 측정하고 기록하라.

R_1 (측정값) = _____ ,

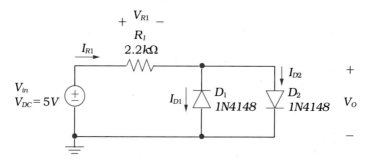

그림 3-7   역방향 병렬 다이오드 실험 회로

(14) 입력전압 5 V를 인가하고 V_{R1}, V_O를 측정하고, I_{R1}을 계산으로 구하라. 멀티미터를 이용하여 다이오드 D_2에 흐르는 전류 I_{D2}를 측정하라. 앞서 구한 I_{R1}, I_{D2}를 이용하여 $I_{D1} = I_{R1} - I_{D2}$로 계산할 수 있다. I_{D1}은 다이오드의 포화전류에 해당하는 매우 작은 값이기 때문에 정밀한 측정이 요구된다. 측정 결과를 다이오드의 정전압 강하 모델을 이용한 이론적인 회로 해석 결과와 비교하라.

	$V_{R1}(V)$	$V_O(V)$	I_{D2}	$I_{R1}(=V_{R1}/R_1)$	$I_{D1}(=I_{R1}-I_{D2})$
측정값					
이론값					

(15) 그림 3-8 회로를 브레드보드에 구성하라. 사용된 저항 값들을 측정하고 기록하라.

R_1 (측정값) = _____

R_2 (측정값) = _____

R_3 (측정값) = _____

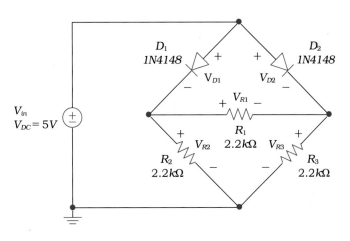

그림 3-8   복합 다이오드-저항 실험 회로

(16) 입력전압 5 V를 인가하고 V_{R1}, V_{R2}, V_{R3}, V_{D1}, V_{D2}를 측정하고, 측정 전압을 이용하여 I_{R1}, I_{R2}, I_{R3}를 계산하라. 다이오드의 정전압강하 모델을 이용한 이론적인 회로 해석과 측정 결과를 비교하라.

	V_{R1}(V)	V_{R2}(V)	V_{R3}(V)	$I_{R1}(=V_{R1}/R_1)$	$I_{R2}(=V_{R2}/R_2)$	$I_{R3}(=V_{R3}/R_3)$
측정값						
이론값						

(17) 다이오드에 흐르는 전류 I_{D1}, I_{D2}를 앞서 구한 I_{R1}, I_{R2}, I_{R3}를 이용하여 계산하라. 또한, 이를 정전압강하 모델을 이용한 회로 해석 결과와 비교하라.

$$I_{D1} \text{ (계산값, 이론값)} = \underline{\hspace{2cm}}, \underline{\hspace{2cm}}$$
$$I_{D2} \text{ (계산값, 이론값)} = \underline{\hspace{2cm}}, \underline{\hspace{2cm}}$$

(18) 주어진 회로에서 $R_3 = 1\ \text{k}\Omega$으로 변경하고 실험을 반복하라. 즉, 입력전압 5 V를 인가하고 V_{R1}, V_{R2}, V_{R3}, V_{D1}, V_{D2}를 측정하라. 측정 전압을 이용하여 I_{R1}, I_{R2}, I_{R3}를 계산하라. 다이오드의 정전압강하 모델을 이용한 이론적인 회로 해석과 측정 결과를 비교하라.

	V_{R1}(V)	V_{R2}(V)	V_{R3}(V)	$I_{R1}(=V_{R1}/R_1)$	$I_{R2}(=V_{R2}/R_2)$	$I_{R3}(=V_{R3}/R_3)$
측정값						
이론값						

(19) 다이오드에 흐르는 전류 I_{D1}, I_{D2}는 앞서 구한 I_{R1}, I_{R2}, I_{R3}를 이용하여 구하라. 또한, 이를 정전압강하 모델을 이용한 회로 해석 결과와 비교하라.

$$I_{D1} \text{ (계산값, 이론값)} = \underline{\hspace{2cm}}, \underline{\hspace{2cm}}$$
$$I_{D2} \text{ (계산값, 이론값)} = \underline{\hspace{2cm}}, \underline{\hspace{2cm}}$$

1. 다이오드의 DC 등가모델 중 턴온전압을 일정한 정전압원으로 포함한 것은?

   ① 이상적 모델

   ② 정전압강하 모델

   ③ 지수함수 모델

   ④ 소신호 모델

2. 다이오드가 역방향 바이어스 되었을 때 유효 저항 값은 얼마인가?

   ① ∞ Ω

   ② 0 Ω

   ③ 1 MΩ

   ④ −1 MΩ

3. 어떤 회로에서 하나의 다이오드와 1 kΩ 저항이 병렬로 연결되어 있다. 다이오드가 턴온되어 있는 상태라면 저항에 흐르는 전류는 얼마인가?

   ① 0 A

   ② 0.7 A

   ③ 0.7 mA

   ④ 7 mA

4. 두 개의 다이오드가 서로 마주보고 직렬 연결되어 있을때 이 회로를 통해 흐르는 전류에 대한 가장 정확한 표현은 무엇인가?

   ① 양단간 전압에 따라 결정된다.

   ② 다이오드 동작영역에 따라 달라진다.

   ③ 무조건 단락되어 매우 큰 전류가 흐른다.

   ④ 무조건 개방되어 전류가 흐르지 않는다.

5. PN 접합 다이오드의 전류-전압 관계가 지수함수를 따른다고 가정할 때, 순방향으로 흐르는 전류가 10배가 되기 위해서 바이어스 전압을 대략 얼마나 증가시켜야 하는가? 열전압은 25 mV, 이상계수는 1로 가정하라.

   ① 6 mV

   ② 60 mV

   ③ 0.6 V

   ④ 6 V

실험 4

다이오드 정류회로

1 개요

발전기에서 생성된 전기를 원거리 송전할 때는 AC 교류 신호 형태로 보내는 것이 전력 손실이 적고 효율적이다. 하지만 우리가 사용하는 거의 모든 진자회로는 DC 직류 신호를 전원으로 사용하여 동작한다. 따라서, 우리는 교류 신호를 직류 신호로 바꾸는 회로가 필요하다. 정류회로(Rectifier Circuit)는 이와 같이 교류를 직류로 변환시키는 회로이다. 우리가 매일 휴대폰 등을 충전할 때 사용하는 어댑터라고도 불리는 충전기, 그리고 현재 대중화된 무선 교통카드의 DC 전원 발생부에 정류회로가 핵심적으로 사용되고 있다. 다이오드는 순방향에서는 단락되고 역방향에서는 개방되는 특성을 가지고 있어, 정류 동작을 구현하는데 가장 적합한 능동소자이다.

본 실험에서는 다이오드를 이용한 반파 및 전파 정류회로에 대한 기본 이론을 이해하고 SPICE 시뮬레이션과 실험을 통해 정류회로의 동작과 특성을 확인한다.

2 배경 이론

그림 4-1은 반파 정류기(Half-Wave Rectifier) 회로이다. 입력신호 V_{in}이 다이오드 D를 통과하여 부하저항 R을 구동하는 구조이다. 회로의 동작을 이해하기 위해 다이오드 D를 정전압강하 모델로 바꾸면 그림 4-1(b)와 같다. 입력신호 V_{in}의 크기에 따라 다이오드가 온(On) 또는 오프(Off) 상태가 결정되고 각각의 경우에 출력신호 V_O는 아래와 같이 결정된다.

- Diode Off: $V_{in} < V_{DO} \Rightarrow V_O = 0$
- Diode On: $V_{in} \geq V_{DO} \Rightarrow V_O = \dfrac{R}{R + r_D} \cdot \left(V_{in} - V_{DO} \right) \overset{R \gg r_D}{\rightarrow} V_{in} - V_{DO}$

V_in이 V_{DO}보다 작으면 $V_O = 0$ V이고, V_in이 V_{DO}보다 크면, 다이오드 등가저항 r_D가 부하저항 R에 비해 매우 작기 때문에, V_O는 거의 $V_\text{in} - V_{DO}$가 된다. 이러한 반파 정류기의 입출력 전압 전달특성은 그림 4-2(a)와 같이 그릴 수 있다.

그림 4-2(b)는 입력이 정현파 신호일 때 출력파형을 보이고 있다. 입력신호 V_in이 V_{DO}보다 큰 양의 값일 경우에만 출력신호를 발생하고 음의 값에 대해서는 출력이 0 V를 유지하여 입력신호의 반 주기만 통과시키고 있음을 알 수 있다. 출력신호의 진폭은 입력신호보다 턴온전압 V_{DO} 만큼 작다.

반파 정류기에서 발생하는 유효 DC 전압은 출력신호의 시간 평균값으로 계산할 수 있다. 계산을 간단하게 하기 위해 다이오드가 온 상태에서 다이오드의 V_{DO} 전압강하를 무시하고 계산하면 출력의 유효 DC 전압은 다음 식 (1)과 같이 계산된다. 입력신호 진폭의 약 0.318 배에 해당하는 유효 DC 전압을 얻을 수 있음을 알 수 있다.

$$V_{DC} = \frac{1}{\pi} \times V_{in,ampl} \tag{1}$$

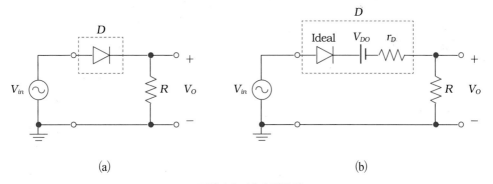

그림 4-1 반파 정류기
(a) 회로도, (b) 등가회로

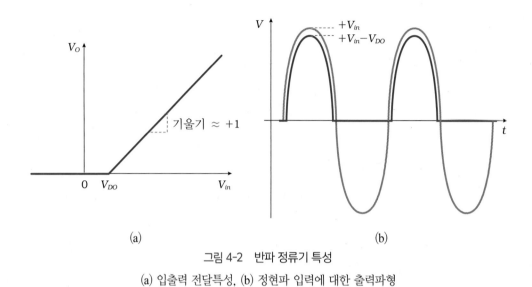

그림 4-2   반파 정류기 특성
(a) 입출력 전달특성, (b) 정현파 입력에 대한 출력파형

전파 정류기(Full-Wave Rectifier)는 교류-직류 변환 효율을 반파 정류기(Half-Wave Rectifier)에 비해 두 배 향상시킬 수 있는 정류회로이다. 그림 4-3은 대표적인 전파 정류기인 브리지 정류기(Bridge Rectifier)이다. 4개의 다이오드를 사용하고 있고, 부하저항이 다이오드 중간 노드 사이에 브리지 형태로 연결된 구조이다.

이 회로의 동작은 입력신호의 크기에 따라 3가지 영역으로 구분해서 이해할 수 있다. 그림 4-4(a)에 나타낸 입출력 전달특성과 같이 살펴보도록 하자. 앞선 반파 정류기 해석과 마찬가지로 다이오드의 등가저항 r_D가 부하저항 R보다 매우 작다는 가정을 사용하였다.

① $V_{in} > +2V_{DO}$: D_1, D_2는 온 상태이고, D_3, D_4는 오프 상태가 되며, $V_O = V_{in} - 2V_{DO}$이다.

② $V_{in} < -2V_{DO}$: D_1, D_2는 오프 상태이고, D_3, D_4는 온 상태가 되며, $V_O = -(V_{in} + 2V_{DO})$이다.

③ $-2V_{DO} < V_{in} < +2V_{DO}$: D_1, D_2, D_3, D_4는 모두 오프 상태가 되며, $V_O = 0$ V이다.

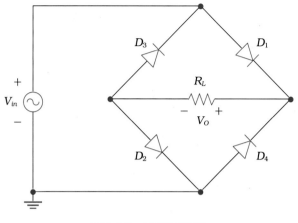

그림 4-3　브리지 정류기

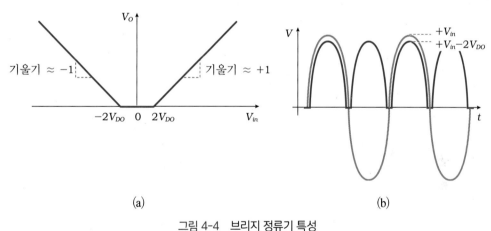

(a)　　　　　　　　　　　　　　　　(b)

그림 4-4　브리지 정류기 특성

(a) 입출력 전달특성, (b) 정현파 입력에 대한 출력파형

　　그림 4-4(b)는 입력이 정현파 신호일 때 브리지 정류회로의 출력파형을 보이고 있다. 입력신호 V_{in}이 $+2V_{DO}$보다 클 경우에 출력이 발생하고, 작을 때는 출력이 0 V를 유지한다. 반파 정류기와 달리 입력신호의 양의 반주기와 음의 반주기 모든 구간에 대해 정류작용을 하고 있음을 알 수 있다. 출력신호의 진폭은 입력신호보다 $2V_{DO}$ 만큼 작다.

　　전파 정류기에서 발생하는 유효 DC 전압은 $2V_{DO}$ 전압강하를 무시하고 계산하면 식

(2)와 같다. 반파 정류기 결과와 비교했을 때 2배, 즉 입력신호 진폭의 약 0.636 배에 해당하는 유효 DC 전압을 얻을 수 있다.

$$V_{DC} = \frac{2}{\pi} \times V_{in,ampl} \qquad (2)$$

정류회로 동작 시 다이오드에 순간적으로 걸리는 역방향 전압의 최댓값(Peak Inverse Voltage: PIV)는 어떤 경우에도 다이오드의 항복전압 V_B보다 작아야 한다. 그림 4-2의 반파 정류기와 그림 4-4의 브리지 정류기의 입출력파형을 보면 다이오드에 걸리는 PIV는 다이오드의 V_{DO} 전압강하를 무시했을 때 입력신호의 진폭과 같음을 알 수 있다. 만약 정류기의 부하저항에 병렬로 매우 큰 캐패시터를 연결하여 정류기가 피크 검출기(Peak Detector)로 동작한다면 반파 정류기의 PIV는 입력신호 진폭의 두 배가 된다.

3 ▶ 필요 장비 및 부품

- 장비: DC 전원, 멀티미터, 함수발생기, 오실로스코프
- 부품: 다이오드 (1N4148), 저항 (1 kΩ, 2.2 kΩ), 캐패시터 (0.1 μF, 1 μF, 10 μF)

4 ▶ 예비 리포트

(1) 반파 및 브리지 정류기에 대해 전압 전달특성, 입출력파형 관계, PIV 등을 중심으로 회로 동작 및 특성을 간단히 설명하라.

(2) 그림 4-3의 브리지 정류회로 외에, 다이오드 2개와 트랜스포머 1개를 사용하는 전
     파 정류회로도 많이 사용된다. 이 회로의 구조와 동작을 설명하고 브리지 정류회
     로와의 차이점을 기술하라.
(3) SPICE 시뮬레이션 과제를 수행하고 그 결과를 보여라.
(4) 본 실험 순서에 따른 내용을 읽고 이론적인 계산이 필요한 부분은 결과를 구하라.

5 ▶ SPICE 시뮬레이션

■ 반파 정류기

(1) 그림 4-5 반파 정류회로를 SPICE로 구성하라.

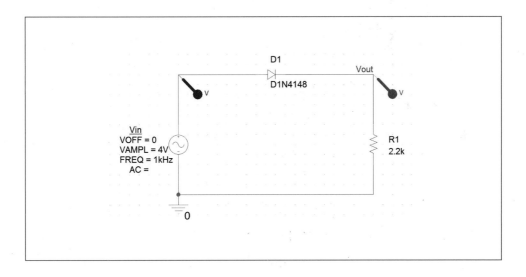

(2) 입력신호를 주파수 1 kHz, 진폭 4 V 정현파 신호로 인가하고, 시간 영역 시뮬레이
션을 수행하고, 입출력파형을 하나의 그래프로 보여라. 반파 정류 동작이 잘되는
지 확인하라.

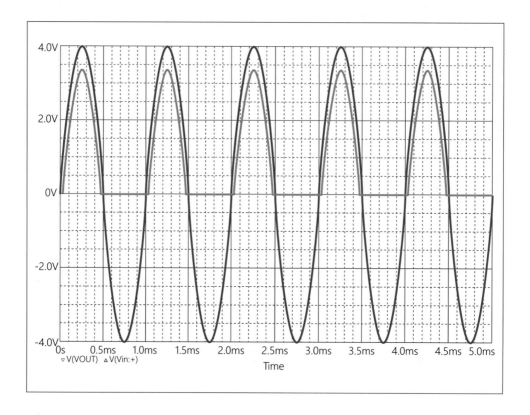

(3) 그림 4-6과 같이 출력단에 10 μF 캐패시터를 연결하고 시간 영역 시뮬레이션을
다시 수행하라. 입출력파형을 보이고, 출력전압이 거의 DC처럼 변화가 없는 파형
임을 확인하라. 출력파형의 리플전압(Ripple Voltage)은 얼마인가?

출력신호 V_{out} 평균값 (V) = _____

출력신호 V_{out} 리플값 (V) = _____

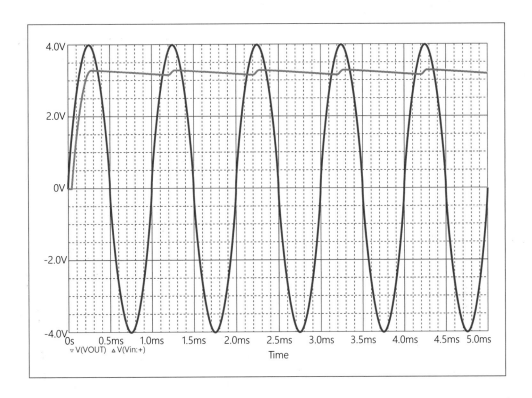

■ 브리지 정류기

(4) 그림 4-7 브리지 정류회로를 SPICE 회로로 구성하라.

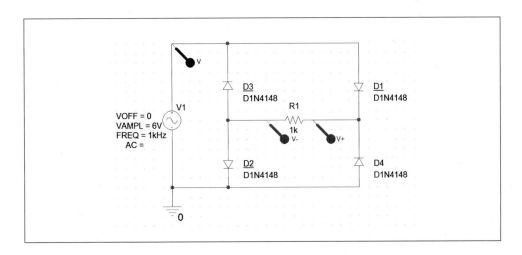

(5) 입력신호로 주파수 1 kHz, 진폭 6 V 정현파 신호를 인가하고, 시간 영역 시뮬레이션을 수행하라. 입출력파형을 한 그래프에 동시에 보이고, 전파 정류 작용이 바르게 이루어짐을 확인하라.

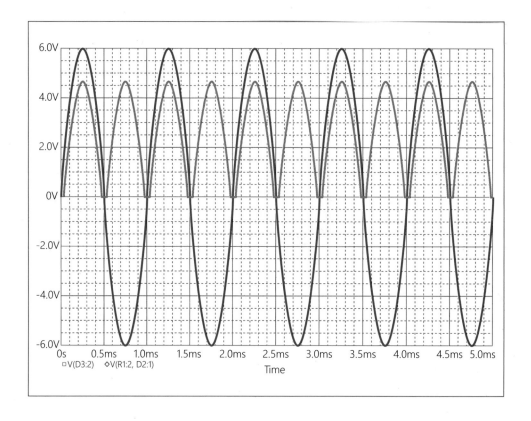

(6) 그림 4-8의 변형된 브리지 정류회로를 SPICE로 구성하고, 위와 동일한 조건으로 시간 영역 시뮬레이션을 수행하라. 입출력파형을 한 그래프에 동시에 보여라. 원래의 브리지 정류회로와 비교했을 때 출력파형이 어떻게 변하였는가?

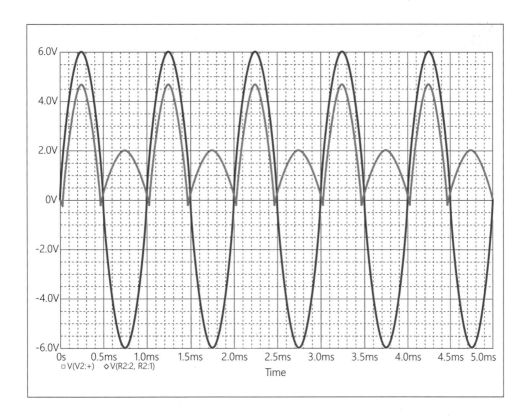

(7)　그림 4-8 변형된 브리지 정류회로에 대해 입출력 전압 전달특성을 구하고, 위에서 얻은 정현파에 대한 정류 동작을 설명하라.

6 실험 내용

■ **다이오드 턴온전압**

(1) 실험에 사용할 다이오드에 내해서 밀티미터 다이오드 검사 기능을 사용하여 턴온
전압 V_{DO}를 측정하라.

$$V_{DO} = \underline{\hspace{3cm}}$$

■ **반파 정류기**

(2) 주어진 반파 정류회로를 브레드보드에 구성하라.

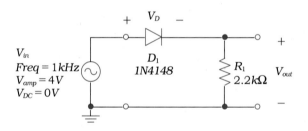

그림 4-5   반파 정류기 실험 회로

(3) 입력신호 V_{in}을 DC 전압 +5 V 및 −5 V로 순차적으로 인가하여, 다이오드가 순방
향 및 역방향으로 바이어스 되었을 때의 출력전압을 확인한다. 예상대로 동작하는
가?

$$V_{in} = +5 \text{ V 일 때 } V_{out} \text{ (V)} = \underline{\hspace{3cm}}$$
$$V_{in} = -5 \text{ V 일 때 } V_{out} \text{ (V)} = \underline{\hspace{3cm}}$$

(4) 함수발생기를 사용하여 입력신호를 주파수 1 kHz, 진폭 4 V인 정현파 신호로 인가하라. 오실로스코프를 이용하여 입력신호 V_{in}과 출력신호 V_{out}을 동시에 측정하고 기록하라.

(5) 입력신호와 출력신호 파형에서 다음을 측정하고 이론적으로 예측한 값과 비교하라.

입력신호 V_{in} 진폭 (측정값, 이론값) = _____, _____

출력신호 V_{out} 최댓값 (측정값, 이론값) = _____, _____

출력신호 V_{out} 최솟값 (측정값, 이론값) = _____, _____

(6) 출력신호 V_{out}이 발생되기 위한 최소 입력신호 V_{in}의 크기, 즉, V_{out}이 0 V인 순간에서의 입력신호 V_{in}의 가장 큰 값을 측정하라. 이 값은 다이오드의 턴온전압 V_{DO}에 해당할 것이다.

출력 발생을 위한 최소 V_{in} 크기 (측정값, 이론값) = _____, _____

(7) 출력전압 V_{out} 진폭을 이용하여 유효 DC 전압을 계산하라.

출력 유효 DC 전압 = _____

(8) 주어진 회로에서 다이오드의 방향을 반대로 연결하라. 이 회로는 입력신호가 음의 반주기일 때 통과시키는 반파 정류기로 동작하게 된다. 앞의 실험과 같이 주파수 1 kHz, 진폭 4 V의 정현파 입력신호를 인가하고, 오실로스코프를 이용하여 입력 및 출력파형을 동시에 측정하고 기록하라.

입력신호 V_{in} 진폭 (측정값) = _____

출력신호 V_{out} 최댓값 (측정값) = _____

출력신호 V_{out} 최솟값 (측정값) = _____

(9) 주어진 반파 정류기에서 부하저항 R_1에 병렬로 캐패시터 $C_1 = 10\ \mu\text{F}$를 추가하라.

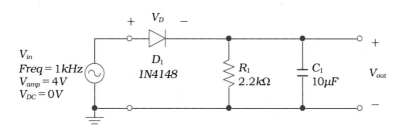

그림 4-6   피크 검출 반파 정류기 실험 회로

(10) 함수발생기를 사용하여 입력신호를 주파수 1 kHz, 진폭 4 V인 정현파 신호로 인가하라. 오실로스코프를 이용하여 입력신호 V_{in}과 출력신호 V_{out}을 동시에 측정하고 기록하라.

(11) 출력신호 V_{out}을 DC 전압 신호로 볼 수 있는가? 이 회로에서 캐패시터 C_1의 역할은 무엇인가? 출력의 리플전압(Ripple Voltage)은 얼마인가?

출력신호 V_{out}의 DC 값 (측정값) = _____

출력신호 V_{out}의 리플값 (측정값) = _____

(12) 캐패시터 $C_1 = 1$ μF으로 변경하고 입출력파형을 다시 측정하고 기록하라. 어떤 변화가 발생하는가? 출력의 리플전압(Ripple Voltage)은 얼마인가?

(13) 캐패시터 $C_1 = 0.1$ μF으로 변경하고 입출력파형을 다시 측정하고 기록하라. 어떤 변화가 발생하는가? 출력의 리플전압(Ripple Voltage)은 얼마인가?

■ 브리지 정류기

(14) 그림 4-7의 브리지 정류회로를 브레드보드에 구성하라. 다이오드 방향과 접지의 결선이 제대로 되도록 주의하라. 특히, R_1의 양쪽 노드 모두 접지에 연결되지 않음을 주의하라.

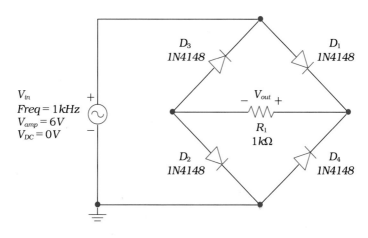

그림 4-7   브리지 정류기 실험 회로

(15) 입력신호를 DC +6 V와 −6 V로 순차적으로 인가하면서 멀티미터를 이용하여 출력전압과 다이오드 양단간 바이어스 전압 및 다이오드의 온/오프 상태를 측정하라.

측정 결과	V_{in} = +6 V	V_{in} = −6 V
V_{out}		
D_1 양단간 전압 및 온/오프상태		
D_2 양단간 전압 및 온/오프 상태		
D_3 양단간 전압 및 온/오프 상태		
D_4 양단간 전압 및 온/오프 상태		

(16) 함수발생기를 사용하여 입력신호에 주파수 1 kHz, 진폭 6 V인 정현파 신호를 인가하라. 오실로스코프를 이용하여 입력신호 V_{in}과 출력신호 V_{out}을 동시에 측정하고 기록하라. 전파 정류 동작이 관찰되는가?

(17) 오실로스코프의 파형을 관찰하고 다음을 측정하라.

입력신호 V_{in} 진폭 (측정값, 이론값) = _____, _____

출력신호 V_{out} 최댓값 (측정값, 이론값) = _____, _____

출력신호 V_{out} 최솟값 (측정값, 이론값) = _____, _____

출력 발생을 위한 최소 입력 V_{in} 크기 (측정값, 이론값) = _____, _____

(18) 위에서 구한 출력신호 V_{out}의 크기를 이용하여 출력신호의 유효 DC 전압을 계산하라.

출력 유효 DC 전압 = _____

(19) 그림 4-8과 같이 브리지 정류회로에서 두 개의 다이오드를 각각 저항 1 kΩ으로 변경하여 회로를 다시 구성하라.

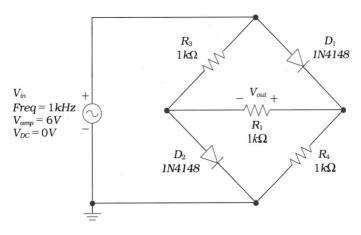

그림 4-8   변형된 브리지 정류기 실험 회로

(20) 함수발생기를 사용하여 입력신호를 주파수 1 kHz, 진폭 6 V인 정현파 신호로 인가하라. 오실로스코프를 이용하여 입력신호 V_{in}과 출력신호 V_{out}을 동시에 측정하고 기록하라.

(21) 변형된 브리지 정류회로가 전파 정류 작용을 하는가? 원래의 브리지 정류회로와
비교하여 차이점이 무엇인지 입출력 전압 전달특성을 그래프로 그리고 설명하라.

1. 교류 신호에는 직류 성분이 없다. 교류 신호를 입력으로 받아서 직류 성분을 갖는 신호로 변환시켜주는 회로는 무엇인가?

   ① 스위치   ② 정전압 공급기

   ③ 발진기   ④ 정류기

2. 이상적인 다이오드를 사용한 브리지 정류회로에 1 V 진폭을 갖는 정현파가 입력되었다. 정류된 출력신호의 DC 성분 값은 얼마인가?

   ① 1 V   ② 0.318 V

   ③ 0.5 V   ④ 0.636 V

3. 다이오드와 저항으로 이루어진 반파 정류회로 출력단에 매우 큰 캐패시터를 저항과 병렬로 연결하였다. 캐패시터를 연결하기 전에 비해 출력신호에 어떤 변화가 생기는가?

   ① 출력파형이 DC 파형처럼 평탄화된다.

   ② 유효 DC 전압이 감소한다.

   ③ 다이오드의 역방향 최대 전압(PIV)이 감소한다.

   ④ 입력신호의 주파수가 커지면 리플이 증가한다.

4. 브리지 정류회로에 대한 설명으로 틀린 것은?

   ① 다이오드 네 개가 사용된다.

   ② 전파 정류 작용을 한다.

   ③ 항상 두 개의 다이오드가 턴온되어 있다.

   ④ 역방향 최대 전압(PIV)이 대략 입력신호의 진폭과 같다.

5. 일반적인 실리콘 PN 접합 다이오드 한 개를 사용한 반파 정류기가 정류할 수 없는 입력신호는?

① 10 V 진폭 정현파 신호　　　　② 5 V 진폭 삼각파 신호

③ 1 V 진폭 톱니파 신호　　　　④ 0.5 V 진폭 구형파 신호

실험 5

BJT 트랜지스터 특성

1   개요

바이폴라 트랜지스터(Bipolar Junction Transistor: BJT)는 두 개의 PN 접합 다이오드를 매우 가깝게 배치한 구조를 갖는 트랜지스터이다. N형 반도체 층을 양쪽에 배치하고 중간에 얇은 P형 반도체 층을 삽입한 구조를 NPN 또는 N형 BJT라 하고, P형 반도체 층을 양쪽에 배치하고 중간에 얇은 N형 반도체 층을 삽입한 구조를 PNP 또는 P형 BJT라고 한다. 바이폴라 트랜지스터는 전계효과 트랜지스터(Field Effect Transistor: FET)에 비해 같은 전류 조건에서 트랜스컨덕턴스(Transconductance: g_m)가 크다는 장점을 가지고 있다.

본 실험에서는 BJT 소자의 기본 구조 및 원리를 이해하고 SPICE 시뮬레이션과 실험을 통해 그 동작과 특성을 확인한다.

2   배경 이론

그림 5-1(a)는 NPN BJT의 단면 구조이다. 에미터(Emitter) 영역은 N형, 베이스(Base) 영역은 P형, 콜렉터(Collector) 영역은 N형으로 구성된다. 그림 5-1(b)는 NPN BJT의 회로 기호와 베이스, 에미터, 콜렉터 단자에서의 전류와 전압을 표시하고 있다.

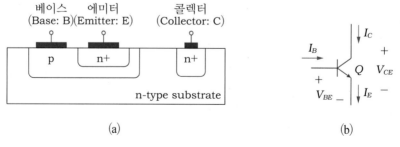

그림 5-1   NPN 바이폴라 트랜지스터
(a) 단면 구조, (b) 회로 기호 및 단자 전류와 전압

그림 5-2는 NPN BJT의 전류-전압 특성을 나타내고 있다. 그림 5-2(a)와 같이 V_{BE} 전압을 베이스-에미터 PN 접합 다이오드의 턴온전압인 약 0.7 V 정도로 인가하면 베이스 전류 I_B가 흐르게 된다. 이때 콜렉터-에미터 전압 V_{CE}가 V_{CEsat}(약 0.4 V)보다 높으면 BJT는 능동영역(Active Region)에 바이어스 된다. 능동영역에서 콜렉터 전류는 V_{BE}에 의해 다음과 같이 결정된다.

$$I_C = I_S e^{V_{BE}/V_T} \tag{1}$$

BJT에서 베이스 전류 I_B는 콜렉터 전류 I_C와 상수 배의 관계를 갖으며, 이를 전류이득 β라 한다. 예를 들어, 그림 5-2(b)는 β = 100인 BJT를 표시하고 있는데, I_C = 100 $\times$ I_B로 결정됨을 알 수 있다.

$$I_B = \frac{I_C}{\beta} \tag{2}$$

능동영역에서 V_{CE}가 V_{CEsat}보다 낮아지게 되면 콜렉터 전류가 급격히 줄어들게 되며, 이를 포화영역(Saturation Region)이라 한다. 당연한 사실이지만 V_{CE} = 0 V라면 V_{BE}에 상관없이 I_C = 0 A가 될 것이다.

마지막으로, V_{BE} < 0.7 V로 베이스-에미터 다이오드가 턴온되지 않는다면 V_{CE}에 상관없이 I_C = 0 A으로서, 이때 BJT는 차단영역(Cut-off Region)에 있는 것이다.

앞서 설명한 BJT의 세 가지 동작영역을 다음과 같이 정리할 수 있다.

동작영역	베이스-에미터	콜렉터-에미터
차단영역(Cut-off Region)	턴오프(V_{BE} < 0.7 V)	
능동영역(Active Region)	순방향(V_{BE} > 0.7 V)	V_{CE} > V_{CEsat}
포화영역(Saturation Region)	순방향(V_{BE} > 0.7 V)	V_{CE} < V_{CEsat}

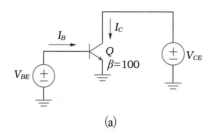

(a)

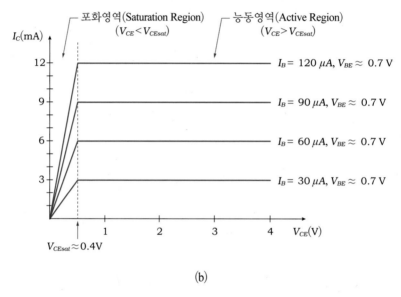

(b)

그림 5-2   NPN BJT의 전류-전압 특성

(a) 측정 회로, (b) $I_C - V_{CE}$ 전류-전압 특성

능동영역에서 BJT의 에미터 전류 I_E는 콜렉터 전류와 베이스 전류의 합과 같다.

$$I_E = I_C + I_B \tag{3}$$

BJT에서는 식 (4)와 같이 에미터 전류와 콜렉터 전류의 비를 α로 표시하고 전류전달 계수라 한다. BJT의 α와 β는 식 (5)의 관계를 갖는다.

$$\alpha = \frac{I_C}{I_E} \tag{4}$$

$$\alpha = \frac{\beta}{\beta + 1} \tag{5}$$

3 ▶ **필요 장비 및 부품**

- 장비: DC 전원, 멀티미터
- 부품: NPN BJT (2N3904), PNP BJT (2N3906), 저항 (1 kΩ, 330 kΩ)

4 ▶ **예비 리포트**

(1) 실험에서 사용할 NPN BJT에 대하여 제조사가 제공하는 데이터시트(Datasheet)를 찾아보고 다음 물음에 답하라. 사용할 트랜지스터가 결정되지 않았다면, 2N3904 NPN BJT에 대해 답하라: 트랜지스터에 인가할 수 있는 최대 V_{CE}, V_{CB} 전압은? V_{CEsat}은 얼마인가? I_C = 10 mA일 때 전류이득 β는 언제나 상수인가? 아니면 동작조건에 따라 변하는가? 전류이득 β는 콜렉터 전류가 매우 크거나 매우 작으면 어떻게 변하는가?

(2) SPICE 시뮬레이션 과제를 수행하고 그 결과를 보여라.

(3) 본 실험 순서에 따른 내용을 읽고 이론적인 계산이 필요한 부분은 결과를 구하라.

5 ▶ **SPICE 시뮬레이션**

그림 5-3은 BJT 트랜지스터의 I_C–V_{CE} 특성을 알아보기 위한 회로이다. 베이스 단자에 DC 전류원을 사용하여 일정한 베이스 전류를 입력하고, 콜렉터 단자에 DC 전압원을

사용하여 V_{CE}를 변화시킬 수 있도록 한다.

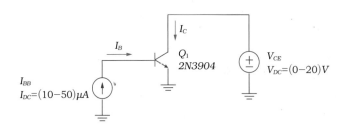

그림 5-3　BJT 전류-전압 특성 시뮬레이션 회로

(1) 그림 5-3의 회로를 SPICE로 구성하라. DC 시뮬레이션을 수행하여 BJT의 I_C-V_{CE} 그래프를 그려라. I_B는 0-50 μA 범위에서 10 μA 간격으로 변화시킨다.

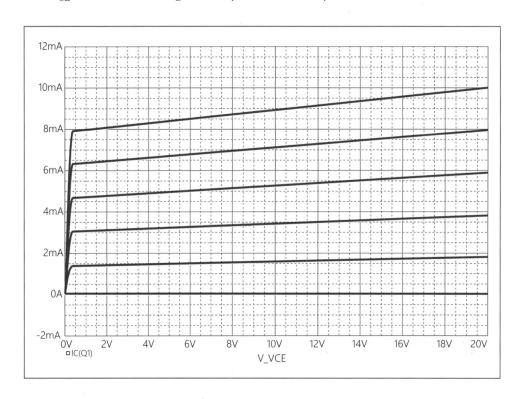

(2) V_{CE} = 5 V로 고정하고, I_B = 10 − 50 μA까지 변화시키면서 DC 시뮬레이션을 수행하고, I_B에 대한 I_C와 β의 그래프를 그려라.

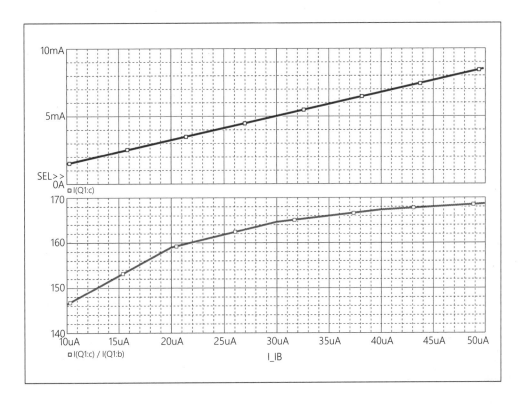

6 ▶ 실험 내용

■ **트랜지스터의 타입 및 단자 결정**

(1) NPN 트랜지스터와 PNP 트랜지스터를 사용하여 아래의 실험을 진행한다. 우선 NPN 또는 PNP 중 하나의 트랜지스터를 임의로 선택한다. 다만, 트랜지스터의 종류 및 단자를 모른다고 가정하고 실험을 진행하자. 트랜지스터의 세 단자를 임의로 1, 2, 3번 단자로 표시하자.

(2) 멀티미터를 다이오드 측정 모드로 설정하고 아래의 순서에 따라 턴온전압을 측정하라.

BJT 단자에 연결한 멀티미터 단자		측정된 턴온전압(V)
양단자	음단자	
1	2	
2	1	
1	3	
3	1	
2	3	
3	2	

(3) 트랜지스터의 두 단자 사이의 측정 결과를 보면 멀티미터 단자의 연결 방향에 상관없이 'OL'로 나타나는 조합이 있는데 이 두 개의 단자는 베이스는 아닐 것이다. 베이스 단자는 몇 번 단자인가?

베이스 단자 = _____

(4) 멀티미터의 음의 리드를 베이스 단자에 연결하고, 양의 리드는 트랜지스터의 다른 하나의 단자에 연결하라. 또한 리드의 방향을 반대로 하고서도 측정하라. 한 방향은 다이오드 순방향 측정, 다른 방향은 다이오드 역방향 측정이 될 것이다. 본 측정 결과에 따라 트랜지스터가 PNP인지 NPN인지 구별할 수 있다.

트랜지스터 타입 (NPN 또는 PNP) = _____

(5) 다음은 콜렉터와 에미터 단자를 찾아보자. 일반적으로 베이스-에미터 PN 접합 다이오드의 턴온전압은 베이스-콜렉터 PN 접합 다이오드 턴온전압에 비해 크다. 그 이유는 BJT 제작 공정상 에미터의 도핑 농도가 콜렉터의 도핑 농도보다 매우 높기 때문에 이에 따른 내부생성전압(Built-in Potential)도 크기 때문이다.

PNP 트랜지스터의 경우, 멀티미터의 음의 리드를 베이스 단자에 연결하고, 양의 리드를 트랜지스터의 다른 두 단자 중에 어느 하나에 번갈아 가며 연결해 보라. 두 측정값 중에서 큰 값의 경우가 베이스와 에미터 다이오드가 연결된 것이다. 그러므로 남은 트랜지스터 단자는 콜렉터다.

NPN 트랜지스터의 경우, 멀티미터의 양의 리드를 베이스 단자에 연결하고, 음의 리드를 트랜지스터의 다른 두 단자 중에 어느 하나에 번갈아 가며 연결해 보라. 턴온전압 측정값 중에서 큰 값이 베이스와 에미터 단자가 된다.

이러한 사실을 바탕으로 트랜지스터의 종류 및 세 개 단자의 이름을 기록하라.

트랜지스터 타입	1번 단자	2번 단자	3번 단자

(6) 트랜지스터의 데이터시트를 보면 패키지 모양과 단자에 대한 정보를 알 수 있다. 이를 이용하면 트랜지스터의 콜렉터, 에미터, 베이스 단자를 구별할 수 있다. 이렇게 하여 알게 된 단자와 위의 측정을 통하여 알게 된 단자는 일치하는가? 트랜지스터의 패키지 모양을 그리고, 3개 단자의 이름을 표시하라.

■ BJT 전류–전압 특성

(7) 그림 5–4와 같이 전류–전압 특성을 측정하기 위한 회로를 브레드보드에 구성하라. R_C와 R_B의 실제 값을 멀티미터를 이용하여 측정하라.

$$R_C \text{ (측정값)} = \underline{\hspace{3cm}}$$

$$R_B \text{ (측정값)} = \underline{\hspace{3cm}}$$

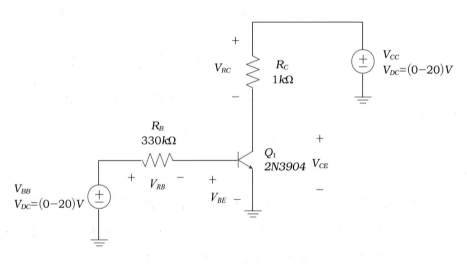

그림 5-4 BJT 전류-전압 특성 측정 실험 회로

(8) V_{BB}에 따른 V_{RB}를 관찰하고 이에 따라 I_B = 10, 20, 30, 40, 50 μA가 되도록 순차적으로 V_{BB}를 조정한다. 각각의 I_B 값에서, V_{CC}를 조정하여 V_{CE}가 0–15 V가 되도록 변화시키면서, V_{RC}를 측정하여 I_C를 계산한다. 이와 같은 측정을 통해 아래 표를 완성한다. I_E, α, β는 각 점에서 측정 결과로부터 계산을 통해 얻을 수 있다.

V_{RB}(V)	I_B(μA)	V_{CE}(V)	V_{RC}(V)	I_C(mA)	V_{BE}(V)	I_E(mA)	α	β
3.3	10	0.4						
		0.8						
		1.2						
		1.6						
		2						
		4						
		6						
		8						
		10						
		12						
		14						
		15						
6.6	20	0.4						
		0.8						
		1.2						
		1.6						
		2						
		4						
		8						
		10						
		12						
		14						
		15						
9.9	30	0.4						
		0.8						
		1.2						
		1.6						
		2						
		4						
		6						
		8						
		10						

		0.4						
		0.8						
		1.2						
		1.6						
13.2	40	2						
		4						
		5						
		6						
		8						
		0.4						
		0.8						
		1.2						
		1.6						
16.5	50	2						
		4						
		5						
		6						

(9) 위의 측정 결과를 이용하여 트랜지스터의 $I_C - V_{CE}$ 특성 곡선을 그려라. 즉, $I_B = 10$ $- 50 \ \mu A$에 대하여 $I_C - V_{CE}$ 그래프를 그려라.

(10) 트랜지스터의 I_C-V_{CE} 특성 곡선으로부터 다음을 관찰하라.

콜렉터 전류 수 mA 범위에서 BJT의 β (측정값) = _____

V_{CEsat} (측정값) = _____

■ 소스미터를 사용한 자동 측정

트랜지스터의 전류–전압 특성을 측정하기 위해서는 상당히 많은 조건의 반복 측정이 필요하다. 소스미터(Source Meter)는 전류 및 전압을 사용자가 원하는 방식으로 자동으로 공급하는 장치인데, 소스미터를 사용하여 BJT의 전류–전압 특성을 한 번의 자동 측정으로 빠르게 얻을 수 있다. 실험실에 소스미터가 구비되어 있지 않다면 본 실험은 하지 않고 다음으로 진행한다.

(11) 그림 5–5와 같이 소스미터에서 하나의 출력단자를 전압원으로 설정하여 콜렉터 단자에 연결하고, 다른 하나의 출력단자를 전류원으로 설정하여 베이스 단자에 연결한다.

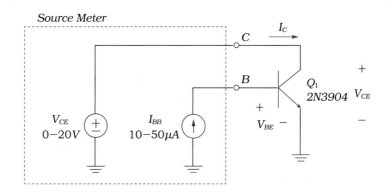

그림 5-5   소스미터를 사용한 전류-전압 특성 측정

(12) 콜렉터 전압 V_{CE}를 0–20 V로 변화시키면서 콜렉터 전류 I_C를 측정한다. 이때, 베이스 전류 I_{BB}는 10 μA에서 50 μA까지 10 μA 간격으로 변화시키면서 총 5개의 I_C 특성 곡선을 측정한다. 이 결과를 I_C–V_{CE} 그래프로 그려라.

⏳**TIP** 본 실험에서 주의할 사항은 베이스 단자에는 전압원이 아닌 전류원으로 인가해야 하는 것이다. 베이스 단자에 전압원을 인가한다면 어떤 문제가 발생하는가?

■ **콜렉터 전류에 따른 β 변화**

(13) 위에서 얻은 측정 결과를 이용하여 V_{CE} = 6 V일 때 I_C에 대한 β의 그래프를 그려라.

(14) I_C에 대한 β의 최댓값과 최솟값을 구하라. 일반적으로 I_C가 증가하면 β는 증가하는가, 감소하는가? BJT 데이터시트를 보고 이러한 특성을 확인하라.

$$\beta \text{ 최댓값 및 그때의 } I_C \text{ (측정값) = } \underline{\hspace{2cm}}, \underline{\hspace{2cm}}$$

$$\beta \text{ 최솟값 및 그때의 } I_C \text{ (측정값) = } \underline{\hspace{2cm}}, \underline{\hspace{2cm}}$$

(15) 위의 실험 데이터를 이용하여 $I_B = 20\ \mu A$일 때 V_{CE}에 대한 β의 그래프를 그려라.

(16) 일반적으로 V_{CE}가 증가하면 β는 증가하는가, 감소하는가? β에 미치는 영향이 I_C보다 큰가, 작은가? BJT 데이터시트를 보고 이러한 특성을 확인하라.

(17) 사용되는 BJT의 β를 평균 얼마 정도라고 생각하는 것이 적절한가? 그렇게 생각한 이유는 무엇인가?

트랜지스터의 평균적 β 값 (측정값) = _____

1. BJT의 콜렉터 전류를 결정하는 가장 중요한 변수는?

    ① 콜렉터 전압   ② 베이스 전압

    ③ 콜렉터–에미터 전압   ④ 베이스–에미터 전압

2. BJT의 β에 대한 올바른 표현은?

    ① I_C/I_B ② I_E/I_B

    ③ I_C/I_E ④ I_E/I_C

3. BJT의 α에 대한 올바른 표현은?

    ① I_C/I_B ② I_E/I_B

    ③ I_C/I_E ④ I_E/I_C

4. BJT의 능동영역에 대한 설명으로 맞지 않는 것은?

    ① 능동영역에서 I_C는 I_B에 비례한다.

    ② 능동영역에서 I_C는 V_{CE}에 비례한다.

    ③ 능동영역에서 I_C는 V_{BE}에 의해 결정된다.

    ④ 능동영역에서 V_{CE}는 V_{CEsat} 보다 크다.

5. 일반적인 BJT에 대해 맞지 않는 것은?

    ① 베이스–에미터 턴온전압이 베이스–콜렉터 턴온전압보다 작다.

    ② BJT는 두 개의 PN 접합으로 구성된다.

    ③ BJT는 세 개의 단자를 갖는 능동소자이다.

    ④ 베이스 영역의 폭이 에미터나 콜렉터 영역보다 작다.

실험 6
BJT 바이어스 회로

1   개요

BJT 트랜지스터가 증폭기에서 신호를 왜곡 없이 깨끗이 증폭하기 위해서는, BJT 트랜지스터를 DC 상태에서 능동영역(Active Region)에 바이어스(Bias) 시키는 것이 필요하다. DC 바이어스 회로(DC Bias Circuit)란 트랜지스터의 V_{BE} 및 V_{CE}가 BJT 능동영역 조건을 만족하면서, 트랜지스터의 g_m이 원하는 값이 되기 위한 콜렉터 전류가 흐를 수 있도록 만들어 주는 회로를 말한다. 일반적으로 회로에 인가되는 전원전압이 하나이기 때문에 이로부터 몇 개의 저항을 적절히 연결하여, 트랜지스터 각 단자에 원하는 전압을 공급하고 원하는 콜렉터 전류가 흐를 수 있도록 한다. 트랜지스터 바이어스 회로에는 크게 전압분배 바이어스 회로(Voltage Dividing Bias Circuit)와 자기 바이어스 회로(Self-Bias Circuit)가 있다.

본 실험에서는 두 가지 트랜지스터 바이어스 회로의 기본 이론을 이해하고 SPICE 시뮬레이션과 실험을 통해 각 회로의 동작과 특성을 확인한다.

2   배경 이론

■ 전압분배 바이어스(Voltage Divider Bias) 회로

전압분배 바이어스 회로는 가장 일반적으로 많이 사용되는 바이어스 회로로서 그림 6-1(a)와 같다. 이 회로는 전원전압 V_{CC}를 저항 R_1, R_2를 이용해 적절히 분배하여 베이스 전압을 발생시키는 구조를 갖는다. 에미터에 추가된 R_E는 디제너레이션 저항(Degeneration Resistor)으로서 바이어스 회로의 β 민감도 및 안정도를 향상시키기 위해 사용된다. V_B 전압의 안정적 공급을 위해서 I_{R1}, I_{R2}의 값은 I_B 보다 10배 이상 크게 설정한다. 그렇지 않으면 β의 변화에 따라 V_B가 크게 영향을 받게 된다.

전압분배 바이어스 회로를 해석하기 위해서는 그림 6-1(a)의 점선으로 표시된 부분을 그림 6-1(b)와 같이 테브난 등가회로(Thevenin Equivalent Circuit)로 변환하여 해석하는 것이 편리하다. 테브난 등가전압 V_{th} 및 등가저항 R_{th}는 그림에 표시된 바와 같이 주어진다. 이로부터 트랜지스터의 베이스 전류 I_B와 베이스 전압 V_B는 식 (1)로 구할 수 있다. 여기서 V_{BE}는 다이오드의 정전압강하 모델에 의해 0.7 V로 가정한다. 이렇게 구한 I_B와 트랜지스터의 전류이득 β를 이용하여 I_C와 I_E가 정해지고, 각 콜렉터와 에미터 노드의 전압도 결정된다.

$$V_{th} = I_B R_{th} + V_{BE} + (1 + \beta)I_B R_E \tag{1}$$

$$V_B = V_{th} - I_B R_{th} \tag{2}$$

바이어스 회로 해석의 가장 최종 단계는 트랜지스터가 능동영역에 적절히 바이어스 되어 있는지 확인하는 것이다. 즉, 이 회로에서 $V_{CE} > V_{CEsat}$임을 확인해야 한다. 만약 이 조건을 만족하지 못한다면, 트랜지스터는 포화영역에 바이어스 된 것으로서 바이어스 회로가 제대로 동작하지 않음을 의미한다.

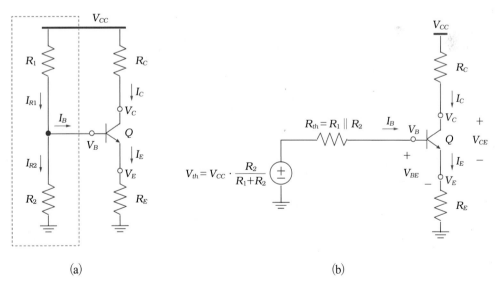

그림 6-1 전압분배 바이어스 회로
(a) 회로도, (b) 테브난 등가회로

■ 자기 바이어스(Self-Bias) 회로

전압분배 바이어스에서 베이스 단자에 필요한 전압을 만들기 위해서 전원전압 V_{CC}를 두 개의 저항을 사용하여 분배하는 방식을 사용하였다. 그런데, 이 방법 대신에 그림 6-2와 같이 콜렉터 단자를 저항 R_B를 통해서 직접 베이스 단자에 연결하는 방법도 가능하다. 이를 자기 바이어스(Self-Bias) 회로라고 한다.

자기 바이어스 회로에서 R_C를 통해 흐르는 전류는 에미터 전류 I_E와 동일하다. V_{CC}로부터 R_C, R_B, V_{BE}를 통과하는 경로에 대해 키르히호프 전압 법칙(Kirchhoff's Voltage Law: KVL)을 적용하면 식 (3)과 같다. 이로부터 I_B를 구할 수 있고, 주어진 전류이득 β를 사용하여, I_C, I_E, V_C, V_B 등의 바이어스 조건을 구할 수 있다.

$$V_{CC} = (1 + \beta)I_B R_C + I_B R_B + V_{BE} \tag{3}$$

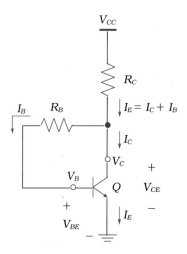

그림 6-2 자기 바이어스 회로

3 필요 장비 및 부품

- 장비: DC 전원, 멀티미터
- 부품: BJT (2N3904), 저항 (680 Ω, 1 kΩ, 1.8 kΩ, 2.2 kΩ, 3 kΩ, 6.8 kΩ, 33 kΩ, 390 kΩ)

4 예비 리포트

(1) 그림 6–4와 그림 6–5의 전압분배 바이어스 회로 및 자기 바이어스 회로에 대해 바이어스 조건을 이론적으로 계산하라. 계산의 편의를 위해 β = 100, V_{BE} = 0.7 V 로 가정하라.

(2) SPICE 시뮬레이션 과제를 수행하고 그 결과를 보여라.

(3) 본 실험 순서에 따른 내용을 읽고 이론적인 계산이 필요한 부분은 결과를 구하라.

5 ▷ SPICE 시뮬레이션

(1) 그림 6-4 전압분배 바이어스 회로를 SPICE로 구성하고 DC 시뮬레이션을 통해서
바이어스 조건을 구하라.

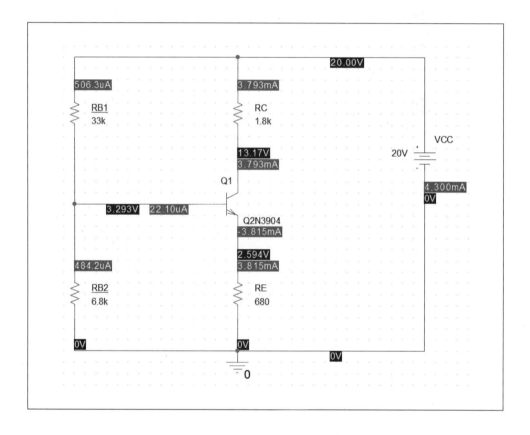

(2) 그림 6-5 자기 바이어스 회로를 SPICE로 구성하고 DC 시뮬레이션을 통해서 바이어스 조건을 구하라.

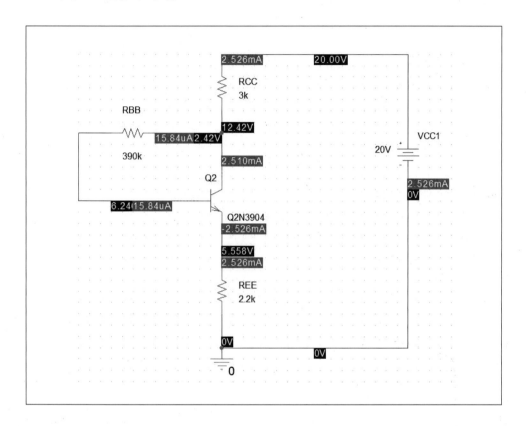

(3) 그림 6-3은 다이오드 연결 트랜지스터(Diode Connected Transistor)의 전류-전압 특성을 알아보기 위한 회로이다. 전류원 I_X를 회로에 인가하면 여기에 해당하는 전압 V_X가 유도될 것이다. 이를 통해 전류 I_X와 전압 V_X의 관계를 관찰할 수 있다.

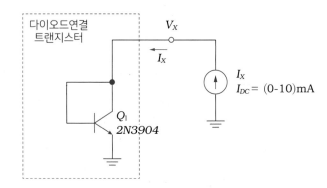

그림 6-3   다이오드 연결 트랜지스터 시뮬레이션 회로

(4) 주어진 회로를 SPICE로 구성하고, I_X를 0-10 mA까지 변화시키면서 $I_X - V_X$ 그래프를 그려라.

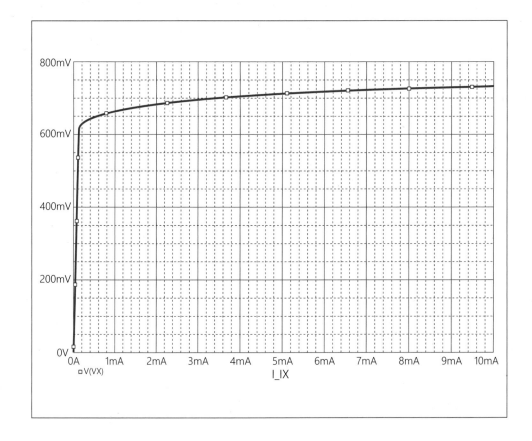

(5) I_X-V_X 그래프는 다이오드의 전류-전압 특성을 보이는가? I_X = 1 mA일 때의 전압
을 턴온전압이라고 가정한다면, 이 다이오드의 턴온전압은 얼마인가?

6　실험 내용

■ 전압분배 바이어스 회로

(1) 그림 6-4의 전압분배 바이어스 실험 회로를 브레드보드에 구성하라. 사용되는 저
항의 실제 값들을 측정하고 기록하라.

R_1 (측정값) = _____, R_2 (측정값) = _____
R_C (측정값) = _____, R_E (측정값) = _____

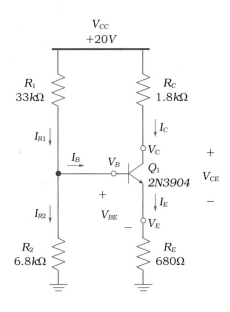

그림 6-4　전압분배 바이어스 실험 회로

(2) V_{CC} = 20 V를 인가하고 다음 표의 바이어스 조건을 측정하라. 또한, 바이어스 조건을 이론적으로 계산하고 이를 측정값과 비교하라. 바이어스 조건을 이론적으로 계산할 때 Q_1의 V_{BE} 및 β를 얼마로 가정하였는가?

	측정값	이론값	비고
V_B(V)			
V_C(V)			
V_E(V)			
V_{CE}(V)			$= V_C - V_E$
V_{BE}(V)			$= V_B - V_E$
I_C(mA)			$= V_{RC}/R_C$
I_E(mA)			$= V_{RE}/R_E$
I_{R1}(μA)			$= V_{R1}/R_1$
I_{R2}(μA)			$= V_{R2}/R_2$
I_B(μA)			$= I_{R1} - I_{R2}$

(3) 측정된 V_{CE} 전압으로 보건데 트랜지스터는 능동영역에 바이어스 되어 있는가?

근거: _____

(4) 위에서 측정한 바이어스 조건을 이용하여 트랜지스터의 모델 파라미터를 계산하라.

β	α	g_m	r_π

(5) 주어진 회로에서 R_1, R_2만을 변경하여 콜렉터 전류 I_C를 1 mA가 되도록 하라. 새로운 R_1, R_2를 이론적으로 계산하여 결정하라. 이때 R_1, R_2에 흐르는 전류는 베이스 전류의 10배 이상이 되도록 한다. 새로운 R_1, R_2를 연결하고 바이어스 조건을 측정하라.

$$R_1, R_1 \ (\Omega) = \text{_____}, \text{_____}$$
$$V_{BE}, V_{CE} \ (V) = \text{_____}, \text{_____}$$
$$I_1, I_2 \ (mA) = \text{_____}, \text{_____}$$
$$I_C, I_B \ (mA) = \text{_____}, \text{_____}$$
$$\beta, g_m \ (계산값) = \text{_____}, \text{_____}$$

■ 전압분배 바이어스 회로 설계

(6) 그림 6-4의 전압분배 바이어스 회로를 다음 조건을 만족하도록 설계하고자 한다.
$$V_{CC} = 15 \ V, \ I_C = 6 \ mA, \ V_{CE} = 7.5 \ V, \ V_{RE} = 0.1 \times V_{CC}$$

(7) 주어진 조건을 만족하는 R_C 값을 구하라.

⏳ **TIP** 만약 여기서 계산한 저항 값이 실제 실험실에서 제공되는 표준저항 중에 없다면 여러 개의 저항을 직렬 또는 병렬로 구성하여 원하는 저항 값이 되도록 만들 수 있다. 이렇게 만든 저항 값이 원하는 값 대비 10 % 이내의 오차를 갖는다면 구현된 회로는 적절히 동작할 것으로 기대할 수 있다.

$$R_C \ (계산값, \ 실제 \ 사용된 \ 값) = \text{_____}, \text{_____}$$

(8) $V_{RE} = 0.1 \times V_{CC}$. 즉, $V_E = 1.5$ V가 되도록 R_E를 구하라.
$$R_E \ (계산값, \ 실제 \ 사용된 \ 값) = \text{_____}, \text{_____}$$

(9) V_E = 1.5 V이고, V_{BE} = 0.7 V일 때, 베이스 노드에서 필요한 전압은 2.2 V이다. V_B = 2.2 V가 되기 위한 R_1, R_2를 결정하라. 여기서, I_{R1}, I_{R2}를 I_B보다 10배 이상 크게 하면 베이스 노드 전압은 거의 $V_{CC} \times R_2/(R_1 + R_2)$로 결정된다.

R_1 (계산값, 실제 사용된 값) = _____, _____

R_2 (계산값, 실제 사용된 값) = _____, _____

(10) 새롭게 설계된 전압분배 바이어스 회로의 바이어스 조건을 측정하고 설계 목표 대비 10 % 이내의 오차로 구현되었는지 확인하라.

	설계 목표 값	측정값	비고
V_{CE}(V)			
V_{RE}(V)			
I_C(mA)			= V_{RC}/R_C
I_E(mA)			= V_{RE}/R_E
I_{R1}(μA)			= V_{R1}/R_1
I_{R2}(μA)			= V_{R2}/R_2
I_B(μA)			= $I_{R1} - I_{R2}$

■ 자기 바이어스 회로

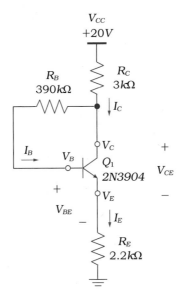

그림 6-5   자기 바이어스 실험 회로

(11) 그림 6-5 자기 바이어스 실험 회로를 브레드보드에 구성하라. 사용된 저항의 실제 값들을 측정하고 기록하라.

R_C (측정값) = _____

R_B (측정값) = _____

R_E (측정값) = _____

(12) 아래 표에 따라 회로의 바이어스 조건을 측정하고 필요한 변수는 계산하여 구하라.

	측정값	이론값	비고
$V_C(\mathrm{V})$			
$V_B(\mathrm{V})$			
$V_E(\mathrm{V})$			
$V_{CE}(\mathrm{V})$			$= V_C - V_E$
$V_{BE}(\mathrm{V})$			$= V_B - V_E$
$V_{RB}(\mathrm{V})$			
$V_{RE}(\mathrm{V})$			
$V_{RC}(\mathrm{V})$			
$I_{RC}(\mathrm{mA})$			$= V_{RC}/R_C$
$I_E(\mathrm{mA})$			$= V_{RE}/R_E$
$I_B(\mathrm{\mu A})$			$= V_{RB}/R_B$
$I_B(\mathrm{\mu A})$			$= I_E - I_C$
$I_C(\mathrm{mA})$			$= I_{RC} - I_B$
$I_C(\mathrm{mA})$			$= I_E - I_B$

(13) 위에서 측정한 바이어스 조건을 이용하여 트랜지스터의 주요 모델 파라미터를 계산하라.

β	α	g_m	r_π

■ 다이오드 연결 트랜지스터

(14) 그림 6-6 다이오드 연결 트랜지스터 회로를 브레드보드에 구성하라.

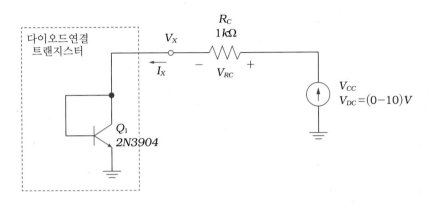

그림 6-6   다이오드 연결 BJT 실험 회로

(15) V_{CC}를 아래와 같이 증가시키면서 I_X, V_X의 값을 측정하라.

V_{CC}(V)	0	0.1	0.3	0.4	0.5	0.6	0.7	0.8	0.9
V_X(V)									
I_X(mA)									
V_{CC}(V)	1	2	3	4	5	6	7	8	10
V_X(V)									
I_X(mA)									

(16) 위의 측정 결과를 이용하여 $I_X - V_X$ 그래프를 그려라. 이 회로의 전류−전압 특성은
일반적인 다이오드의 전류−전압 특성과 비슷하게 보이는가?

(17) 다이오드 연결 트랜지스터의 턴온전압은 대략 얼마인가?

턴온전압 (측정값) = _____

1. 적절한 바이어스 회로는 BJT 트랜지스터를 어떤 동작영역에 위치시키는가?

   ① 차단영역   ② 능동영역

   ③ 포화영역   ④ 선형영역

2. 일반적인 전압분배 바이어스 회로에서 BJT 트랜지스터가 포화영역에 바이어스 되었음이
   확인되었다. 이를 능동영역에 바이어스 시키기 위해 변경할 수 있는 방법으로 적절하지 않
   은 것은?

   ① 베이스 전압을 낮춘다   ② 베이스 전류를 낮춘다.

   ③ 콜렉터 전압을 높인다,   ④ 콜렉터 전류를 높인다.

3. 전압분배 바이어스 회로에 비해 자기 바이어스 회로의 장점이라고 할 수 있는 것은?

   ① 언제나 능동영역을 보장한다.   ② 언제나 I_C = 1 mA를 보장한다.

   ③ 온도 민감도가 낮다.   ④ 공정 민감도가 낮다.

4. 다이오드 연결 BJT 트랜지스터의 턴온전압은 대략 얼마인가?

   ① 0.1 V   ② 0.7 V

   ③ 1 V   ④ 2 V

5. 서로 다른 트랜지스터를 사용하여 동일한 전압분배 바이어스 회로를 구성하였다. 두 회로
   의 콜렉터 전류가 상당히 다르게 측정되었다면 그 이유를 가장 적절히 예상한 것은?

   ① β가 많이 다르다.

   ② V_{BE} 턴온전압이 많이 다르다.

   ③ 얼리전압(Early Voltage)이 많이 다르다.

   ④ 두 트랜지스터의 동작 온도가 많이 다르다.

실험 7

BJT 공통 에미터 증폭기

1 개요

BJT 증폭기는 BJT의 세 단자 중 어떤 단자를 소신호 공통단자(회로의 접지 또는 전원선압 단자를 밀함)로 사용하느냐에 따라, 공통 에미터 증폭기(Common-Emitter Amplifier), 공통 베이스 증폭기(Common-Base Amplifier), 공통 콜렉터 증폭기(Common-Collector Amplifier)로 구분된다. 본 장에서는 세 가지 BJT 증폭기 구조 중 가장 기본이 되는 공통 에미터 증폭기를 살펴본다. 공통 에미터 증폭기는 베이스를 신호 입력단자로, 콜렉터를 신호 출력단자로, 에미터를 공통단자로 사용하는 증폭기 구조이다. 공통 에미터 증폭기는 다른 구조에 비해서 비교적 높은 전압이득 및 높은 입력 저항을 얻을 수 있는 장점이 있어서 널리 사용되고 있다.

본 실험에서는 BJT 공통 에미터 증폭기의 기본 이론을 이해하고 SPICE 시뮬레이션과 실험을 통해 회로의 동작과 특성을 확인한다.

2 배경 이론

■ 공통 에미터 증폭기 동작

그림 7-1은 공통 에미터 증폭기의 기본 회로이다. 베이스 단자에 DC 바이어스를 위한 DC 전압 V_{BE}와 AC 소신호 전압 v_{be}가 동시에 인가된다고 가정하자. 증폭기의 전체 입력신호는 DC와 AC를 합한 베이스-에미터 전체 전압 v_{BE}와 같다.

일반적으로 전자회로에서 신호를 표시할 때, DC 신호는 표시 문자와 아래 첨자 모두를 대문자로 쓰고(예를 들어, V_{BE}), AC 신호는 표시 문자와 아래 첨자를 모두 소문자로 쓴다(예를 들어, v_{be}). 그리고, DC와 AC를 합한 전체 신호에 대해서는 표시 문자는 소문자로 쓰고 아래 첨자는 대문자로 쓰게 된다(예를 들어, v_{BE}).

$$v_{BE} = V_{BE} + v_{be} \tag{1}$$

v_{BE} 입력전압에 의한 콜렉터 전류는 다음과 같다.

$$i_C = I_S e^{(V_{BE}+v_{be})/V_T} \tag{2}$$

식 (2)에서 $I_S e^{V_{BE}/V_T}$는 DC 콜렉터 전류 I_C이다. 또한, 입력 AC 신호가 매우 작아서 $v_{be}/V_T \ll 1$라면, $e^{v_{be}/V_T} \cong 1 + \dfrac{v_{be}}{V_T}$로 근사화할 수 있다. 두 조건을 결합하면 식 (2)는 다음과 같이 근사화된다.

$$i_C = I_C + \frac{I_C}{V_T} v_{be} = I_C + i_c \tag{3}$$

식 (3)은 전체 콜렉터 전류 i_C가 DC 전류 I_C와 AC 전류 i_c로 이루어져 있음을 나타낸다. 이 관계식을 그림 7-2의 트랜지스터 $v_{BE} - i_C$ 특성 곡선에 대입하여 증폭기의 동작을 이해할 수 있다. 우선, DC 신호만 인가되었다고 가정하면, 트랜지스터의 베이스-에미터 DC 전압 V_{BE}에 의해 DC 콜렉터 전류 I_C가 결정된다. 이는 그림 7-2의 'Q'로 표시된 점 (V_{BE}, I_C)에 해당한다. 이 점을 바이어스점, 또는 움직이지 않는 점이란 뜻의 Q점 (Quiescent point, Q-point)이라고 한다.

증폭기의 동작은 이 Q점을 중심으로 이루어진다. 그림 7-2에서와 같이 DC 바이어스 전압 V_{BE}를 중심으로 작은 AC 신호 v_{be}가 추가된다면, 콜렉터 전류는 DC 바이어스 전류 I_C를 중심으로 소신호 전류 i_c 만큼 변하게 된다. 이때 i_c는 입력 소신호 전압 v_{be}에 I_C/V_T 상수 배만큼 비례하게 된다. 여기서, I_C/V_T는 g_m, 즉 트랜지스터의 트랜스컨덕턴스이다.

$$i_c = g_m v_{be} \tag{4}$$

g_m은 그림 7-2에 표시한 바와 같이 Q점에서의 접선의 기울기에 해당하며, 수학적으로 다음의 관계를 갖는다.

$$g_m = \frac{I_C}{V_T} = \left.\frac{\partial i_C}{\partial v_{BE}}\right|_{i_C = I_C} \tag{5}$$

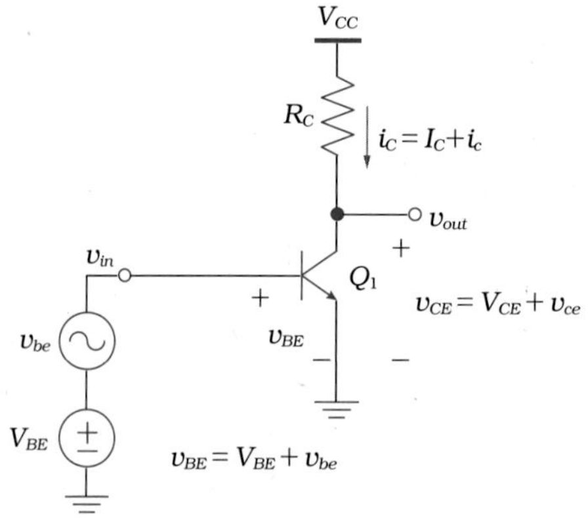

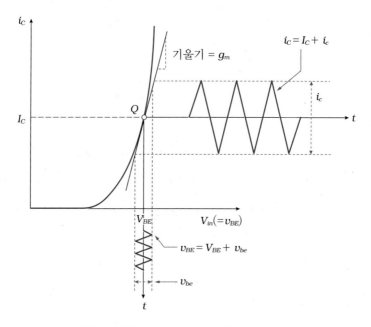

그림 7-1 공통 에미터 증폭기 기본 회로

그림 7-2 공통 에미터 증폭기의 전류-전압 전달특성

그림 7-3(a)는 공통 에미터 증폭기의 입력전압 V_{in}에 대한 출력전압 V_{out}의 전달특성 그래프이다. 이 그래프를 세 가지 영역으로 나누어서 생각해보자.

① 차단영역($0 < V_{in} < V_{DO}$): V_{in}이 베이스-에미터 PN 다이오드의 턴온전압 V_{DO}보다 작을 때이다. 트랜지스터가 차단영역에 있고, 콜렉터 전류 I_C가 흐르지 않으며, $V_{out} = V_{CC}$로 고정된다.

② 능동영역($V_{in} \approx V_{DO}$, $V_{out} > V_{CEsat}$): 이 영역에서는 $V_{out} = V_{CC} - I_C \times R_C$로 결정되므로, V_{out} 그래프는 그림 7-2의 지수함수 그래프를 상하 대칭으로 뒤집어 놓은 모습을 따르게 된다. 여기서 $V_{in} = V_{BE}$일 때, $V_{out} = V_{CE}$인 점이 DC 바이어스 점, 즉 Q점에 해당한다.

③ 포화영역($V_{in} > V_{DO}$, $V_{out} < V_{CEsat}$): 능동영역에서 V_{in}이 계속 증가하면 V_{out}은 계속 낮아지게 되고, 결국 $V_{out} < V_{CEsat}$이 된다. 이때, 트랜지스터는 포화영역에 들어가게 되고, 이후 V_{in} 증가에 대한 V_{out}의 감소율은 급격히 줄어들게 되며 V_{out}은 거의 V_{CEsat}에 고정되게 된다.

증폭기가 Q점에 바이어스 되어 있는 상태에서, 그림 7-3(b)와 같이 소신호 입력전압 v_{in}이 추가로 인가되는 상황을 생각해보자. 출력전압 v_{out}은 Q점에서의 접선에 해당하는 특성을 따라 발생하게 된다. 즉, 입력신호가 $v_{BE} = V_{BE} + v_{be}$일 때, 출력신호 $v_{CE} = V_{CE} + v_{ce}$가 된다.

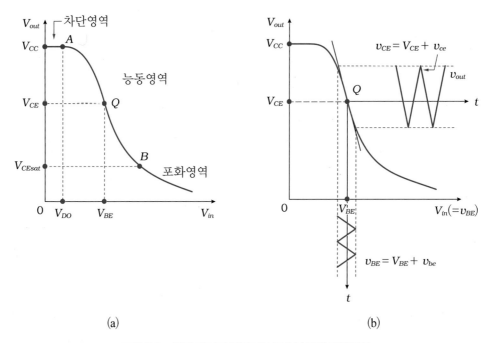

(a)　　　　　　　　　　　　　　(b)

그림 7-3　공통 에미터 증폭기의 입출력 전압 전달특성
(a) 바이어스에 따른 동작영역, (b) 소신호 증폭 동작

증폭기의 소신호 특성 해석을 위해서는 그림 7-4와 같은 BJT 트랜지스터의 소신호 등가모델이 사용된다. 그림 7-4(a)는 파이형(π-type) 등가회로, (b)는 티형(T-type) 등가회로이다. 두 개의 등가회로는 전기적으로 동일한 전류-전압 관계를 갖기 때문에 어떠한 등가회로를 사용해서 회로를 해석해도 그 결과는 같다.

소신호 등가회로에 사용되는 소신호 모델 파라미터는 트랜지스터의 바이어스 전류 I_B, I_C, I_E, 얼리전압(Early Voltage) V_A, 열전압(Thermal Voltage) V_T를 이용하여 아래와 같이 구할 수 있다.

$$g_m = \frac{I_C}{V_T}, \quad r_\pi = \frac{V_T}{I_B}, \quad r_e = \frac{V_T}{I_E}, \quad r_o = \frac{V_A}{I_C} \tag{6}$$

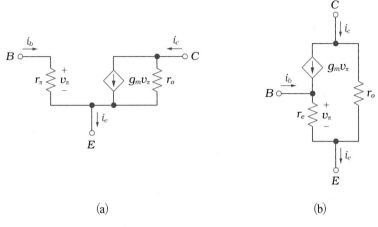

(a)　　　　　　　　　　　(b)

그림 7-4　BJT 소신호 등가모델

(a) 파이형태(π-type), (b) 티형태(T-type)

■ 공통 에미터 증폭기의 소신호 해석

그림 7-5(a)는 바이어스 회로를 포함한 공통 에미터 증폭기 전체 회로이다. C_1, C_2, C_3 는 AC 커플링(AC Coupling) 및 DC 차단(DC Blocking) 역할을 하는 캐패시터이다. R_1, R_2를 이용한 전압분배 바이어스 회로가 사용되었고, 에미터 디제너레이션 저항 R_E 를 이용하여 바이어스 회로의 안정도를 높였다. 이 증폭기의 소신호 동작 시에, DC 전압원 V_{CC}는 AC 접지, AC 커플링 커패시터 C_1, C_2와 바이패스 커패시터 C_3는 AC 단락 으로 보이게 된다.

주어진 증폭기의 소신호 등가회로는 그림 7-5(b)와 같고 전압이득은 다음과 같다.

$$A_V = \frac{v_{out}}{v_{in}} = -\frac{\left(R_1 \parallel R_2 \parallel r_\pi\right)}{\left(R_1 \parallel R_2 \parallel r_\pi\right) + R_{sig}} \cdot g_m \cdot (r_o \parallel R_C \parallel R_L) \tag{7}$$

C_1에서 입력단자 쪽으로 보이는 증폭기의 입력저항 R_{in}과, C_2에서 출력단자 쪽을 바 라보는 증폭기의 출력저항 R_{out}은 다음과 같다.

$$R_{in} = R_1 \parallel R_2 \parallel r_\pi \qquad (8)$$

$$R_{out} = r_o \parallel R_C \qquad (9)$$

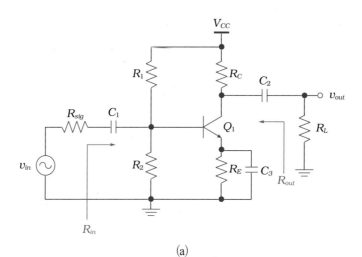

(a)

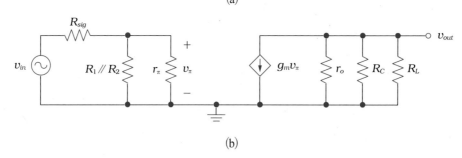

(b)

그림 7-5   바이어스를 포함한 공통 에미터 증폭기

(a) 회로도, (b) 소신호 등가회로

3 필요 장비 및 부품

- 장비: DC 전원, 멀티미터, 함수발생기, 오실로스코프

- 부품: NPN BJT (2N3904), 저항 (100 Ω, 500 Ω, 1 kΩ, 10 kΩ, 20 kΩ, 1 MΩ), 캐패시터 (15 μF, 100 μF)

4　예비 리포트

(1)　그림 7-6 공통 에미터 증폭기 회로에 대해 전압이득, 입력저항, 출력저항을 이론적으로 계산하라.

(2)　SPICE 시뮬레이션 과제를 수행하고 그 결과를 보여라.

(3)　본 실험 순서에 따른 내용을 읽고 이론적인 계산이 필요한 부분은 결과를 구하라.

5　SPICE 시뮬레이션

(1)　그림 7-6 공통 에미터 증폭기 회로를 SPICE에 구성하라.

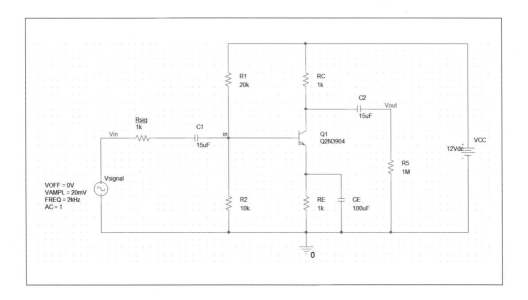

(2) DC 시뮬레이션을 수행하고 바이어스 조건을 구하라.

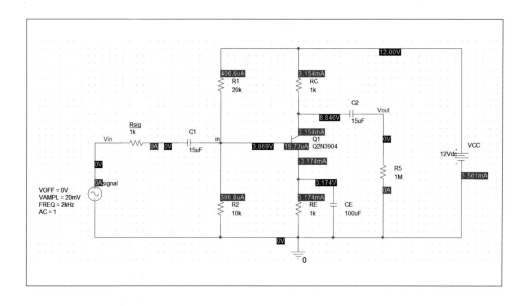

$$I_C \text{ (시뮬레이션값)} = \underline{\hspace{3cm}}$$

$$I_B \text{ (시뮬레이션값)} = \underline{\hspace{3cm}}$$

$$V_{BE} \text{ (시뮬레이션값)} = \underline{\hspace{3cm}}$$

$$V_{CE} \text{ (시뮬레이션값)} = \underline{\hspace{3cm}}$$

$$\text{트랜지스터 동작영역} = \underline{\hspace{3cm}}$$

(3) 위의 바이어스 조건으로부터 트랜지스터의 트랜스컨덕턴스 g_m, 베이스 소신호 등가저항 r_π, 에미터 소신호 등가저항 r_e를 계산하라.

$$g_m \text{ (계산값)} = \underline{\hspace{3cm}}$$

$$r_\pi \text{ (계산값)} = \underline{\hspace{3cm}}$$

$$r_e \text{ (계산값)} = \underline{\hspace{3cm}}$$

(4) 입력신호로 주파수 2 kHz, 진폭 20 mV 정현파 신호를 인가한다. 시간 영역 시뮬
레이션을 수행하고 정상상태(Steady State)에서의 입력신호 V_{in}과 출력신호 V_{out}의
파형을 기록하라.

⏳ TIP 시간 영역 시뮬레이션 결과 초기 수 msec 동안은 과도상태(Transient State)이고, 이후 어느 정도 시간이 흐
른 후 정상상태(Steady State)에 도달하게 된다. 따라서, 정상상태 출력파형을 얻기 위해서는 초기 과도상태
를 무시하고 수 msec 정도의 시간이 흐른 후 파형의 진폭과 유효 DC 값이 더 이상 변하지 않는 구간에서
파형을 관찰해야 한다.

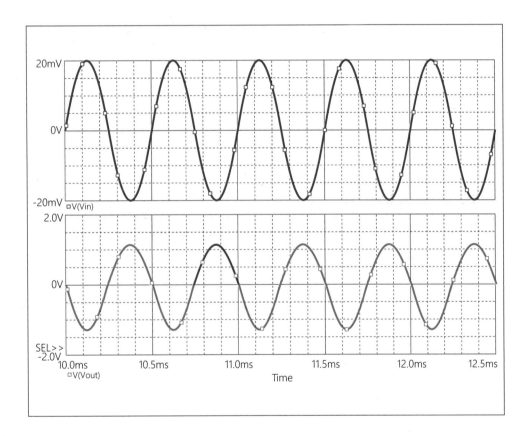

(5) 위에서 얻은 시뮬레이션 결과를 이용하여 아래에 답하라.

입력신호 진폭 (V_{in}) = _____

출력신호 진폭 (V_{out}) = _____

전압이득 (V_{out}/V_{in}) = _____

입출력 신호의 위상차 (degree) = _____

(6) 그림 7-7 입력 임피던스를 측정하는 실험 내용을 참고하라. 제시된 실험 방법과
같이 입력신호로 주파수 2 kHz, 진폭 40 mV 정현파를 인가하라. 저항 R_{sig}를 1
kΩ 및 3 kΩ 두 경우에 대해 시간 영역 시뮬레이션을 수행하고 V_{inx} 신호의 크기를
구하라.

R_{sig} = 1 kΩ일 때 V_{inx} (시뮬레이션값) = _____

R_{sig} = 3 kΩ일 때 V_{inx} (시뮬레이션값) = _____

(7) 위의 시뮬레이션 결과와 식 (10)을 이용하여 공통 에미터 증폭기의 입력 임피던스
를 구하라. 증폭기의 입력 임피던스를 이론적으로 계산하고 이를 시뮬레이션을 통
해 얻은 결과와 비교하라.

입력 임피던스 R_{in} (계산값) = _____

입력 임피던스 R_{in} (이론값) = _____

(8) 그림 7-8 출력 임피던스를 측정하는 실험 내용을 참고하라. 제시된 실험 방법과
같이 입력신호로 주파수 2 kHz, 진폭 20 mV 정현파를 인가하라. 저항 R_L를 1 kΩ
및 500 Ω 두 경우에 대해 시간 영역 시뮬레이션을 수행하고 V_{out} 신호의 크기를 구
하라.

R_L = 1 kΩ일 때 V_{out} (시뮬레이션값) = _____

R_L = 500 Ω일 때 V_{out} (시뮬레이션값) = _____

(9) 위의 시뮬레이션 결과와 식 (11)을 이용하여 공통 에미터 증폭기의 출력 임피던스를 계산하라. 증폭기의 출력 임피던스를 이론적으로 계산하고 이를 시뮬레이션을 통해 얻은 결과와 비교하라.

출력 임피던스 R_{out} (계산값) = _____

출력 임피던스 R_{out} (이론값) = _____

6 실험 내용

(1) 그림 7-6 회로를 브레드보드에 구성하라. R_{sig}는 입력신호원의 전원저항을 의미하고 있으나, 여기서는 실험의 정확성을 높이기 위해 실제 외부 저항을 추가 연결하여 실험하도록 한다. 사용되는 저항의 실제 값들을 측정하여 기록하라.

$R_1 =$ _____, $R_2 =$ _____

$R_C =$ _____, $R_E =$ _____

$R_{sig} =$ _____, $R_L =$ _____

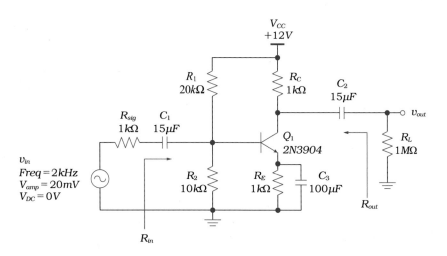

그림 7-6 공통 에미터 증폭기 실험 회로

■ 바이어스 조건

(2) 전원전압 V_{CC} = 12 V을 인가하고 주어진 회로의 바이어스 조건을 측정하라. 주어진 회로는 I_C = 3.1 mA에서 바이어스 되도록 설계되었다. 만약 I_C 값이 3.1 mA에서 20 % 이상 오차를 보인다면, R_E를 변경하여 I_C = 3.1 mA가 되도록 조정한 후에 실험을 진행하도록 한다.

$$R_E \text{ (최종값)} = \underline{\hspace{2cm}}$$

$$V_B \text{ (측정값)} = \underline{\hspace{2cm}}, \; V_E \text{ (측정값)} = \underline{\hspace{2cm}}, \; V_C \text{ (측정값)} = \underline{\hspace{2cm}}$$

$$V_{BE} \text{ (측정값)} = \underline{\hspace{2cm}}, \; V_{CE} \text{ (측정값)} = \underline{\hspace{2cm}}$$

$$I_C \text{ (측정값)} = \underline{\hspace{2cm}}, \; I_E \text{ (측정값)} = \underline{\hspace{2cm}}$$

(3) 바이어스 조건에 따른 트랜지스터의 소신호 모델 파라미터를 이론적으로 계산하라.

$$\beta \text{ (계산값)} = \underline{\hspace{2cm}}$$

$$g_m \text{ (계산값)} = \underline{\hspace{2cm}}$$

$$r_\pi \text{ (계산값)} = \underline{\hspace{2cm}}$$

$$r_e \text{ (계산값)} = \underline{\hspace{2cm}}$$

(4) 위의 결과를 이용하여 증폭기의 전압이득을 이론적으로 계산하라.

$$A_V \text{ (이론값)} = \underline{\hspace{2cm}}$$

■ 전압이득

(5) 입력신호를 주파수 2 kHz, 진폭 20 mV인 정현파로 인가하라. 오실로스코프를 이용해서 입력전압파형 V_{in}과 출력전압파형 V_{out}를 관찰하고 기록하라. 만약, 출력파형이 이상적인 정현파가 아니라 왜곡이 보이면 입력신호의 크기를 줄여서 측정하라.

입력파형 진폭 (V_{in}) = _____

출력파형 진폭 (V_{out}) = _____

전압이득 (V_{out}/V_{in}) = _____

(6) 이론적으로 계산한 전압이득과 측정한 전압이득을 비교하라. 차이가 있다면 그 이유는 무엇인가?

전압이득 (이론값) = _____

전압이득 (측정값) = _____

(7) 입출력파형의 위상차는 얼마인가? 이는 예상했던 결과인가? 입출력파형의 위상차를 알아내기 위해서는 입력파형과 출력파형을 오실로스코프의 2개 측정 채널을 통해 동시에 측정하여 비교하여야 한다.

입출력파형 위상차 (degree) = _____

(8) R_C = 500 Ω으로 변경하고, 바이어스 조건을 다시 측정하라. 트랜지스터가 여전히 능동영역에 바이어스 되어 있음을 확인하라. R_C = 1 kΩ일 때와 비교해서 콜렉터 전류에 변화가 있는가?

$$R_C \text{ (측정값)} = \underline{\hspace{3cm}}$$

$$V_B \text{ (측정값)} = \underline{\hspace{2cm}}, \quad V_E \text{ (측정값)} = \underline{\hspace{2cm}}, \quad V_C \text{ (측정값)} = \underline{\hspace{2cm}}$$

$$V_{BE} \text{ (측정값)} = \underline{\hspace{2cm}}, \quad V_{CE} \text{ (측정값)} = \underline{\hspace{2cm}}$$

$$I_C \text{ (측정값)} = \underline{\hspace{2cm}}, \quad I_E \text{ (측정값)} = \underline{\hspace{2cm}}$$

(9) 입력신호를 주파수 2 kHz, 진폭 20 mV인 정현파로 인가하라. 오실로스코프를 통해 입력전압파형 V_{in}과 출력전압파형 V_{out}를 관찰하고 기록하라. 만약, 출력파형이 이상적인 정현파가 아니라 왜곡이 보이면 입력신호의 크기를 줄여서 측정하라.

$$\text{입력파형 진폭} (V_{in}) = \underline{\hspace{3cm}}$$

$$\text{출력파형 진폭} (V_{out}) = \underline{\hspace{3cm}}$$

$$\text{전압이득} (V_{out}/V_{in}) = \underline{\hspace{3cm}}$$

(10) R_C = 1 kΩ일 때와 R_C = 500 Ω일 때의 전압이득에 대해 측정값과 이론값을 비교하라. 측정 결과는 이론적으로 예측한 경향을 따르는가?

	A_V(측정값)	A_V(이론값)	차이(%)
R_C = 1 kΩ			
R_C = 500 Ω			

(11) R_C = 1 kΩ으로 다시 변경하라. 입력신호를 주파수 2 kHz, 진폭 100 mV인 정현파로 인가하고 오실로스코프를 이용하여 출력파형을 측정하고 기록하라. 측정 파형에 왜곡이 관찰되는가? 만약, 왜곡이 명확히 관찰되지 않는다면, 입력신호의 진폭을 더 증가시켜서 출력파형에서 왜곡이 발생됨을 관찰하도록 한다. 출력파형의 왜곡은 어떤 모습으로 나타나는가? 이러한 출력파형의 왜곡은 왜 발생하는가?

(12) 입력신호의 진폭을 10 mV에서 100 mV까지 증가시키면서 오실로스코프를 통해 출력전압파형 V_{out}을 측정하고 아래를 기록하라. 정확한 측정을 위해 파형의 크기는 피크-피크 값으로 기록하라. 전압이득 A_V는 입출력 신호 크기의 비로 계산한다. 전압이득의 감소량(dB)은 V_{in} = 10 mV일 때의 전압이득을 기준으로 하는 감소량을 dB로 계산하여 기록하라. 예를 들어, V_{in} = 10 mV일 때 A_V = 35이고, V_{in} = 50 mV일 때 A_V = 27이라면, A_V 감소량은 20log(27/35) = −2.25 dB이다.

$V_{in, p\text{-}p}$(mV)	$V_{out, p\text{-}p}$(mV)	A_V	A_V 감소량(dB)
10			
20			
30			
40			
50			
60			
70			
80			
90			
100			

(13) 위의 측정 결과를 X축을 V_{in}, Y축을 V_{out} 및 A_V로 하는 그래프로 그려라. 전압이득이 1 dB 떨어지는 입력신호 V_{in} 및 출력신호 V_{out}의 크기는 얼마인가?

전압이득 1dB 감소되는 입력신호 크기 (V_{in}) = _____

전압이득 1dB 감소되는 입력신호 크기 (V_{out}) = _____

■ 입력 임피던스(R_{in})

(14) 그림 7–6에 표시된 증폭기의 입력 임피던스 R_{in}을 이론적으로 계산하라.

$$R_{in} \text{ (이론값)} = \underline{\hspace{3cm}}$$

(15) R_{in}를 측정하기 위해 그림 7–7과 같이 저항 R_{sig}를 각각 1 kΩ 및 3 kΩ으로 변경하면서 V_{inx}를 측정한다. 입력신호원인 함수발생기를 High–Z 모드로 설정하고 주파수 2 kHz, 진폭 40 mV를 갖는 정현파 신호를 인가하고 측정하라.

> **TIP** 여기서 R_s는 입력신호원의 내부 전원 저항이다. 사용한 함수발생기의 내부 전원 저항을 알아내서 본 식의 계산에 사용해야 한다. 만약 그 값을 모른다면 실험 1에서 기술한 내부 전원 저항 R_s를 측정하는 과정을 반복하여 R_s 값을 측정하라.

$$R_{sig} = 1 \text{ kΩ일 때 } V_{inx} \text{ (측정값)} = \underline{\hspace{3cm}}$$
$$R_{sig} = 3 \text{ kΩ일 때 } V_{inx} \text{ (측정값)} = \underline{\hspace{3cm}}$$

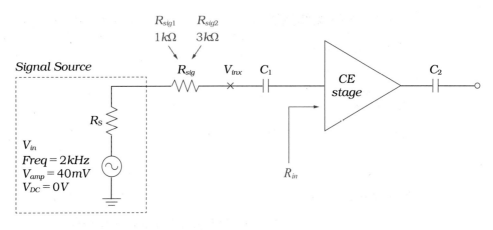

그림 7-7   입력 임피던스 R_{in} 측정 방법

(16) R_{sig}에 따른 V_{inx}는 다음의 관계를 갖는다.

$$V_{inx} = V_{in} \frac{R_{in}}{R_S + R_{sig} + R_{in}} \qquad (10)$$

위에서 측정한 두 개의 R_{sig} 값에 대한 두 개의 V_{inx} 측정값을 이용하여 R_{in} 값을 구하라.

R_{in} (계산값) = _____

(17) 입력 임피던스의 이론값과 측정값을 비교하라. 차이가 있다면 이유는 무엇인가?

■ **출력 임피던스(R_{out})**

(18) 그림 7-6에 표시된 증폭기의 출력 임피던스 R_{out}을 이론적으로 계산하라.

R_{out} (이론값) = _____

(19) R_{out}을 측정하기 위해 그림 7-8과 같이 부하저항 R_L를 각각 1 kΩ 및 500 Ω으로 변경하면서 V_{out}를 측정한다. 입력신호원인 함수발생기를 High-Z 모드로 설정하고 주파수 2 kHz, 진폭 40 mV를 갖는 정현파 신호를 인가하고 V_{out}을 측정하라. 만약, V_{out}이 1 V 이하의 너무 작은 값이면 측정오차를 줄이기 위해 입력신호를 조정해서 V_{out}의 크기를 1 V 정도로 키운 후 실험을 진행하라.

R_{L1} = 1 kΩ일 때 V_{out} (측정값) = _____

R_{L2} = 500 Ω일 때 V_{out} (측정값) = _____

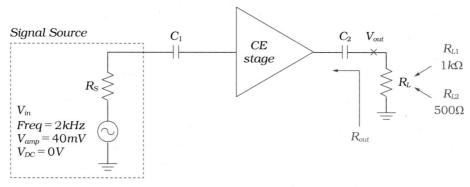

그림 7-8   출력 임피던스 R_{out} 측정 방법

(20) 증폭기의 출력 임피던스가 R_{out}일 때, 출력신호 V_{out}은 $(R_{out} \parallel R_L)$에 비례하게 된다. 따라서, 위에서 구한 두 개의 R_L에 따른 두 개의 V_{out} 값을 이용하여, 아래 식과 같이 R_{out}을 구할 수 있다. 주어진 식을 이용하여 R_{out} 값을 계산하라.

$$\frac{V_{out1}}{V_{out2}} = \frac{R_{L1}}{R_{L2}} \cdot \frac{R_{out} + R_{L2}}{R_{out} + R_{L1}} \tag{11}$$

R_{out} (계산값) = _____

(21) 출력 임피던스의 측정값과 이론값을 비교하라. 차이가 있다면 이유는 무엇인가?

1. BJT의 트랜스컨덕턴스를 올바르게 표현한 것은?

   ① I_B/V_T ② I_C/V_T

   ③ I_E/V_T ④ $(I_B + I_C)/V_T$

2. 공통 에미터 증폭기의 고유전압이득(Intrinsic Voltage Gain)으로 맞는 것은?

   ① $g_m R_C$ ② $g_m r_o$

   ③ $g_m(R_C \| r_o)$ ④ ∞

3. 공통 에미터 증폭기에서 입력신호의 전압이 증가할 때 발생하는 현상이 아닌 것은?

   ① 콜렉터 전압이 증가한다.   ② 콜렉터 전류가 증가한다.

   ③ 베이스 전류가 증가한다.   ④ V_{BE}가 증가한다.

4. 일반적인 공통 에미터 증폭기에서 전압이득을 증가시키는 방법으로 올바르지 않은 것은?

   ① 콜렉터 전류를 증가시킨다.

   ② 콜렉터 단자에 연결된 저항 R_C를 증가시킨다.

   ③ 콜렉터 단자의 DC 바이어스 전압을 증가시킨다.

   ④ 에미터 디제너레이션 저항을 AC 바이패스 시킨다.

5. 전압이득이 10인 공통 에미터 증폭기에 v_{in} = +0.5sin(ωt)인 정현파 신호가 인가되었다. 출력신호를 올바르게 표현한 것은?

   ① +5sin(ωt)   ② −5sin(ωt)

   ③ +5cos(ωt)   ④ −5cos(ωt)

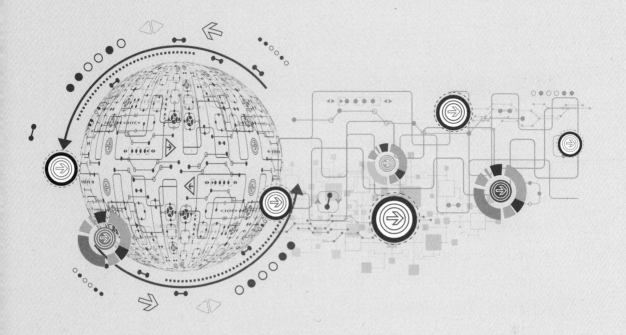

실험 8

BJT 공통 베이스 증폭기

1   개요

공통 베이스 증폭기(Common-Base Amplifier)는 에미터 단자에 입력신호를 인가하고, 콜렉터 단자에서 출력신호를 발생시키고, 베이스 단자는 AC 신호의 공통 접지단자로 사용하는 증폭기이다. 공통 베이스 증폭기는 공통 에미터 증폭기에서 입력단자와 공통 단자를 서로 뒤바꾼 구조에 해당한다. 이러한 구조적 유사성으로 인해 공통 베이스 증폭기의 고유 이득(Intrinsic Gain)은 공통 에미터 증폭기와 동일하다. 반면에, 공통 베이스 증폭기는 에미터를 입력단자로 사용하기 때문에, 입력 임피던스가 매우 작고 입출력 신호의 위상이 같다는 차이점이 있다.

본 실험에서는 BJT 공통 베이스 증폭기의 기본 이론을 이해하고 SPICE 시뮬레이션과 실험을 통해 회로의 동작과 특성을 확인한다.

2   배경 이론

그림 8-1(a)는 공통 베이스 증폭기의 기본 회로도이다. 입력신호 v_{in}을 에미터를 통해 인가하고, 출력신호 v_{out}은 콜렉터를 통해 추출한다. 베이스 단자에는 DC 바이어스 전압 V_b를 인가한다.

이 증폭기의 동작을 간단히 이해하기 위해, 입력신호 v_{in}이 Δv 만큼 증가하는 경우를 생각해보자. 이 경우 BJT의 베이스-에미터 전압이 Δv 만큼 감소하게 되고, 이에 따라 콜렉터 전류는 $g_m \Delta v$ 만큼 감소하게 된다. 따라서, 콜렉터 단자에서의 출력전압 v_{out}은 $g_m \Delta v \cdot R_C$ 만큼 증가하게 된다. 따라서 전압이득은 $+g_m R_C$가 된다.

그림 8-1(b)는 공통 베이스 증폭기의 소신호 등가회로이다. 간단한 해석을 위해 $r_o = \infty$로 가정하였다. 주어진 소신호 등가회로를 해석하여 전압이득을 구하면 다음과 같다.

$$\frac{v_{out}}{v_{in}} = +g_m R_C \qquad (1)$$

출력 임피던스 R_{out}은 BJT의 콜렉터 단자에서 바라보는 저항이 되는데 여기서는 R_{out} = R_C(= $\infty || R_C$)가 된다. 입력 임피던스 R_{in}은 BJT의 에미터 단자에서 바라보는 임피던스 r_e 또는 α/g_m이다.

$$R_{in} = \frac{\alpha}{g_m} = r_e \qquad (2)$$

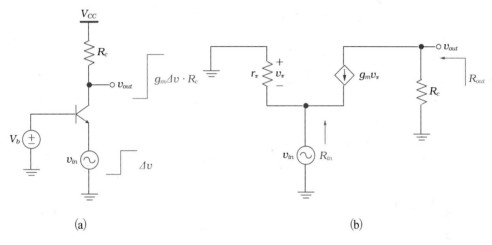

그림 8-1   공통 베이스 증폭기 기본 회로
(a) 회로도, (b) 소신호 등가회로

공통 베이스 증폭기는 공통 에미터 증폭기에 비해서 입력 임피던스가 매우 작다. 이러한 특성으로 인해서 작은 임피던스를 갖는 소자 또는 회로와의 임피던스 정합 (Impedance Matching)이 쉽게 이루어지는 장점이 있다. 예를 들어, 아래와 같이 50 Ω 특성 임피던스를 가지는 전송 선로(Transmission Line)를 통해서 전달된 신호를 증폭하고자 할 때, 입력 임피던스 50 Ω인 공통 베이스 증폭기를 사용하면 임피던스 정합을 쉽게 얻을 수 있다. 만약 공통 에미터 증폭기를 사용하여 임피던스 정합을 한다면, 공통 에미터 증폭기의 입력 임피던스를 매우 낮추기 위해서 DC 바이어스 전류를 매우 크게 설정해야 하는 어려움이 발생하게 된다.

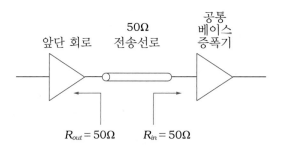

그림 8-2 공통 베이스 증폭기를 이용한 임피던스 매칭

그림 8-3(a)는 바이어스를 포함한 일반적인 공통 베이스 증폭기 전체 회로이다. R_1, R_2는 전압분배 바이어스를 위한 저항이고, R_E는 에미터 디제너레이션 저항으로서 바이어스 조건을 안정화시키고, AC 입력신호가 신호원으로부터 에미터로 전달될 수 있게 하는 역할을 한다. R_{sig}는 입력신호원의 전원저항을 나타낸다. C_1, C_2, C_3는 매우 큰 값의 캐패시터로서 DC 신호를 차단하고 AC 신호를 커플링 시키는 역할을 한다.

그림 8-3(b)는 그림 8-3(a)의 소신호 등가회로이다. 입력신호원 v_{in}과 소스 저항 R_{sig} 및 R_E 부분을 테브난 등가회로로 변환하여, 등가 입력신호 $v_{in,th}$와 등가저항 R_{th}로 대체하였다. 베이스 단자는 C_3로 인해 AC 접지가 된다. 주어진 회로를 해석하여 전압이득을 구하면 다음과 같다.

$$\frac{v_{out}}{v_{in}} = +\frac{R_E}{R_{sig}+R_E} \cdot \frac{\alpha R_C}{\dfrac{\alpha}{g_m}+(R_{sig}\,||\,R_E)} \tag{3}$$

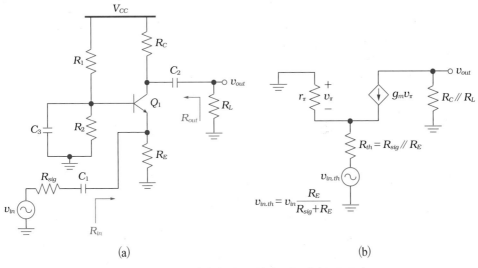

그림 8-3 바이어스를 포함한 공통 베이스 증폭기

(a) 회로도, (b) 소신호 등가회로

3 **필요 장비 및 부품**

- 장비: DC 전원, 멀티미터, 함수발생기, 오실로스코프
- 부품: NPN BJT (2N3904), 저항 (100 Ω, 200 Ω, 300 Ω, 1 kΩ, 3 kΩ, 10 kΩ, 33 kΩ, 1 MΩ), 캐패시터 (15 μF)

4 **예비 리포트**

(1) 공통 베이스 증폭기는 공통 에미터 증폭기와 비교했을 때 입력 임피던스가 매우 작은 특성이 있다. 이러한 특성이 장점으로 활용될 수 있는 공통 베이스 증폭기의 실제 적용 사례를 50 Ω 기반 고주파 신호 전송 시스템을 예로 들어 설명하라.

(2) SPICE 시뮬레이션 과제를 수행하고 그 결과를 보여라.

(3) 본 실험 순서에 따른 내용을 읽고 이론적인 계산이 필요한 부분은 결과를 구하라.

5 SPICE 시뮬레이션

(1) 그림 8-4의 공통 베이스 증폭기 회로를 SPICE로 구성하라.

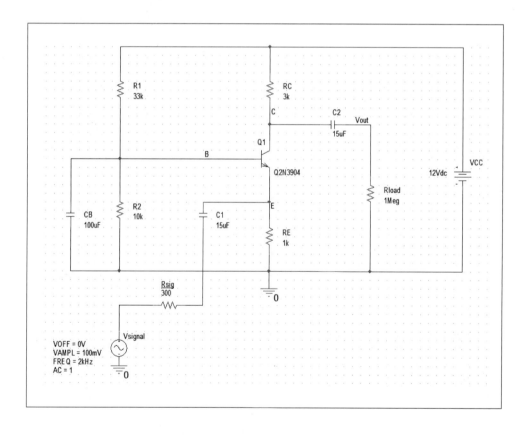

(2) DC 시뮬레이션을 수행하고 바이어스 조건을 확인하라.

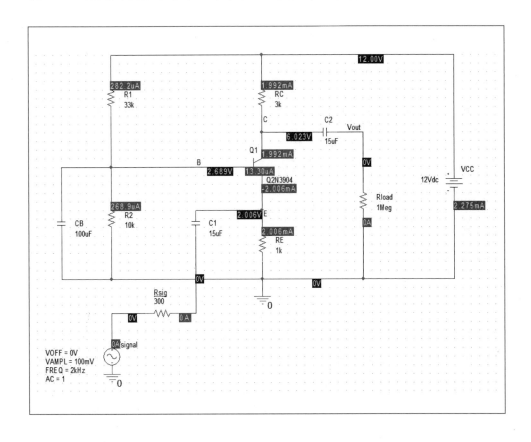

I_C (시뮬레이션값) = _____

I_B (시뮬레이션값) = _____

V_{BE} (시뮬레이션값) = _____

V_{CE} (시뮬레이션값) = _____

트랜지스터 동작영역 = _____

(3) 위에서 구한 바이어스 조건으로부터 트랜스컨덕턴스 g_m, 베이스 소신호 등가저항
r_π, 에미터 소신호 등가저항 r_e를 구하라.

$$g_m \, (계산값) = \underline{\hspace{3cm}}$$

$$r_\pi \, (계산값) = \underline{\hspace{3cm}}$$

$$r_e \, (계산값) = \underline{\hspace{3cm}}$$

(4) 입력신호로 주파수 2 kHz, 진폭 100 mV 정현파 신호를 인가한다. 시간 영역 시뮬
레이션을 수행하고 정상상태에서의 입력신호 V_{in}과 출력신호 V_{out}의 파형을 기록하
라.

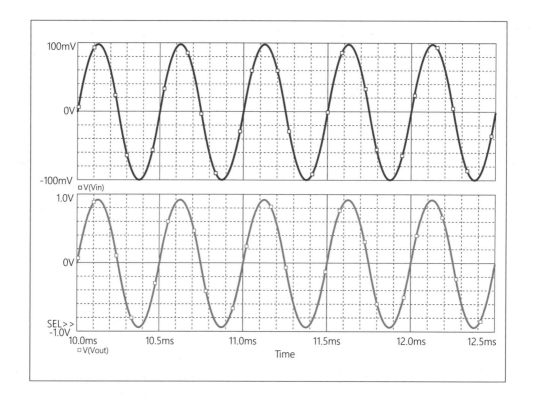

(5) 위에서 얻은 시뮬레이션 결과를 이용하여 아래에 답하라.

입력신호 진폭 (V_{in}) = _____

출력신호 진폭 (V_{in}) = _____

전압이득 (V_{out}/V_{in}) = _____

입출력 신호의 위상차 (degree) = _____

(6) 그림 8–5의 입력 임피던스를 측정하는 실험 내용을 참고하라. 제시된 실험 방법
과 같이 입력신호 V_{in}에 주파수 2 kHz, 진폭 40 mV 정현파 신호를 인가하라. 저항
R_{sig}를 100 Ω, 200 Ω, 300 Ω인 경우에 대해 시간 영역 시뮬레이션을 수행하고 V_{inx}
신호의 크기를 구하라.

R_{sig} = 100 Ω일 때 V_{inx} (시뮬레이션값) = _____

R_{sig} = 200 Ω일 때 V_{inx} (시뮬레이션값) = _____

R_{sig} = 300 Ω일 때 V_{inx} (시뮬레이션값) = _____

(7) 위의 시뮬레이션 결과와 식 (4)를 이용하여 공통 베이스 증폭기의 입력 임피던스를
구하라. 증폭기의 입력 임피던스를 이론적으로 계산하고 이를 시뮬레이션을 통해
얻은 결과와 비교하라.

입력 임피던스 R_{in} (계산값) = _____

입력 임피던스 R_{in} (이론값) = _____

(8) 그림 8–6의 출력 임피던스를 측정하는 실험 내용을 참고하라. 제시된 실험 방법과
같이 입력신호 V_{in}에 주파수 2 kHz, 진폭 100 mV 정현파 신호를 인가하라. 저항
R_L을 1 kΩ 및 3 kΩ 두 경우에 대해 시간 영역 시뮬레이션을 수행하고 V_{out} 신호의
크기를 구하라.

R_L = 1 kΩ일 때 V_{out} (시뮬레이션값) = _____

R_L = 300 kΩ일 때 V_{out} (시뮬레이션값) = _____

(9) 위의 시뮬레이션 결과와 식 (5)를 이용하여 출력 임피던스를 구하라. 증폭기의 출력
임피던스를 이론적으로 계산하고 이를 시뮬레이션을 통해 얻은 결과와 비교하라.

출력 임피던스 R_{out} (계산값) = _____

출력 임피던스 R_{out} (이론값) = _____

6 실험 내용

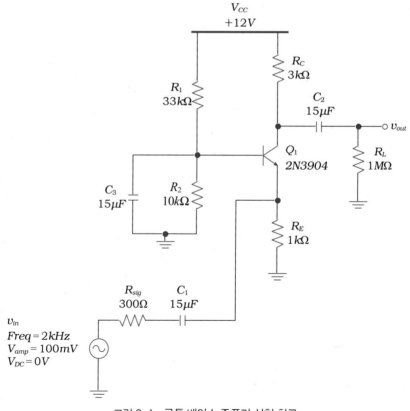

그림 8-4   공통 베이스 증폭기 실험 회로

■ **바이어스**

(1)　그림 8-4 회로를 브레드보드에 구성하라. R_{sig}는 입력신호원의 전원저항을 나타내
　　는데, 실험의 편의성을 위해서 외부에 저항을 추가로 연결하여 구성하도록 한다.
　　사용되는 저항의 실제 값들을 측정하여 기록하라.

$$R_1 = \underline{\hspace{2cm}}, \ R_2 = \underline{\hspace{2cm}}$$
$$R_C = \underline{\hspace{2cm}}, \ R_E = \underline{\hspace{2cm}}$$
$$R_{sig} = \underline{\hspace{2cm}}, \ R_L = \underline{\hspace{2cm}}$$

(2)　전원전압 V_{CC} = 12 V을 인가하고 주어진 회로의 바이어스 조건을 측정하라. 주어
　　진 회로는 I_C = 2 mA에서 바이어스 되도록 설계되어 있다. 만약 측정된 I_C 값이 2
　　mA에서 20 % 이상 오차를 보인다면, R_E를 조정하여 I_C = 2 mA가 되도록 하고 다
　　음 실험을 진행하도록 한다.

$$R_C \text{ (최종값)} = \underline{\hspace{2cm}}$$
$$V_B \text{ (측정값)} = \underline{\hspace{2cm}}, \ V_E \text{ (측정값)} = \underline{\hspace{2cm}}, \ V_C \text{ (측정값)} = \underline{\hspace{2cm}}$$
$$V_{BE} \text{ (측정값)} = \underline{\hspace{2cm}}, \ V_{CE} \text{ (측정값)} = \underline{\hspace{2cm}}$$
$$I_C \text{ (측정값)} = \underline{\hspace{2cm}}, \ I_E \text{ (측정값)} = \underline{\hspace{2cm}}$$

(3)　바이어스 조건에 따른 소신호 모델 파라미터를 구하라.

$$\beta \text{ (계산값)} = \underline{\hspace{2cm}}, \ g_m \text{ (계산값)} = \underline{\hspace{2cm}}$$
$$r_\pi \text{ (계산값)} = \underline{\hspace{2cm}}, \ r_e \text{ (계산값)} = \underline{\hspace{2cm}}$$

(4)　위의 결과를 이용하여 증폭기의 전압이득을 이론적으로 계산하라.

$$A_V \text{ (이론값)} = \underline{\hspace{2cm}}$$

■ 전압이득

(5) 입력신호를 주파수 2 kHz, 진폭 100 mV인 정현파로 인가하라. 오실로스코프를 통해 입력전압파형 V_{in}과 출력전압파형 V_{out}을 관찰하고 기록하라. 만약, 출력파형이 이상적인 성현파가 아니라 왜곡이 보이면 입력신호의 크기를 줄여서 왜곡이 사라지도록 한 후 측정을 진행한다.

입력파형 진폭 (V_{in}) = _____

출력파형 진폭 (V_{out}) = _____

전압이득 (V_{out}/V_{in}) = _____

(6) 이론적으로 계산한 전압이득과 측정된 전압이득을 비교하라. 차이가 있다면 그 이유는 무엇인가?

> **TIP** 공통 베이스 증폭기에서 전압이득에 영향을 주는 주요한 원인 중 하나로 R_{sig} 값을 생각해볼 수 있다. 주어진 회로에서 R_{sig} = 300 Ω을 사용했다. 하지만, 실제로는 입력신호원의 내부 전원 저항이 R_{sig}와 직렬로 연결된 상태가 된다. 예를 들어, 함수발생기의 내부 전원 저항이 200 Ω이라면, 실제 전압이득 계산에서 R_{sig} = 500 Ω으로 하는 것이 정확하다. 이와 같이 입력신호원과 직렬로 연결된 유효 저항 값의 증가로 인해 증폭기의 전압이득이 감소될 수 있다.

전압이득 (이론값) = _____

전압이득 (측정값) = _____

(7) 입출력파형의 위상차는 얼마인가? 이는 예상했던 결과인가? 입출력파형의 위상차를 측정하기 위해서는 입력파형과 출력파형을 오실로스코프의 2개 채널을 통해 동시에 측정하고 디스플레이 하여야 한다.

입출력파형 위상차 (degree) = _____

(8) 입력신호를 주파수 2 kHz, 진폭 2 V 정현파로 인가하고 오실로스코프를 이용하여 출력파형을 측정하고 기록하라. 측정 파형에 왜곡이 관찰되는가? 이러한 왜곡은 왜 발생하는가?

(9) 입력신호의 진폭을 100 mV에서 2 V까지 증가시키면서 오실로스코프를 통해 출력전압파형 V_{out}을 측정하고 아래를 기록하라. 측정의 정확도를 위해 파형의 크기는 피크-피크 값으로 기록한다. 전압이득 A_V는 입출력 신호 크기의 비로 계산한다. 진압이득의 감소량(dB)은 V_{in} = 100 mV일 때의 전압이득 값을 기준으로 하여 감소량을 dB로 계산한다. 예를 들어, V_{in} = 100 mV일 때 A_V = 35이고, V_{in} = 500 mV일 때 A_V = 27이라면, A_V 감소량은 20log(27/35) = −2.25 dB이다.

$V_{in,p\text{-}p}$(mV)	$V_{out,p\text{-}p}$(mV)	A_V	A_V 감소량(dB)
100			
200			
400			
600			
800			
1,000			
1,200			
1,500			
1,600			
2,000			

(10) 위의 측정 결과를 X축을 V_{in}, Y축을 V_{out} 및 A_V로 하는 그래프를 그려라. 전압이득이 1 dB 떨어지는 입력신호 V_{in} 및 출력신호 V_{out}의 크기는 얼마인가?

전압이득 1dB 감소되는 입력신호 크기 (V_{in}) = _____

전압이득 1dB 감소되는 출력신호 크기 (V_{out}) = _____

■ 입력 임피던스(R_{in})

(11) 그림 8-3에 표시된 증폭기의 입력 임피던스 R_{in}을 이론적으로 계산하라.

$$R_{in} \text{ (이론값)} = \underline{\hspace{3cm}}$$

(12) R_{in}를 측정하기 위해 그림 8-5와 같이 저항 R_{sig}를 각각 100 Ω, 200 Ω, 300 Ω으로 변경하면서 V_{inx}를 측정한다. 입력신호원인 함수발생기를 High-Z 모드로 설정하고 주파수 2 kHz, 진폭 100 mV를 갖는 입력신호를 인가하고 측정하라.

⏳ **TIP** 여기서 R_s는 입력신호원의 내부 전원 저항이다. 사용한 함수발생기의 내부 전원 저항을 알아내서 본 식의 계산에 사용해야 한다. 만약 그 값을 모른다면 실험 1에서 기술한 내부 전원 저항 R_s를 측정하는 과정을 반복하여 R_s 값을 측정하라.

$$R_{sig} = 100 \text{ Ω일 때 } V_{inx} \text{ (측정값)} = \underline{\hspace{3cm}}$$

$$R_{sig} = 200 \text{ Ω일 때 } V_{inx} \text{ (측정값)} = \underline{\hspace{3cm}}$$

$$R_{sig} = 300 \text{ Ω일 때 } V_{inx} \text{ (측정값)} = \underline{\hspace{3cm}}$$

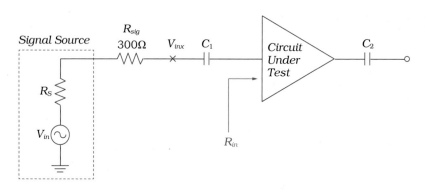

그림 8-5   입력 임피던스 R_{in} 측정 방법

(13) R_{sig}에 따른 V_{inx}는 다음의 관계를 갖는다.

$$V_{inx} = V_{in} \frac{R_{in}}{R_S + R_{sig} + R_{in}} \tag{4}$$

위에서 측정한 R_{sig} 값에 대한 V_{inx} 측정값을 이용하여 R_{in} 값을 평균적으로 구하라.

입력저항 R_{in} (계산값) = _____

(14) 입력 임피던스의 이론값과 측정값을 비교하라. 차이가 있다면 이유는 무엇인가?

■ **출력 임피던스(R_{out})**

(15) 그림 8-3에 표시한 대로 증폭기의 출력 임피던스 R_{out}을 이론적으로 계산하라.

R_{out} (이론값) = _____

(16) R_{out}을 측정하기 위해 그림 8-6과 같이 부하저항 R_L를 각각 3 kΩ 및 1 kΩ으로 변경하면서 V_{out}를 측정한다. 입력신호원인 함수발생기를 High-Z 모드로 설정하고 주파수 2 kHz, 진폭 100 mV를 갖는 입력신호를 인가하고 V_{out}을 측정하라. 만약, V_{out}이 1 V 이하의 너무 작은 값이면 측정오차를 줄이기 위해 입력신호를 더 크게 하여 V_{out}의 크기를 적절히 키운 후 측정을 진행하라.

$$R_{L1} = 3 \text{ kΩ일 때 } V_{out} \text{ (측정값)} = \underline{\hspace{3cm}}$$
$$R_{L2} = 1 \text{ kΩ일 때 } V_{out} \text{ (측정값)} = \underline{\hspace{3cm}}$$

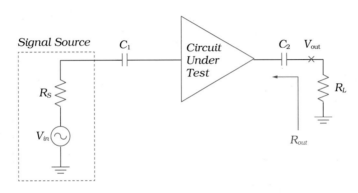

그림 8-6   출력 임피던스 R_{out} 측정 방법

(17) 증폭기의 출력 임피던스가 R_{out}일 때, 출력신호 V_{out}은 $(R_{out} \| R_L)$에 비례하게 된다. 따라서, 위에서 구한 두 개의 R_L에 따른 두 개의 V_{out} 값을 이용하여, 아래 식과 같이 R_{out}을 구할 수 있다. 주어진 식을 이용하여 R_{out} 값을 계산하라.

$$\frac{V_{out1}}{V_{out2}} = \frac{R_{L1}}{R_{L2}} \cdot \frac{R_{out} + R_{L2}}{R_{out} + R_{L1}} \tag{5}$$

$$R_{out} \text{ (계산값)} = \underline{\hspace{3cm}}$$

(18) 출력 임피던스의 측정값과 이론값을 비교하라. 차이가 있다면 이유는 무엇인가?

1. 전압이득이 10인 공통 베이스 증폭기에 v_{in} = +0.5sin(ωt)인 정현파 신호가 인가되었다. 출력신호를 올바르게 표현한 것은?

① +5sin(ωt)   ② −5sin(ωt)

③ +5cos(ωt)   ④ −5cos(ωt)

2. 공통 베이스 증폭기의 고유전압이득(Intrinsic Voltage Gain)으로 맞는 것은?

① $g_m R_C$ ② $g_m r_o$

③ $g_m(R_C /\!/ r_o)$ ④ ∞

3. 공통 베이스 증폭기에서 입력신호의 전압이 증가할 때 발생하는 현상이 아닌 것은?

① 콜렉터 전류가 증가한다.   ② 콜렉터 전압이 증가한다.

③ 베이스 전류가 감소한다.   ④ V_{BE}가 감소한다.

4. 일반적인 공통 베이스 증폭기에서 전압이득을 증가시키는 방법으로 올바르지 않은 것은?

① 콜렉터 전류를 증가시킨다.

② 콜렉터 단자에 연결된 저항 R_C를 증가시킨다.

③ 콜렉터 단자의 DC 바이어스 전압을 증가시킨다.

④ 얼리전압(Early Voltage)이 더 큰 트랜지스터를 사용한다.

5. 공통 에미터 증폭기와 비교했을 때 공통 베이스 증폭기의 특성을 올바르게 표현한 것은?

① 입력 임피던스가 작다.   ② 출력 임피던스가 크다.

③ 전압이득이 높다.   ④ 더 높은 전원전압을 필요로 한다.

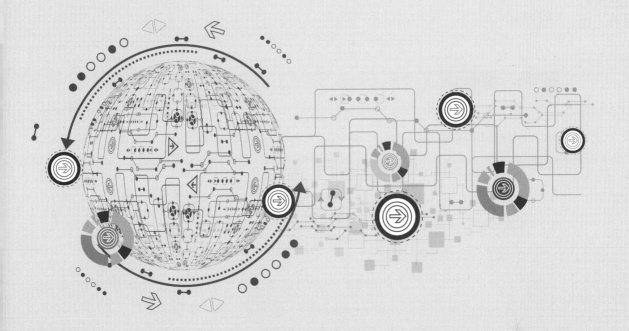

실험 9

BJT 에미터 팔로어

1 ▶ 개요

에미터 팔로어(Emitter Follower)는 베이스 단자에 입력신호를 인가하고, 에미터 단자에서 출력신호를 발생시키며, 콜렉터 단자는 DC 전원으로서 AC 공통 접지단자로 사용되는 구조이다. 콜렉터 단자를 공통단자로 사용하기 때문에 공통 콜렉터 증폭기(Common-Collector Amplifier)로 부르기도 한다.

에미터 팔로어는 입력 임피던스가 높고 출력 임피던스가 낮아서 시스템의 최종단에서 큰 부하를 구동하는 구동 단(Output Stage)에 적합하다. 예를 들어, 실험 20에서 다루게 될 푸시풀 증폭기(Push-Pull Amplifier)는 N형 및 P형 에미터 팔로어 두 개를 결합한 형태의 증폭기로서, 오디오 증폭기 시스템에서 스피커와 같은 큰 부하를 구동하는 출력단 증폭기로 사용된다.

본 실험에서는 BJT 에미터 팔로어의 기본 이론을 이해하고 SPICE 시뮬레이션과 실험을 통해 회로의 동작과 특성을 확인한다.

2 ▶ 배경 이론

그림 9-1은 바이어스 등을 제외한 에미터 팔로어의 기본 회로이다. 에미터 팔로어의 입력신호와 출력신호는 그림에서와 같이 대략 V_{BE}의 DC 값인 약 0.7 V 정도의 차이를 갖고 진폭과 위상이 거의 동일하게 움직인다. 에미터에서 나오는 출력신호가 베이스에 인가된 입력신호를 거의 그대로 따라가는(Follow) 동작을 하기 때문에 '에미터 팔로어'라고 불린다. 한편, 출력신호의 DC 레벨이 입력신호의 DC 레벨보다 V_{BE} 만큼 일정하게 떨어져서 나오기 때문에 레벨시프터(Level Shifter)로 볼 수도 있다.

그림 9-1 에미터 팔로어의 전압이득을 소신호 해석을 통해 구하면 아래와 같다. 대개 $R_L \gg r_e$이므로 에미터 팔로어 전압이득은 1보다 약간 작지만 거의 1에 가까운 값을 갖는다.

$$\frac{v_{out}}{v_{in}} = +\frac{R_L}{R_L + r_e} \tag{1}$$

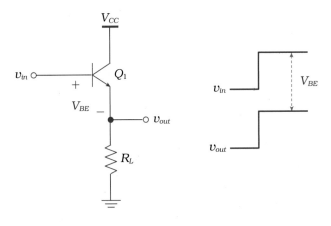

그림 9-1　에미터 팔로어 기본 회로

에미터 팔로어의 입력 임피던스 R_{in}은 그림 9-2(a)와 같이 구할 수 있다. 에미터 팔로어의 입력단은 공통 에미터 증폭기의 입력단과 마찬가지로 베이스 단자이므로 같은 결과를 갖는다. 즉, 그림 9-2(a) 에미터 팔로어의 입력 임피던스는 공통 에미터 증폭기에서 에미터 디제너레이션 저항 R_E가 있는 경우의 입력 임피던스와 동일하다.

$$R_{in} = r_\pi + (1 + \beta)R_E \tag{2}$$

에미터 팔로어의 출력 임피던스 R_{out}은 그림 9-2(b)와 같이 구할 수 있다. 출력단에서 위쪽을 바라보는 임피던스 R_{out1}과 아래쪽을 바라보는 임피던스 R_{out2}의 병렬로 계산할 수 있다.

$$R_{out} = \left(\frac{R_{sig}}{\beta + 1} + r_e\right) \parallel R_E \tag{3}$$

식에서 $\dfrac{R_{sig}}{\beta+1} \ll r_e \ll R_E$인 상태를 가정하면, 에미터 팔로어의 출력 임피던스는 식 (4)로 간략화될 수 있다. 에미터 팔로어의 입력 임피던스는 일반적으로 매우 작은 값이다.

$$R_{out} = r_e = \frac{\alpha}{g_m} \approx \frac{1}{g_m} \tag{4}$$

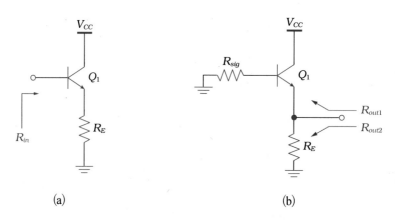

그림 9-2   에미터 팔로어 입출력 임피던스
(a) 입력 임피던스, (b) 출력 임피던스

그림 9-3(a)는 바이어스를 포함한 일반적인 에미터 팔로어 전체 회로이다. C_1, C_2는 DC 차단 및 AC 커플링 캐패시터이다. 베이스 DC 전압은 R_1, R_2를 이용한 전압분배 바이어스 방식으로 공급되고, 에미터 디제너레이션 저항 R_E는 DC 바이어스 전류의 안정화 및 에미터 노드가 접지로 연결되지 않도록 하는 역할을 한다.

그림 9-3(b)는 주어진 에미터 팔로어 회로의 소신호 등가회로이다. 이 회로의 전압 이득은 다음과 같다.

$$\frac{v_{out}}{v_{in}} = + \frac{(R_1 \| R_2)}{R_{sig} + (R_1 \| R_2)} \cdot \frac{(R_E \| r_o)}{\dfrac{(R_{sig} \| R_1 \| R_2)}{1+\beta} + r_e + (R_E \| r_o)} \tag{5}$$

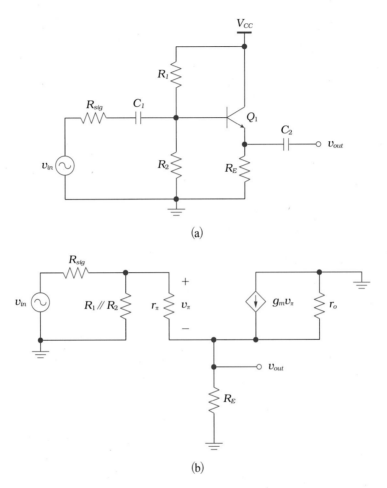

그림 9-3　바이어스를 포함한 에미터 팔로어

(a) 회로도, (b) 소신호 등가회로

3 　필요 장비 및 부품

- 장비: DC 전원, 멀티미터, 함수발생기, 오실로스코프
- 부품: NPN BJT (2N3904), 저항 (100 Ω, 1 kΩ, 5 kΩ, 10 kΩ, 33 kΩ, 1 MΩ), 캐패시터 (15 μF)

4 ▶ 예비 리포트

(1) SPICE 시뮬레이션 과제를 수행하고 그 결과를 보여라.

(2) 본 실험 순서에 따른 내용을 읽고 이론적인 계산이 필요한 부분은 결과를 구하라.

5 ▶ SPICE 시뮬레이션

(1) 그림 9-4의 에미터 팔로어 회로를 SPICE에 구성하라.

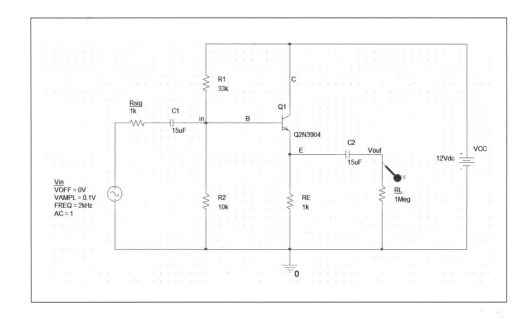

(2) DC 시뮬레이션을 수행하고 바이어스 조건을 구하라.

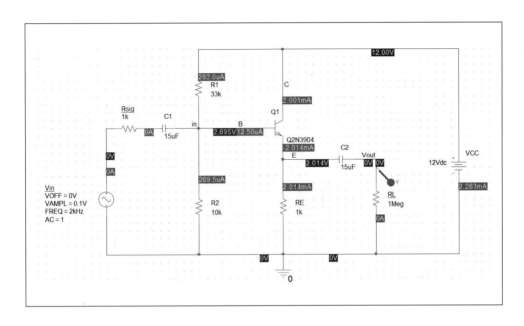

$$I_C \text{ (시뮬레이션값)} = \underline{\qquad\qquad}$$

$$I_B \text{ (시뮬레이션값)} = \underline{\qquad\qquad}$$

$$V_{BE} \text{ (시뮬레이션값)} = \underline{\qquad\qquad}$$

$$V_{CE} \text{ (시뮬레이션값)} = \underline{\qquad\qquad}$$

$$\text{트랜지스터 동작영역} = \underline{\qquad\qquad}$$

(3) 위에서 구한 바이어스 조건으로부터 트랜스컨덕턴스 g_m, 베이스 소신호 등가저항 r_π, 에미터 소신호 등가저항 r_e를 구하라.

$$g_m \text{ (계산값)} = \underline{\qquad\qquad}$$

$$r_\pi \text{ (계산값)} = \underline{\qquad\qquad}$$

$$r_e \text{ (계산값)} = \underline{\qquad\qquad}$$

(4) 입력신호로 주파수 2 kHz, 진폭 1 V 정현파 신호를 인가한다. 시간 영역 시뮬레이션을 수행하고 정상상태(Steady State)에서의 입력신호 V_{in}과 출력신호 V_{out}의 파형을 기록하라.

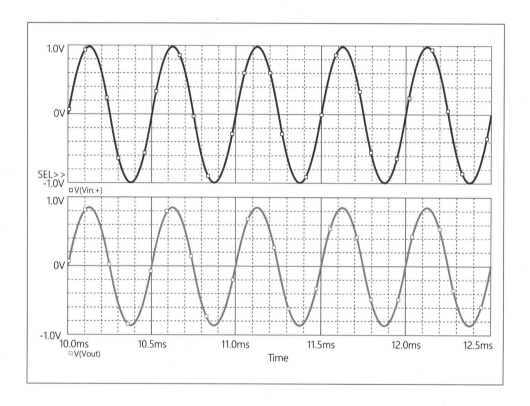

(5) 위에서 얻은 시뮬레이션 결과를 이용하여 아래에 답하라.

입력신호 진폭 (V_{in}) = _____

출력신호 진폭 (V_{out}) = _____

전압이득 (V_{out}/V_{in}) = _____

입출력 신호의 위상차 (degree) = _____

(6) 그림 9-5 입력 임피던스를 측정하는 실험 내용을 참고하라. 제시된 실험 방법과 같이 입력신호 V_{in}에 주파수 2 kHz, 진폭 1 V 정현파 신호를 인가하라. 저항 R_{sig}를 1 kΩ 및 5 kΩ 두 경우에 대해 시간 영역 시뮬레이션을 수행하고 V_{inx} 신호의 크기를 구하라.

$$R_{sig} = 1 \text{ kΩ일 때 } V_{inx} \text{ (시뮬레이션값)} = \underline{\hspace{3cm}}$$
$$R_{sig} = 5 \text{ kΩ일 때 } V_{inx} \text{ (시뮬레이션값)} = \underline{\hspace{3cm}}$$

(7) 위의 시뮬레이션 결과와 식 (6)을 이용하여 입력 임피던스를 구하라. 또한, 증폭기의 입력 임피던스를 이론적으로 계산하고 이를 시뮬레이션을 통해 얻은 결과와 비교하라.

$$\text{입력 임피던스 } R_{in} \text{ (계산값)} = \underline{\hspace{3cm}}$$
$$\text{입력 임피던스 } R_{in} \text{ (이론값)} = \underline{\hspace{3cm}}$$

(8) 그림 9-6 출력 임피던스를 측정하는 실험 내용을 참고하라. 제시된 실험 방법과 같이 입력신호 V_{in}에 주파수 2 kHz, 진폭 0.1 V 정현파 신호를 인가하라. 저항 R_L을 1 kΩ 및 100 Ω 두 경우에 대해 시간 영역 시뮬레이션을 수행하고 V_{out} 신호의 크기를 구하라.

$$R_L = 1 \text{ kΩ일 때 } V_{out} \text{ (시뮬레이션값)} = \underline{\hspace{3cm}}$$
$$R_L = 100 \text{ Ω일 때 } V_{out} \text{ (시뮬레이션값)} = \underline{\hspace{3cm}}$$

(9) 위의 시뮬레이션 결과와 식 (7)을 이용하여 출력 임피던스를 구하라. 또한, 증폭기의 입력 임피던스를 이론적으로 계산하고 이를 시뮬레이션을 통해 얻은 결과와 비교하라.

$$\text{출력 임피던스 } R_{out} \text{ (계산값)} = \underline{\hspace{3cm}}$$
$$\text{출력 임피던스 } R_{out} \text{ (이론값)} = \underline{\hspace{3cm}}$$

6   실험 내용

(1) 그림 9-4 회로를 브레드보드에 구성하라. R_{sig}는 원래 입력신호원의 소스 임피던스를 의미하지만 여기서는 실제 지형을 추기 연결히도록 한다. 사용되는 저항의 실제 값들을 측정하여 기록하라

$$R_1 = \underline{\hspace{2cm}}, \quad R_2 = \underline{\hspace{2cm}}, \quad R_E = \underline{\hspace{2cm}}$$
$$R_{sig} = \underline{\hspace{2cm}}, \quad R_L = \underline{\hspace{2cm}}$$

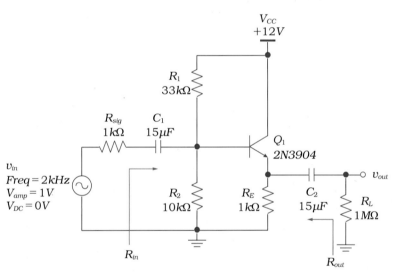

그림 9-4   에미터 팔로어 실험 회로

■ 바이어스

(2) 전원전압 V_{CC} = 12 V을 인가하고 주어진 회로의 바이어스 조건을 측정하라. 주어진 회로는 I_C = 2 mA에서 바이어스 되도록 설계되어 있다. 만약 I_C 값이 2 mA에서 20 % 이상 오차를 보인다면, R_1, R_2를 변경하여 I_C = 2 mA가 되도록 조정하고 아래 실험을 진행하라.

R_1 (최종값) = _____ , R_2 (최종값) = _____

V_B (측정값) = _____ , V_E (측정값) = _____ , V_C (측정값) = _____

V_{BE} (측정값) = _____ , V_{CE} (측정값) = _____

I_C (측정값) = _____ , I_E (측정값) = _____

(3) 바이어스 조건에 따른 트랜지스터의 소신호 모델 파라미터를 구하라.

β (계산값) = _____

g_m (계산값) = _____

r_π (계산값) = _____

r_e (계산값) = _____

(4) 위의 결과를 이용하여 증폭기의 전압이득을 이론적으로 계산하라.

A_V (이론값) = _____

■ **전압이득**

(5) 입력신호를 주파수 2 kHz, 진폭 1 V인 정현파로 인가하라. 오실로스코프를 통해 입력전압파형 V_{in}과 출력전압파형 V_{out}을 측정하고 기록하라. 만약, 출력파형이 이상적인 정현파가 아니라 왜곡이 보이면 입력신호의 크기를 줄여서 왜곡을 최소화하고 실험을 진행하라.

입력파형 진폭 (V_{in}) = _____

출력파형 진폭 (V_{out}) = _____

전압이득 (V_{out}/V_{in}) = _____

(6) 이론적으로 계산한 전압이득과 측정된 전압이득을 비교하라. 차이가 있다면 그 이유는 무엇인가?

전압이득 (이론값) = _____

전압이득 (측정값) = _____

(7) 입출력파형의 위상차는 얼마인가? 이는 예상했던 결과인가?

입출력파형 위상차 (degree) = _____

⑻ 앞서 동일한 조건으로 회로를 동작시키고, 오실로스코프를 DC 커플링 모드로 설정하고 트랜지스터의 베이스 노드와 에미터 노드에서의 신호를 직접 측정하고 기록하라. 이 측정을 통해 에미터 팔로어의 레벨시프터로서의 동작을 확인할 수 있다.

베이스 노드 입력신호 진폭 (측정값) = _____

베이스 노드 DC 레벨 (측정값) = _____

에미터 노드 출력신호 진폭 (측정값) = _____

에미터 노드 DC 레벨 (측정값) = _____

전압이득 (측정값) = _____

입출력 신호의 DC 레벨 차이 (측정값) = _____

⑼ 다음은 신호의 왜곡을 관찰하자. 입력신호의 진폭을 3 V로 증가시켜서 오실로스코프를 이용하여 출력파형을 관찰하고 기록하라. 출력파형에 왜곡이 관찰되는가? 파형의 왜곡은 어떤 형태이고 그것이 발생되는 이유는 무엇인가?

(10) 왜곡 없이 얻을 수 있는 출력파형의 최대 진폭을 이론적으로 유도해보고, 실험을 통해 그 조건을 확인하라. 왜곡 없이 처리할 수 있는 최대 진폭 조건의 입력파형을 인가하고 그때의 출력파형을 측정하고 기록하라.

왜곡 없는 최대 입력신호 진폭 (V_{in}) = _____

왜곡 없는 최대 출력신호 진폭 (V_{out}) = _____

(11) 입력신호를 진폭 1 V, 주파수 2 kHz인 삼각파 신호로 인가하고 오실로스코프를 이용하여 입출력파형을 동시에 측정하고 기록하라.

입력신호 진폭 (V_{in}) = _____

출력신호 진폭 (V_{out}) = _____

전압이득 (V_{out}/V_{in}) = _____

(12) 삼각파에 대해서도 출력신호는 입력신호를 잘 따라가는가? 가장 못 따라가는 지점은 파형의 어느 부분인가? 그 이유는 무엇인가?

■ 입력 임피던스(R_{in})

(13) 그림 9-4에 표시된 증폭기의 입력 임피던스 R_{in}을 이론적으로 계산하라.

R_{in} (이론값) = _____

(14) R_{in}를 측정하기 위한 그림 9–5와 같이 R_{sig}를 1 kΩ 및 5 kΩ으로 변경하면서 V_{inx} 를 측정한다. 입력신호원인 함수발생기를 High–Z 모드로 설정하고 주파수 2 kHz, 진폭 1 V를 갖는 입력신호를 인가하고 측정하라.

> ※ 주의: 여기서 R_S는 입력신호원의 내부 전원 저항이다. 사용한 함수발생기의 내부 전원 저항을 알아내서 아래 계산에 사용해야 한다. 만약 그 값을 모른다면 실험 1 에서 기술한 내부 전원 저항 R_S를 측정하는 과정을 반복하여 R_S 값을 찾아라.

R_{sig} = 1 kΩ일 때 V_{inx} (측정값) = _____
R_{sig} = 5 kΩ일 때 V_{inx} (측정값) = _____

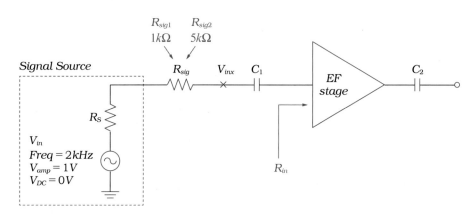

그림 9-5   입력 임피던스 R_{in} 측정 방법

(15) R_{sig}에 따른 V_{inx}는 다음의 관계를 갖는다.

$$V_{inx} = V_{in} \frac{R_{in}}{R_S + R_{sig} + R_{in}} \tag{6}$$

위에서 측정한 두 개의 R_{sig} 값에 대한 두 개의 V_{inx} 측정 결과값을 이용하여 R_{in} 값을 구하라.

입력저항 R_{in} (계산값) = _____

(16) 입력 임피던스의 이론값과 측정값을 비교하라. 차이가 있다면 이유는 무엇인가?

■ **출력 임피던스(R_{out})**

(17) 그림 9-4에 표시한 대로 증폭기의 출력 임피던스 R_{out}을 이론적으로 계산하라.

$$R_{out} \,(\text{이론값}) = \underline{\hspace{3cm}}$$

(18) R_{out}을 측정하기 위해 그림 9-6과 같이 부하저항 R_L을 1 kΩ 및 100 Ω으로 변경하면서 V_{out}을 측정한다. 입력신호원인 함수발생기를 High−Z 모드로 설정하고 주파수 2 kHz, 진폭 100 mV를 갖는 입력신호를 인가하고 V_{out}을 측정하라.

$$R_{L1} = 1 \,\text{k}\Omega \text{일 때 } V_{out} \,(\text{측정값}) = \underline{\hspace{3cm}}$$
$$R_{L2} = 100 \,\Omega \text{일 때 } V_{out} \,(\text{측정값}) = \underline{\hspace{3cm}}$$

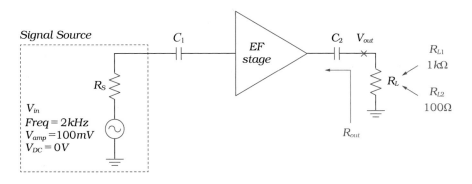

그림 9-6   출력 임피던스 R_{out} 측정 방법

(19) 증폭기의 출력 임피던스가 R_{out} 일 때, 출력신호 V_{out}은 (R_{out} // R_L)에 비례한다. 따라서, 위에서 구한 두 개의 R_L에 따른 두 개의 V_{out} 값을 이용하여, 아래 식과 같이 R_{out}을 구할 수 있다. 주어진 식을 이용하여 R_{out} 값을 계산하라.

$$\frac{V_{out1}}{V_{out2}} = \frac{R_{L1}}{R_{L2}} \cdot \frac{R_{out} + R_{L2}}{R_{out} + R_{L1}} \tag{7}$$

$$R_{out} \text{ (계산값)} = \underline{\hspace{3cm}}$$

(20) 출력 임피던스의 측정값과 이론값을 비교하라. 차이가 있다면 이유는 무엇인가?

1. 전압이득이 0.9인 에미터 팔로어에 v_{in} = +2sin(ωt)인 정현파 신호가 인가되었다. 출력신호를 올바르게 표현한 것은?

   ① +1.8sin(ωt)　　　　　　　　② −1.8sin(ωt)

   ③ +1.8cos(ωt)　　　　　　　　④ −1.8cos(ωt)

2. 에미터 팔로어의 고유전압이득(Intrinsic Voltage Gain)으로 맞는 것은?

   ① $g_m R_L$　　　　　　　　　　　② $g_m r_o$

   ③ $g_m(R_C // r_o)$　　　　　　　　④ 1

3. 에미터 팔로어에서 입력신호의 전압이 증가할 때 발생하는 현상이 아닌 것은?

   ① 콜렉터 전류가 증가한다.　　　　② 콜렉터 전압이 증가한다.

   ③ 베이스 전류가 증가한다.　　　　④ 에미터 전압이 증가한다.

4. 일반적인 에미터 팔로어의 전압이득을 증가시키는 방법으로 올바르지 않은 것은?

   ① 콜렉터 전류를 증가시킨다.

   ② 에미터 단자에 연결된 저항 R_L을 증가시킨다.

   ③ 에미터 단자의 DC 바이어스 전압을 증가시킨다.

   ④ 얼리전압(Early Voltage)이 더 큰 트랜지스터를 사용한다.

5. 에미터 팔로어의 특성을 표현한 것 중 올바르지 않은 것은?

   ① 입력 임피던스가 높다.

   ② 출력 임피던스가 작다.

   ③ 전압이득이 높다.

   ④ 레벨시프터(Level Shifter)로 사용 가능하다.

실험 10

연산증폭기
기초 회로

1 ▶ 개요

연산증폭기(Operational Amplifier: Opamp)는 다양하고 복잡한 회로 시스템을 구성하는데 기본 구성 요소가 되는 증폭기 회로이다. 연산증폭기는 차동입력(Differential Input)을 받아서 싱글엔드 출력(Single-ended Output)을 내보낸다. 본 실험에서는 연산증폭기의 전압이득, 입력저항, 출력저항, 대역폭, 오프셋 전압, 슬루율 등 기본적인 성능 변수들을 이론적으로 이해하고 실험을 통해서 확인해 본다. 이를 바탕으로 연산증폭기를 이용한 다양한 기본 회로를 이해하고 해석할 수 있도록 한다.

본 실험에서는 연산증폭기의 기본 이론을 이해하고 SPICE 시뮬레이션과 실험을 통해 몇가지 연산증폭기 기초 회로의 동작과 특성을 확인한다.

2 ▶ 배경 이론

연산증폭기(Opamp)는 매우 이상적인 전압증폭기이다. 그림 10-1(a)와 같이 두 개의 입력단자와 하나의 출력단자를 갖는다. 그림 10-1(b)는 연산증폭기의 등가회로 모델이다. R_i는 입력 임피던스, R_o는 출력 임피던스, a_{vo}는 내부 고유전압이득이다. 연산증폭기의 출력은 '+' 단자 입력신호 V_{inp}와 '−' 단자 입력신호 V_{inm}의 차이가 a_{vo} 만큼 증폭되어 결정된다.

이상적인 연산증폭기(Ideal Opamp)를 기반으로 하는 회로 해석 방법을 먼저 살펴보자. 이상적인 연산증폭기는 입력 임피던스 $R_i = \infty$, 출력 임피던스 $R_o = 0$, 내부전압이득 $a_{vo} = \infty$의 특성을 갖는 연산증폭기를 말한다. 이 조건에서 연산증폭기로 구성된 회로에는 다음과 같은 특성이 있다.

① 연산증폭기 입력단자로는 전류가 흘러 들어가지 않는다(입력 전류 = 0).

② 두 개의 입력단자에 서로 다른 전압이 인가되면 출력전압 V_{out}은 무한대가 된다.

③ 음의 피드백(Negative Feedback)이 적용된 연산증폭기 회로에서는 두 입력단자의 전압은 항상 같아지는 방향으로 동작한다. 이를 두 입력단자가 가상단락(Virtual Short)되었다고 한다.

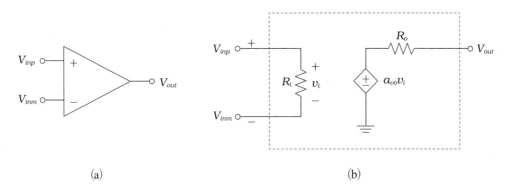

(a)   (b)

그림 10-1   연산증폭기(Operational Amplifier: Opamp)

(a) 회로 기호, (b) 등가회로 모델

그림 10-2는 4가지 대표적인 연산증폭기 기본 회로를 보이고 있다. 반전 증폭기(Inverting Amplifier)는 입력신호의 위상이 반전되어 출력되는 증폭기이고, 비반전 증폭기(Non-inverting Amplifier)는 입력신호와 출력신호의 위상이 같은 증폭기이다. 단일이득버퍼(Unity Gain Buffer)는 부하에 상관없이 어떤 부하 값에 대해서도 입력신호를 출력에 동일하게 전달하고자 할 때 사용하는 회로이다. 가중 합산기(Weighted Adder)는 여러 개의 입력신호를 가중치를 곱해 합산하는 회로이다. 이상적인 연산증폭기 조건을 가정하고 구한 각 회로의 전달특성은 다음과 같다.

$$v_{out} = -\frac{R_2}{R_1} v_{in} \tag{1}$$

$$v_{out} = + \left(1 + \frac{R_2}{R_1} \right) v_{in} \tag{2}$$

$$v_{out} = v_{in} \tag{3}$$

$$v_{out} = \frac{R_o}{R_1} v_{in1} + \frac{R_o}{R_2} v_{in2} \tag{4}$$

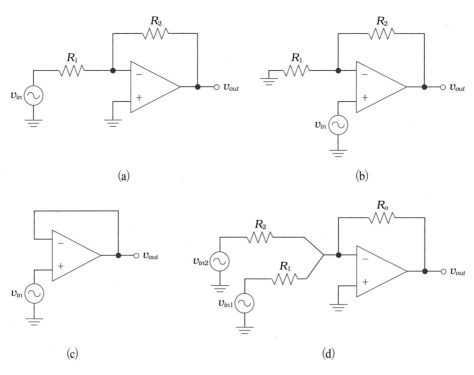

그림 10-2 연산증폭기 기본 회로
(a) 반전 증폭기, (b) 비반전 증폭기, (c) 단일이득버퍼, (d) 가중 합산기

연산증폭기의 동작을 좀 더 정확히 알기 위해서는 연산증폭기의 몇 가지 비이상적인 현상(Non-idealities)을 이해할 필요가 있다. 대표적으로 입력 오프셋 전압(Input Offset Voltage), 슬루율(Slew Rate), 대역폭(Bandwidth)에 대해 알아보자.

입력 오프셋 전압이 있는 연산증폭기는, 그림 10-3(a)에서와 같이 입력 오프셋 전압이 없는 이상적인 내부 연산증폭기 Ⓐ의 입력단자 중 하나에 V_{os}의 DC 오프셋 전압이 추가된 증폭기 Ⓑ로 생각할 수 있다. 그림 10-3(b)의 입출력 전달특성과 같이, 입력 오프셋이 없는 경우인 직선 Ⓐ는 입력전압 $V_{inp} - V_{inm} = 0$ V에서 출력전압 $V_{out} = 0$ V가 된다. 하지만, 입력 오프셋 V_{os}가 있는 경우 직선 Ⓑ와 같이 $V_{inp} - V_{inm} = V_{os}$일 때 V_{out} = 0 V가 된다.

일반적으로 실제 연산증폭기에는 오프셋 전압 V_{os}가 양 또는 음의 값으로 수십 mV 정도 존재한다. 이러한 이유로 입력 오프셋 V_{os}를 갖는 연산증폭기의 두 입력단자에 동일한 전압을 인가해도 출력전압이 정확히 0 V가 되지 않으며, 오히려 보통은 '+' 또는 '−'의 전원전압에 가까운 매우 높은 전압이 발생하게 된다. 오프셋 전압은 모든 회로마다 그 값이 임의로 정해지는 값으로 사용자가 미리 알 수는 없다.

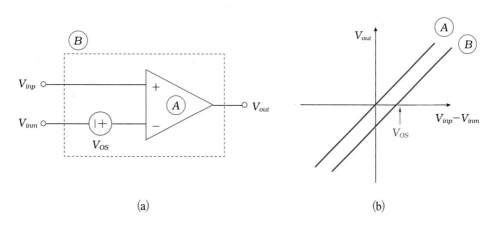

(a) (b)

그림 10-3　연산증폭기의 입력 오프셋 전압

(a) 이상적인 연산증폭기 Ⓐ와 오프셋 전압 'V_{os}'를 포함한 등가회로, (b) 입출력 전압 전달특성

연산증폭기에서는 출력전압의 시간당 변화율에 최대 한계가 존재한다. 이를 슬루율(Slew Rate)이라 한다. 연산증폭기 출력전압의 기울기는 어떤 경우라도 슬루율을 넘지 못한다. 예를 들어, 슬루율이 1 V/μsec인 연산증폭기에, 진폭이 1 V이고 주파수가 1 MHz인 정현파 신호가 출력되고 있다고 하자. 이 정현파 신호의 순간 최대 변화율은

원점을 지날 때 나타나게 되는데 그 값이 $2\pi \times 1 \times 1 \times 10^6$ V/sec = 6.28 V/μsec이 된다. 이는 연산증폭기의 슬루율보다 높으므로 이 연산증폭기에서 발생되는 출력신호 에는 왜곡이 발생하게 된다.

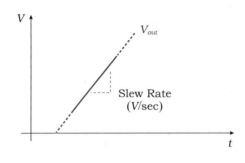

그림 10-4   슬루율(Slew Rate)

실제 연산증폭기 내부 전압이득은 무한대가 아닌 유한한 값을 갖으며 대역폭도 유한 하다. 그림 10-5(a)는 이러한 일반적인 연산증폭기의 주파수 특성을 그린 것이다. 내부 전압이득 a_{vo}도 유한하고, 극점이 f_o에 하나인 1차 저역통과필터 특성을 갖는다고 가정 할 때, 이 연산증폭기의 주파수 특성은 식 (5)와 같이 표현할 수 있다.

$$A_V(s) = \frac{A_O}{1 + \dfrac{s}{\omega_o}} \tag{5}$$

이 연산증폭기를 이용해서 이득이 $(R_1+R_2)/R_2$인 비반전 증폭기를 구성한다면, 전체 비반전 증폭기의 이득과 대역폭은 그림 10-5(b)의 점선과 같이 변하게 된다. 여기서 비 반전 증폭기의 이득 A_{vo}와 대역폭 f_h는 식 (6) 및 (7)과 같다. 즉, 연산증폭기 자체의 이 득과 대역폭에 비해서 비반전 증폭기를 구성했을 때 이득은 감소하고 대역폭은 증가하 는데, 이득의 감소율만큼 대역폭이 증가함을 알 수 있다.

$$A_{vo} = \frac{a_{vo}}{(1 + \dfrac{R_2}{R_1 + R_2} a_{vo})} \tag{6}$$

$$f_h = (1 + \frac{R_2}{R_1 + R_2} a_{vo}) \cdot f_o \tag{7}$$

연산증폭기의 대역폭과 슬루율은 모두 신호의 시간당 변화율에 대한 한계를 나타낸다는 점에서 유사하게 보일 수 있다. 하지만, 두 현상은 전혀 다른 별개의 독립적인 성능으로서, 신호의 주파수가 연산증폭기 회로 대역폭보다 작은 경우라도 슬루율의 한계를 받을 수 있고, 또 그 반대의 경우도 가능하다는 점을 유의해야 한다.

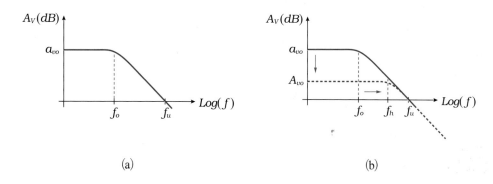

(a)   (b)

그림 10-5   연산증폭기 회로의 주파수 특성
(a) 연산증폭기 자체의 주파수 특성, (b) 비반전 증폭기를 구성했을 때 주파수 특성

3 ▶ 필요 장비 및 부품

- 장비: DC 전원공급기, 멀티미터, 함수발생기, 오실로스코프
- 부품: 연산증폭기 (uA741), 저항 (20 kΩ, 50 kΩ, 100 kΩ)

4　예비 리포트

(1) 상용 연산증폭기 uA741의 데이터시트를 보고 다음의 성능 파라미터들을 조사하라.
　　- 내부 고유전압이득, 공통모드 입력전압 범위, 입력전압 최대 스윙 레벨, 출력전압 최대 스윙 레벨, 공통모드 제거 비, 입력 임피던스, 출력 임피던스, 오프셋 전압, 슬루율, 대역폭, 단위 이득 주파수

(2) 가중 합산기 실험 내용 (13)을 읽고, 두 개의 함수발생기를 동기시키기 위해 외부 트리거 기능을 사용하는 방법에 대해 조사하고 설명하라.

(3) SPICE 시뮬레이션 과제를 수행하고 그 결과를 보여라.

(4) 본 실험 순서에 따른 내용을 읽고 이론적인 계산이 필요한 부분은 결과를 구하라.

5　SPICE 시뮬레이션

(1) 그림 10-6 반전 증폭기 회로를 SPICE로 구성하라.

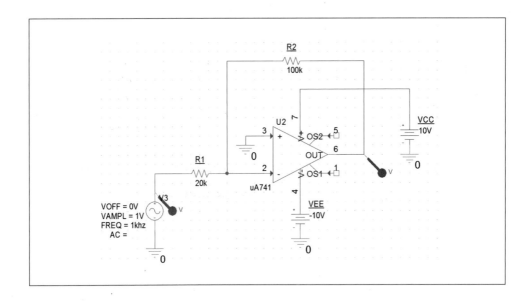

(2) 시간 영역 시뮬레이션을 수행하고 입출력파형을 기록하라. 전압이득 및 입출력 신
호의 위상이 반전되어 있음을 확인하라.

전압이득 (V_{out}/V_{in}) = _____

입출력 신호 위상차 (degree) = _____

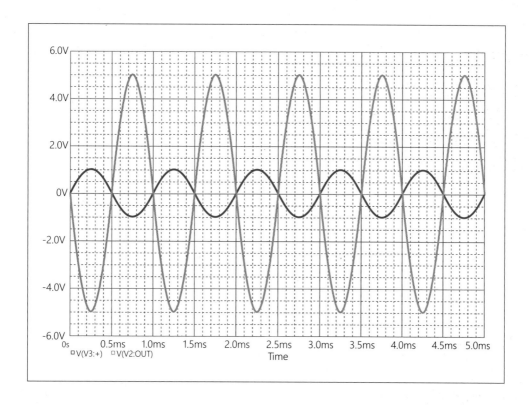

(3) 그림 10-7 비반전 증폭기 회로를 SPICE로 구성하라. 시간 영역 시뮬레이션을 수
행하고 입출력파형을 기록하라. 전압이득 및 입출력 신호의 위상이 동일함을 확인
하라.

전압이득 (V_{out}/V_{in}) = _____

입출력 신호 위상차 (degree) = _____

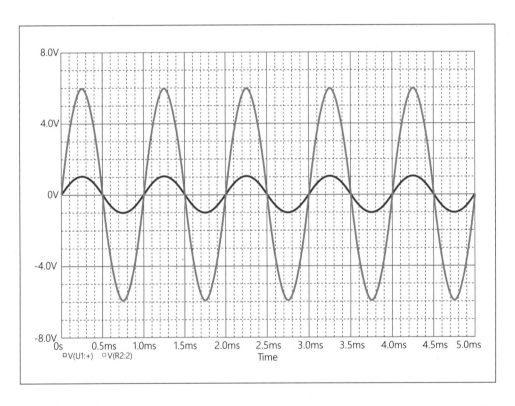

⑷ 그림 10-8 단일이득버퍼 회로를 SPICE로 구성하라. 시간 영역 시뮬레이션을 수행
하고 입출력파형을 기록하라. 전압이득이 1이고 및 입출력 신호의 위상이 동일함
을 확인하라.

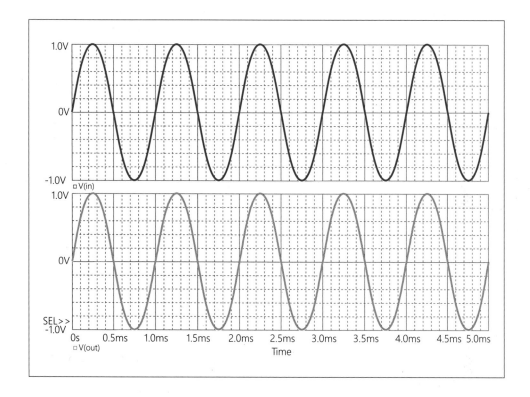

(5) 단일이득버퍼 회로의 입력신호 V_{in}에 진폭 5 V, 주파수 1 kHz인 구형파 신호를 인가하라. 시간 영역 시뮬레이션을 수행하고, 구형파의 상승 또는 하강 부분을 확대하여, 연산증폭기의 슬루율을 계산하라. 사용된 연산증폭기의 데이터시트로부터 슬루율을 확인하고 시뮬레이션 결과와 비교하라.

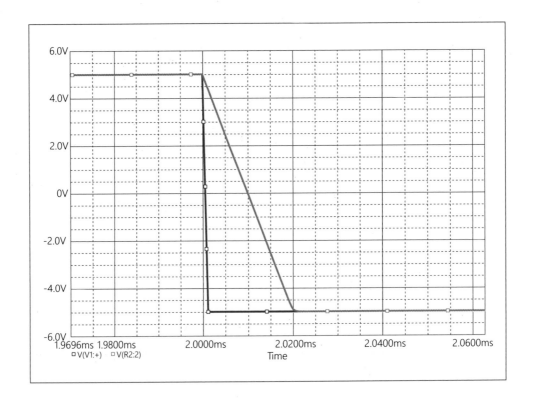

출력파형의 시간당 변화율 (전압 변화량/시간 변화량) = _____

시뮬레이션된 슬루율 (V/sec) = _____

데이터시트에 제시된 슬루율 (V/sec) = _____

(6) 그림 10-9 전압 가중 합산기 회로를 SPICE로 구성하라. V_{in1}에는 주파수 1 kHz, 진폭 2 V인 정현파, V_{in2}에는 주파수 1 kHz, 진폭 1 V 구형파를 인가하도록 한다.

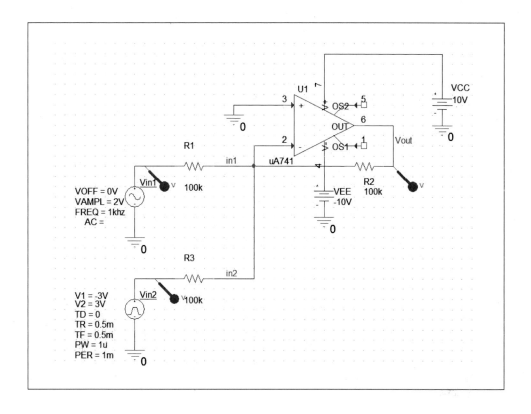

(7) 시간 영역 시뮬레이션을 수행하고 V_{in1}, V_{in2}, V_{out} 파형을 기록하라. 예상한 전압
합산 기능을 수행하는가?

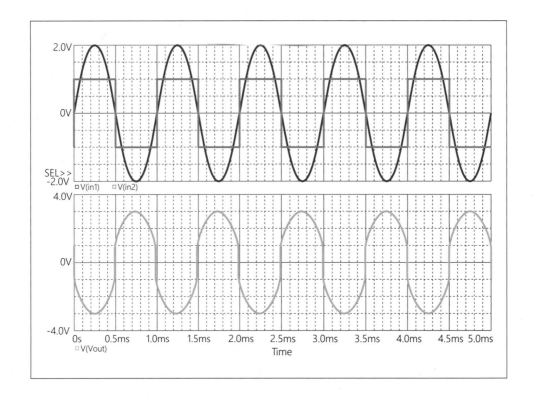

6 실험 내용

■ 반전 증폭기

그림 10-6은 반전 증폭기 회로이다. 전원전압은 +/- 10 V를 사용한다.

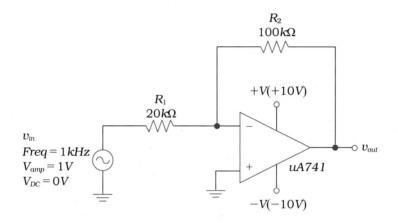

그림 10-6   반전 증폭기 실험 회로

(1) 주어진 회로를 브레드보드에 구성하라. 전원전압을 인가하고 입력에는 0 V DC 전압을 인가하고, 출력 DC 전압을 확인하라. 0 V가 나오지 않는다면 그 이유는 무엇인가?

출력 DC 전압 (측정값, 이론값) = _____, _____

이유 = _____

(2) 입력신호 V_{in}에 진폭 1 V, 주파수 1 kHz인 정현파 신호를 인가하라. 오실로스코프를 이용하여 입출력파형을 동시에 측정하여 기록하고 다음에 답하라.

입력신호 진폭 (V) = _____

출력신호 진폭 (V) = _____

출력신호 DC 레벨 (V) = _____

전압이득 (측정값, 이론값) = _____

입출력 신호의 위상차 (degree) = _____

(3) R_1 = 50 kΩ으로 변경하고, 동일한 입력신호에 대해 오실로스코프를 사용하여 입출력파형을 측정하여 기록하고 다음에 답하라.

입력신호 진폭 (V) = _____

출력신호 진폭 (V) = _____

전압이득 (측정값, 이론값) = _____

입출력 신호의 위상차 (degree) = _____

■ 비반전 증폭기

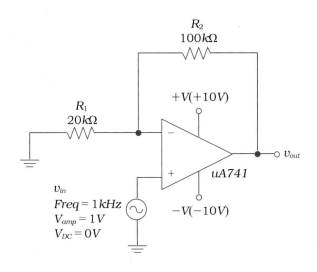

그림 10-7　비반전 증폭기 실험 회로

(4)　주어진 회로를 브레드보드에 구성하라. 전원전압을 인가하고 입력에는 0 V DC 전압을 인가하여, 출력 DC 전압을 확인하라. 0 V가 나오지 않는다면 그 이유는 무엇인가?

출력 DC 전압 (측정값, 이론값) = _____, _____

이유 = _____

⑸ 입력신호 V_{in}에 진폭 1 V, 주파수 1 kHz 정현파 신호를 인가하라. 오실로스코프를 이용하여 입력신호와 출력신호를 동시에 측정하여 기록하고 다음에 답하라.

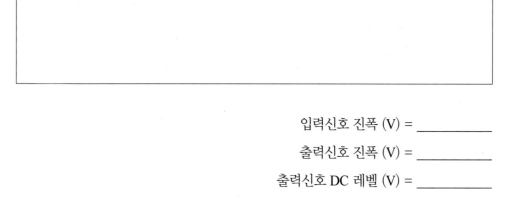

입력신호 진폭 (V) = _____

출력신호 진폭 (V) = _____

출력신호 DC 레벨 (V) = _____

전압이득 (측정값, 이론값) = _____, _____

입출력 신호의 위상차 (degree) = _____

■ 단일이득버퍼

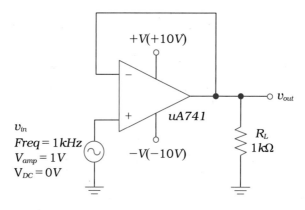

그림 10-8   단일이득버퍼 실험 회로

(6) 입력신호 V_{in}에 진폭 1 V, 주파수 1 kHz인 정현파 신호를 인가하라. 오실로스코프
를 이용하여 입력신호와 출력신호를 동시에 측정하여 기록하고 다음에 답하라.

입력신호 진폭 (V) = _____

출력신호 진폭 (V) = _____

출력신호 DC 레벨 (V) = _____

전압이득 (측정값, 이론값) = _____, _____

입출력 신호의 위상차 (degree) = _____

(7) 단일이득버퍼의 전압이득은 이론값과 다르게 1보다 약간 작게 측정될 것이다. 그
이유는 무엇인가?

(8) 입력신호 V_{in}에 진폭 1 V, 주파수 1 kHz 구형파 신호를 인가하라. 오실로스코프를 이용하여 입력신호와 출력신호를 동시에 측정하여 기록하고 다음에 답하라.

입력신호 진폭 (V) = _____

출력신호 진폭 (V) = _____

출력신호 DC 레벨 (V) = _____

전압이득 (측정값, 이론값) = _____, _____

(9) 위의 측정으로부터 연산증폭기의 슬루율을 알아낼 수 있다. 출력파형의 기울기로부터 연산증폭기의 슬루율을 계산하라. 만약 출력파형의 기울기가 명확히 관찰되지 않는다면 구형파의 진폭을 더욱 키워서 위의 실험을 다시 진행하라.

슬루율 (V/sec) = _____

■ **가중 합산기**

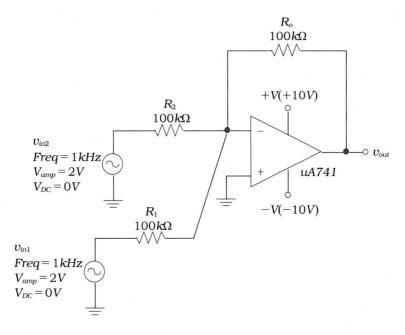

그림 10-9   가중 합산기 실험 회로

(10) 그림 10-9의 회로를 브레드보드에 구성하라.

(11) 두 개의 입력신호를 주파수 1 kHz, 진폭 2 V인 정현파 신호로 동일하게 인가하라.
오실로스코프를 이용하여 출력파형을 측정하라.

출력신호 V_{out} 진폭 (측정값, 이론값) = _____, _____

(12) R_1 = 50 kΩ으로 변경하고 출력신호의 크기를 다시 측정하라.

출력신호 V_{out} 진폭 (측정값, 이론값) = _____, _____

(13) R_1를 다시 100 kΩ으로 변경하라. 그리고, V_{in1}에는 주파수 1 kHz, 진폭 2 V인 정현파, V_{in2}에는 주파수 1 kHz, 진폭 1 V 구형파를 인가하라. 오실로스코프를 이용하여 출력파형을 측정하고 기록하라.

> **TIP** 사용하는 함수발생기가 동시에 두 개의 출력신호를 발생시키는 기능이 없다면, 두 개의 함수발생기를 사용해야 한다. 이때, 두 함수발생기의 동기(Sync)를 맞추지 않는다면 두 입력신호의 상대적 위상 및 주기에 오차가 있어 안정적인 입력신호를 인가시킬 수 없다. 두 개의 함수발생기를 사용할 경우 하나의 함수발생기에서 발생하는 동기(Sync) 신호를 다른 함수발생기의 외부 트리거(External Trigger)신호로 입력해야 한다. 함수발생기의 사용 매뉴얼을 보고 동기-외부 트리거 신호 연결을 한 후에 본 실험을 수행하라.

(14) 정현파와 구형파의 합산 동작이 잘 이루어지고 있는지 출력파형을 보고 설명하라.

(15) V_{in1}에는 주파수 1 kHz, 진폭 2 V 정현파, V_{in2}에는 주파수 1 kHz, 진폭 3 V 삼각 파를 인가하라. 오실로스코프를 이용하여 출력파형을 측정하고 기록하라.

(16) 삼각파와 구형파의 합산 동작이 잘 이루어지고 있는지 출력파형을 보고 설명하라.

1. 이상적인 연산증폭기의 특성으로 올바르지 않은 것은?

   ① 입력 임피던스가 무한대이다.

   ② 입력단자로 흐르는 전류가 0이다.

   ③ 출력단자로 흐르는 전류가 0이다.

   ④ 내부 전압이득이 무한대이다.

2. 연산증폭기의 오프셋 전압에 대한 설명으로 올바르지 않은 것은?

   ① 두 입력단자에 동일한 전압을 인가해도 출력전압이 발생한다.

   ② 두 입력단자의 입력전압을 약간 다르게 해주면 출력전압이 0이 된다.

   ③ 상용 연산증폭기의 오프셋 전압은 대개 수십 mV 정도가 된다.

   ④ 상용 연산증폭기의 오프셋 전압은 데이터시트에 정확히 표기되어 있다.

3. 연산증폭기의 슬루(Slew) 현상에 대한 설명으로 올바르지 않은 것은?

   ① 슬루율의 단위는 V/sec이다.

   ② 출력신호의 최대 및 최소 변화율을 나타낸다.

   ③ 정현파 신호의 진폭이 증가하면 연산증폭기 슬루율 제한에 걸릴 수 있다.

   ④ 정현파 신호의 주파수가 증가하면 연산증폭기 슬루율 제한에 걸릴 수 있다.

4. 연산증폭기의 고유전압이득이 10,000, 대역폭이 1 MHz라고 하자. 이 연산증폭기를 이용
   하여 이득이 10인 비반전 증폭기를 구성하였다. 비반전 증폭기의 대역폭은 얼마인가?

   ① 1 GHz   ② 100 MHz

   ③ 10 MHz   ④ 1 MHz

5. 두 개의 함수발생기를 이용하여 각각 신호를 발생시키면 기기 간의 오차로 인해 두 신호의 상대적인 위상 및 주파수가 일정하지 않을 수 있다. 이를 해결하기 위해 사용하는 기능은?

① 외부 트리거

② 부하 모드 조정

③ 공통 접지

④ 주파수 정밀 조정

실험 11

연산증폭기
응용 회로

1   개요

연산증폭기를 이용하여 여러 가지 다양한 응용 회로 구현이 가능하다. 연산증폭기와 캐패시터를 이용하여 입력신호를 미분하는 미분기(Differentiator) 및 입력신호를 적분하는 적분기(Integrator) 회로를 구현할 수 있다. 다이오드를 이용한 정류기(Rectifier) 또는 리미터(Limiter) 회로를 구현할 때 출력신호에서 다이오드 턴온전압만큼의 전압강하가 생기는 문제가 발생하는데 연산증폭기를 이용하여 이 문제를 해결할 수 있다. 정밀 반파 정류기(Precision Half-Wave Rectifier) 및 정밀 리미터(Precision Limiter) 회로가 그 예이다.

본 실험에서는 여러 가지 연산증폭기 응용 회로의 구성 및 동작을 살펴보고 SPICE 시뮬레이션과 실험을 통해 각 회로의 동작을 이해하도록 한다.

2   배경 이론

연산증폭기에 저항을 이용해서 피드백 회로를 구성하면 반전 증폭기 또는 비반전 증폭기를 만들 수 있다. 같은 방식으로 저항 대신 인덕터나 캐패시터 등의 복소 임피던스를 이용하여 피드백 회로를 구성하면 좀 더 복잡한 입출력 전달특성을 구현할 수 있다. 본 장에서는 연산증폭기에 저항과 캐패시터로 피드백 회로를 구성하여 입력신호를 미분하는 미분기 회로와 적분하는 적분기 회로로 동작시킬 수 있음을 알아본다.

그림 11-1은 연산증폭기에 복소 임피던스 Z_1, Z_2를 연결하여 반전 증폭기 형태로 구성한 회로이다. 이 회로의 입출력 전달특성은 아래와 같다.

$$\frac{V_{out}}{V_{in}}(s) = -\frac{Z_2(s)}{Z_1(s)} \tag{1}$$

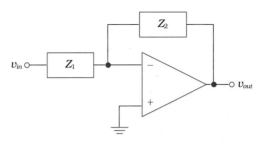

그림 11-1　복소 임피던스를 사용한 반전 증폭기

　　그림 11−1에서 Z_1을 캐패시터 C_1으로, Z_2를 저항 R_1으로 구성하면 그림 11−2(a)의 미분기 회로가 된다. 미분기의 입출력 전달특성은 식 (2)와 같이 주어지는데, 출력신호가 입력신호를 미분한 형태로 발생함을 알 수 있다.

$$\frac{V_{out}(s)}{V_{in}(s)} = -R_1C_1s \rightarrow V_{out}(t) = -R_1C_1\frac{dV_{in}(t)}{dt} \tag{2}$$

　　그림 11−1에서 Z_1을 저항 R_1으로, Z_2를 캐패시터 C_1으로 구성하면 그림 11−2(b)의 적분기 회로를 얻을 수 있다. 적분기의 입출력 전달특성은 식 (3)과 같이 주어지는데, 출력신호가 입력신호를 적분한 형태로 발생함을 알 수 있다.

$$\frac{V_{out}(s)}{V_{in}(s)} = -\frac{1}{R_1C_1s} \rightarrow V_{out}(t) = -\frac{1}{R_1C_1}\int V_{in}(t)dt \tag{3}$$

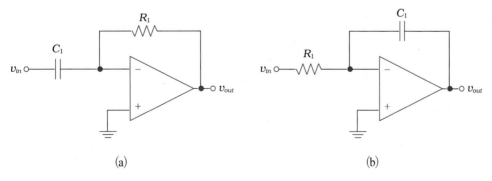

(a)　　　　　　　　　　　　　　(b)

그림 11-2　미분기 및 적분기

(a) 미분기 회로, (b) 적분기 회로

그림 11-3은 정밀 반파 정류기(Precision Half-Wave Rectifier)이다. V_{in}이 정현파로 인가된다고 가정할 때, $V_{in} > 0$일 때 D_1이 턴온상태가 되어 전체 회로는 단일이득버퍼와 동일하게 된다. 따라서, $V_{out} = V_{in}$이 된다. 반면에, $V_{in} < 0$일 때는 D_1이 턴오프 상태가 되어서 출력진압 V_{out}은 R_1에 의해서 0 V로 유지된다. 즉, 이 회로는 입력신호가 양의 값일 때는 통과시키고 음의 값일 때는 차단하는 반파 정류기로 동작함을 알 수 있다.

실험 4에서 살펴본 반파 정류기는 다이오드가 턴온되었을 때 출력전압이 입력전압보다 턴온전압 V_{DO}만큼의 전압강하를 가지고 나타나게 된다. 하지만, 정밀 반파 정류기는 다이오드가 턴온되었을 때 출력전압이 입력전압과 같은 크기로서 전압강하 없이 정밀한 반파 정류 신호를 발생시키게 된다.

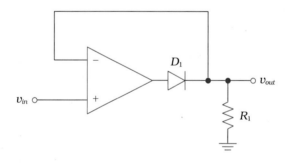

그림 11-3   정밀 반파 정류기

그림 11-4는 다이오드와 연산증폭기를 이용한 정밀 리미터(Precision Limiter) 회로이다. 입력전압이 V_{REF}보다 클 때는 D_1은 턴온되고, V_{OUT}은 V_{REF}로 고정된다. 반면, 입력전압이 V_{REF}보다 작을 때는 D_1이 턴오프 되고, V_{out}은 V_{in}이 그대로 출력되게 된다. 따라서, 본 회로는 출력전압을 V_{REF} 이하로 제한하는 리미터 동작을 하게 된다.

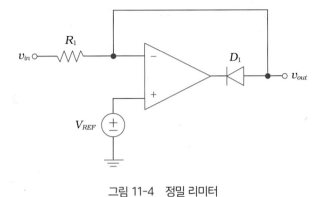

그림 11-4   정밀 리미터

3 실험 장비 및 부품

- 장비: DC 전원공급기, 멀티미터, 함수발생기, 오실로스코프
- 부품: 연산증폭기 (uA741), 다이오드 (1N4148), 저항 (1 kΩ, 2.2 kΩ, 9 kΩ, 10 kΩ, 50 kΩ, 100 kΩ), 캐패시터 (1 nF, 100 nF, 47 μF)

4 예비 리포트

(1) 미분기에 삼각파 입력이 인가될 때, 적분기에 구형파 입력이 인가될 때, 정밀 반파 정류기 및 능동 리미터 회로에 정현파 입력이 인가될 때 입출력파형의 개형을 그리고, 입력신호 크기에 대한 출력신호 크기의 관계를 구하라.

(2) SPICE 시뮬레이션 과제를 수행하고 그 결과를 보여라.

(3) 본 실험 순서에 따른 내용을 읽고 이론적인 계산이 필요한 부분은 결과를 구하라.

5 ▶ SPICE 시뮬레이션

■ 미분기

(1) 그림 11-5의 미분기 회로를 SPICE로 구성하라.

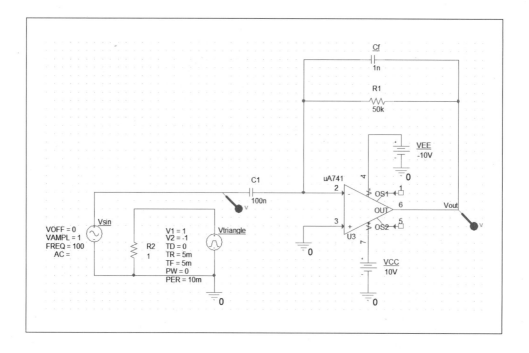

(2) 입력신호로 주파수 100 Hz, 진폭 1 V 정현파를 인가하고, 시간 영역 시뮬레이션을
   수행하라. 입출력파형의 시뮬레이션 결과를 보이고 출력신호의 크기를 이론값과
   비교하라.

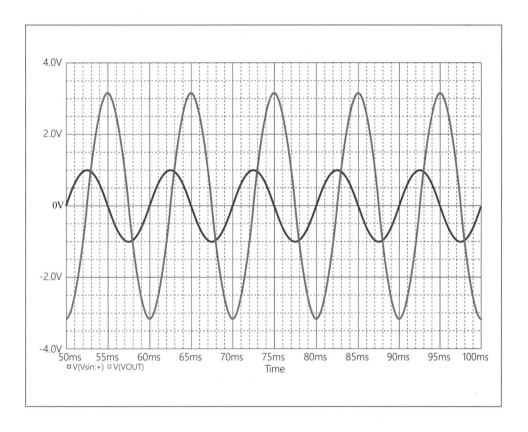

출력파형 크기 (시뮬레이션값, 이론값) = _____

입출력 신호 위상차 (degree) = _____

(3) 입력신호를 주파수 100 Hz, 진폭 1 V 삼각파로 변경하고, 시간 영역 시뮬레이션을 수행하라. 입출력파형의 시뮬레이션 결과를 보이고 출력신호의 크기를 이론값과 비교하라.

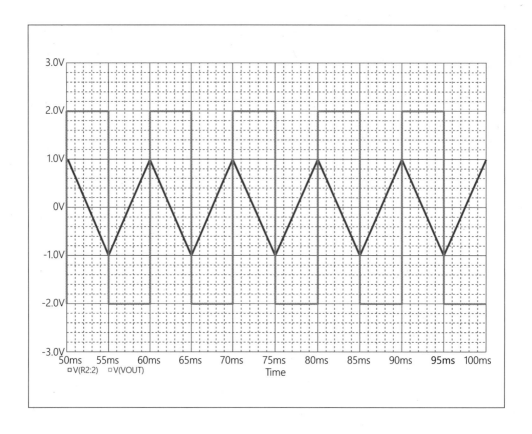

출력파형 크기 (시뮬레이션값) = _____

출력파형 크기 (이론값) = _____

■ 적분기

(4) 그림 11-6의 적분기 회로를 SPICE로 구성하라.

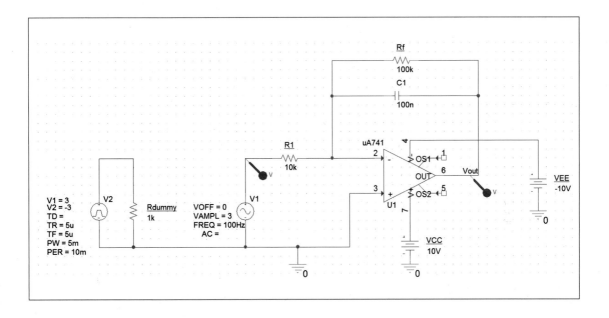

(5) 입력신호에 주파수 100 Hz, 진폭 3 V 정현파를 인가하고, 시간 영역 시뮬레이션을 수행하라. 입출력파형의 시뮬레이션 결과를 보이고 출력신호의 크기를 이론값과 비교하라.

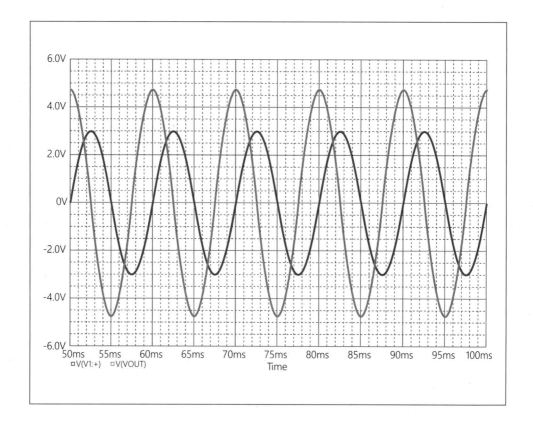

출력파형 크기 (시뮬레이션값) = _____

출력파형 크기 (이론값) = _____

입출력 신호 위상차 (degree) = _____

(6) 입력신호에 주파수 100 Hz, 진폭 3 V 구형파를 인가하고, 시간 영역 시뮬레이션을
    수행하라. 입출력파형의 시뮬레이션 결과를 보이고 출력신호의 크기를 이론값과
    비교하라.

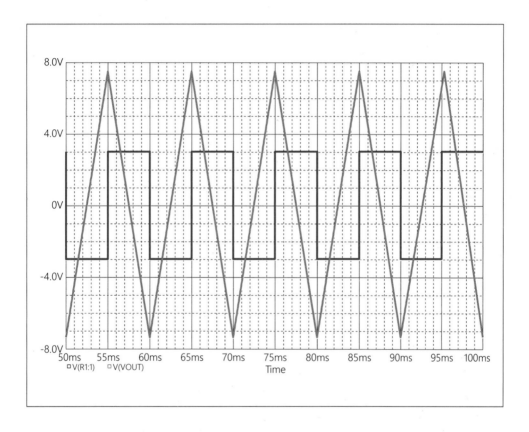

출력파형 크기 (시뮬레이션값) = _____

출력파형 크기 (이론값) = _____

■ 정밀 반파 정류기

(7) 그림 11-7 정밀 반파 정류회로를 SPICE에서 구성하라.

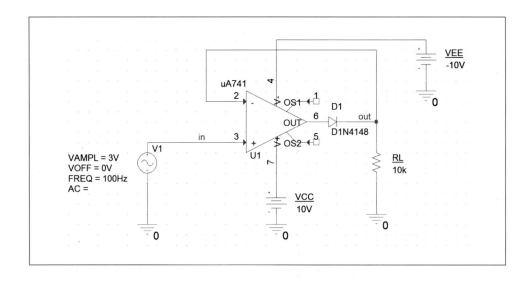

(8) 입력신호에 주파수 100 Hz, 진폭 3 V 정현파를 인가하고 시간 영역 시뮬레이션을 수행하라. 입출력파형 시뮬레이션 결과를 보이고 반파 정류 동작을 확인하라.

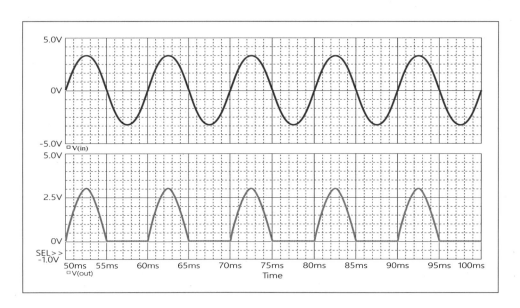

(9) 부하저항 R_L에 병렬로 47 μF 캐패시터를 연결하라. 시간 영역 시뮬레이션을 다시 수행하고 출력파형을 관찰하라. 회로가 피크 검출기의 동작을 하고 있으며, 출력 신호가 거의 DC 신호처럼 발생됨을 확인하라.

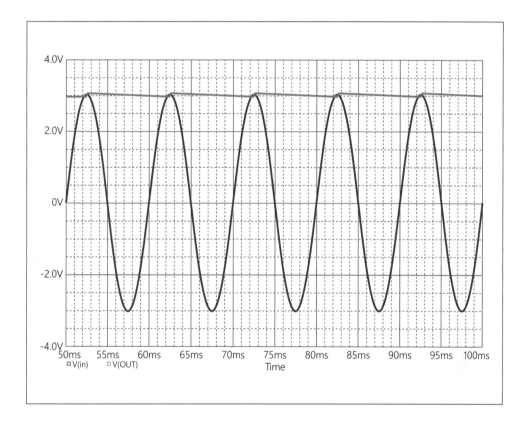

■ 정밀 리미터

(10) 그림 11-8의 정밀 리미터 회로를 SPICE로 구성하라.

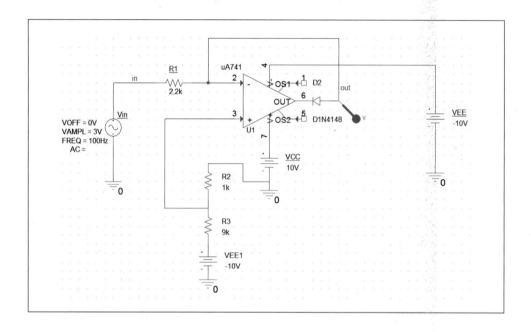

(11) 입력신호에 주파수 100 Hz, 진폭 3 V인 정현파를 인가하고 시간 영역 시뮬레이션
을 수행하라. 입출력파형을 보이고 전압 리미팅 작용을 확인하라.

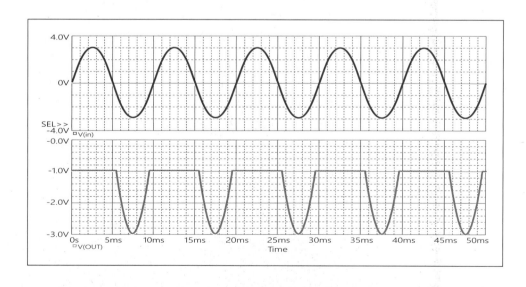

(12) 입력신호의 DC 값을 −10 V에서 +10 V 변화시키면서 DC 시뮬레이션을 수행하여
입출력 전달특성을 구하라. 출력전압이 얼마일 때 리미팅이 되는가?

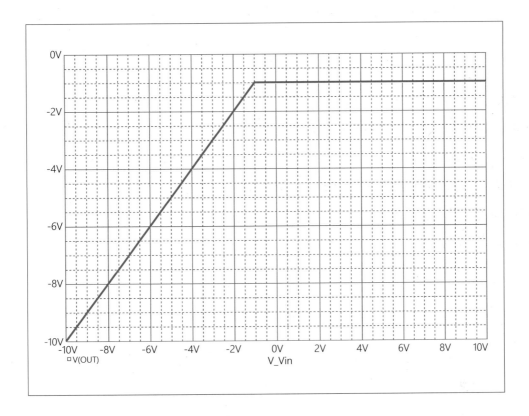

---

6 ▶ 실험 내용

■ 미분기

(1) 주어진 미분기 회로를 브레드보드에 구성한다. 입력신호는 정현파 또는 삼각파를
발생시킬 수 있도록 준비한다. 피드백 캐패시터 C_f는 미분기의 동작을 안정화시키
기 위해 추가할 수 있다. 만약, 실험 과정 중 출력파형이 불안정하거나 발진하는
경우 추가하도록 한다. $C_f R_1$에 의해 추가되는 극점이 미분기의 주 극점 $C_1 R_1$에

비해 100배 크게 설정되었기 때문에 C_f의 추가로 인해 미분기의 주된 특성은 영향을 받지 않는다.

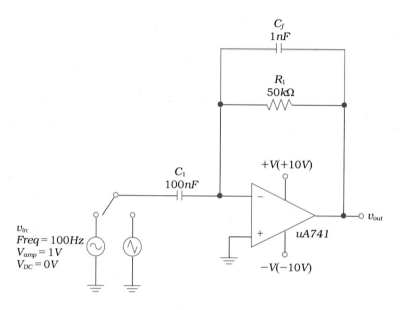

그림 11-5   미분기 실험 회로

(2) 입력신호로 주파수 100 Hz, 진폭 1 V인 정현파를 인가하고, 오실로스코프를 이용하여 출력파형을 측정하고 기록하라. 출력파형은 입력파형의 미분 형태가 맞는가?

(3) 출력파형의 진폭을 측정하고 이론값과 비교하라.

출력파형 크기 (측정값) = _____

출력파형 크기 (이론값) = _____

입출력파형 위상차 (degree) = _____

(4) 입력신호를 1 V 진폭을 갖는 정현파로 하고, 주파수를 아래와 같이 변화시키면서 출력의 변화를 관찰하라. 주파수에 따른 출력파형의 진폭을 기록하고, 이론적인 값과 비교하라. 출력파형의 크기는 전원전압 +/− 10 V 이상이 될 수 없다. 이 이상이 되려고 한다면, 출력파형은 포화되어 더 이상 커질 수 없을 것이다.

입력 주파수	출력파형 크기(측정값)	출력파형 포화 여부	출력파형 크기(이론값)
100 Hz			
150 Hz			
200 Hz			
500 Hz			
1 kHz			

(5) 입력신호를 주파수 100 Hz, 진폭 1 V인 삼각파로 인가하고, 오실로스코프를 이용하여 출력파형을 측정하고 기록하라. 출력파형은 삼각파의 미분 형태인 구형파가 발생하는지 확인하라.

(6) 출력파형의 진폭을 측정하고 이론값과 비교하라.

출력파형 크기 (측정값) = _____

출력파형 크기(이론값) = _____

■ 적분기

(7) 주어진 적분기 회로를 브레드보드에 구성한다. 입력신호는 정현파 또는 구형파를 발생시킬 수 있도록 준비한다. 저항 R_f는 적분기의 바이어스 조건을 안정화시키기 위해 추가하였다. 만약, 실험 과정 중 출력파형이 불안정하거나 발진하는 경우 추가하여 실험을 진행한다. R_f는 적분기의 입출력 전달특성에 영향을 주지 않도록 설정하였다.

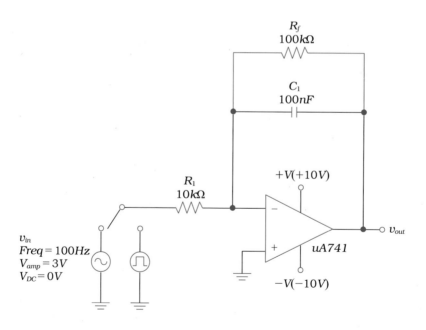

그림 11-6   적분기 실험 회로

(8) 입력신호를 주파수 100 Hz, 진폭 3 V인 정현파로 인가하고, 오실로스코프를 이용하여 출력파형을 측정하고 기록하라. 출력파형은 입력파형이 적분된 모습인가?

(9) 출력파형의 진폭을 측정하고 이론값과 비교하라.

출력파형 크기 (측정값) = _____

출력파형 크기 (이론값) = _____

입출력파형 위상차 (degree) = _____

(10) 입력신호를 진폭 3 V 정현파로 유지하면서, 주파수를 아래와 같이 변화시키면서 출력의 변화를 관찰하라. 주파수에 따른 출력파형의 진폭을 기록하고 이론값과 비교하라.

입력 주파수	출력파형 크기(측정값)	출력파형 크기(이론값)
100 Hz		
150 Hz		
200 Hz		
1 kHz		
5 kHz		

(11) 입력신호에 주파수 100 Hz, 진폭 3 V인 구형파를 인가하고, 오실로스코프를 이용하여 출력파형을 측정하고 기록하라. 출력파형은 구형파의 적분 형태인 삼각파로 발생되는지 확인하라.

(12) 출력파형의 진폭을 측정하고 이론값과 비교하라.

출력신호 크기 (측정값, 이론값) = _____, _____

■ 정밀 반파 정류기

(13) 주어진 정밀 반파 정류기 회로를 브레드보드에 구성하라.

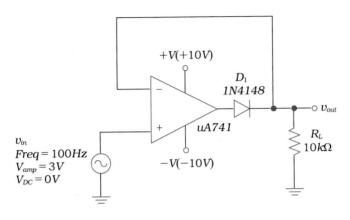

그림 11-7   정밀 반파 정류기

(14) 입력신호를 주파수 100 Hz, 진폭 3 V인 정현파로 인가하고, 오실로스코프를 이용하여 입출력파형을 기록하라.

(15) 입출력파형을 비교하여, 출력파형이 발생되기 시작하는 순간, 즉 D_1이 턴온되는 순간의 입력신호 크기를 측정하라.

출력파형 발생하기 시작하는 입력전압 (측정값) = _____

출력파형 발생하기 시작하는 입력전압 (이론값) = _____

(16) 입력신호의 진폭을 다이오드 턴온전압보다 작은 0.5 V로 감소시켜서 출력신호의 파형을 기록하라. 입력신호가 다이오드 턴온전압보다 작은 경우에도 반파 정류 작용이 정상적으로 수행되는가?

(17) 회로의 출력단에 R_L과 병렬로 47 μF 캐패시터를 연결하라. 입력신호를 주파수 100 Hz, 진폭 3 V인 정현파로 인가하고, 출력파형을 측정하고 기록하라. 출력파형의 크기는 얼마인가?

출력파형 크기 (V) = _____

■ **정밀 리미터**

(18) 주어진 정밀 리미터 회로를 브레드보드에 구성하라. 리미터의 V_{limit}을 측정하라.

$$V_{limit} \text{ (측정값)} = \underline{\hspace{3cm}}$$

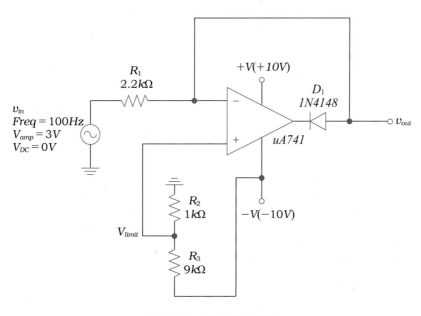

그림 11-8   정밀 리미터 회로

(19) 입력신호로 주파수 100 Hz, 진폭 3 V 정현파를 인가하고 출력파형을 측정하고 기록하라. 출력신호의 최대 리미팅 값을 측정하고 기록하라.

출력파형의 최대 리미팅 값 (측정값, 이론값) = _____

(20) R_2, R_3를 조정하여 V_{limit} = −2 V로 변경하고 위의 실험을 반복하라. 오실로스코프를 이용하여 입출력파형을 측정하여 기록하고, 회로가 리미터로서 적절히 동작하는지 확인하라.

내용 정리 퀴즈

1. 삼각파 신호를 미분기에 인가했을 때 발생하는 출력신호는?

   ① 구형파   ② 삼각파

   ③ 정현파   ④ 경사파

2. 구형파 신호를 적분기에 인가했을 때 발생하는 출력신호는?

   ① 구형파   ② 삼각파

   ③ 정현파   ④ 경사파

3. $\sin(2\pi \times 1kHz \times t)$인 정현파 신호를 R = 1 kΩ, C = 1 μF인 미분기 회로에 인가했을 때 얻을 수 있는 출력을 올바르게 표현한 것은?

   ① $+2\pi \times \cos(2\pi \times 1kHz \times t)$ ② $-2\pi \times \cos(2\pi \times 1kHz \times t)$

   ③ $+2\pi \times \sin(2\pi \times 1kHz \times t)$ ④ $-2\pi \times \sin(2\pi \times 1kHz \times t)$

4. $\sin(2\pi \times 1kHz \times t)$인 정현파 신호를 R = 1 kΩ, C = 1 μF인 적분기 회로에 인가했을 때 얻을 수 있는 출력을 올바르게 표현한 것은?

   ① $+1/(2\pi) \times \cos(2\pi \times 1kHz \times t)$ ② $-1/(2\pi) \times \cos(2\pi \times 1kHz \times t)$

   ③ $+1/(2\pi) \times \sin(2\pi \times 1kHz \times t)$ ④ $-1/(2\pi) \times \sin(2\pi \times 1kHz \times t)$

5. 정밀 반파 정류기 회로에 대한 설명으로 올바르지 않은 것은?

   ① 반파 정류 동작을 한다.

   ② 입력신호의 진폭이 다이오드 턴온전압보다 작아도 정류 작용을 한다.

   ③ 기존 다이오드를 한 개 사용한 반파 정류기에 비해 동작 시 소모 전류가 크다.

   ④ 연산증폭기에 전원전압을 인가하지 않아도 동작한다.

실험 12

MOSFET 특성 및
바이어스 회로

1   개요

MOSFET(Metal−Oxide−Semiconductor Field Effect Transistor)은 게이트 부분이 금속 (Metal)−산화막(Oxide)−반도체(Semiconductor)를 수직으로 쌓아 놓은 형태의 적층 구조를 갖는 전계효과 트랜지스터이다. MOSFET은 전하를 공급하는 소스(Source), 전하가 흘러 나가는 드레인(Drain), 채널 두께를 조절하는 게이트(Gate), 트랜지스터가 구현되는 기판으로서의 바디(Body), 총 4개의 단자를 갖는다. MOSFET의 게이트−소스 단자에 일정한 전압을 인가하여 일정 크기 이상의 전계(Electric Field)를 발생시키면 소스−드레인 사이에 채널이 생성되고 이 채널을 통해 전류가 흐르게 된다. 이때 게이트−소스 전압을 조정하여 채널의 두께를 변화시킴으로써 드레인 전류를 조정하는 트랜지스터 동작을 하게 된다.

본 실험에서는 MOSFET 소자의 기본 이론과 바이어스 회로에 대해 학습하고 SPICE 시뮬레이션과 실험을 통해 MOSFET 소자의 동작과 특성을 이해한다.

2   배경 이론

■ MOSFET 소자 특성

그림 12-1은 N-채널 MOSFET의 구조이다. N-MOSFET은 P형 반도체 기판 상에 제조되는데, 여기서 P형 기판은 트랜지스터가 제작될 수 있도록 지지대 역할을 하는 바디(Body)로서 P형 도핑(Doping)된 단결정 실리콘이다. 소스(Source)와 드레인(Drain)은 트랜지스터 좌우에 N+형 고농도 도핑 영역으로 형성된다. 소스와 드레인 사이 중간 영역 실리콘 표면에 전기적 절연체인 이산화실리콘(SiO_2) 절연 산화막 유전체 층이 형성되어 있고, 이 SiO_2 층 위에 금속이 증착되어 게이트(Gate) 전극이 된다. MOSFET은

네 개의 단자 즉, 게이트 단자(G), 소스 단자(S), 드레인 단자(D), 그리고 바디 단자(B)를 갖는다.

MOSFET의 전류–전압 특성을 결정하는 중요한 구조적 변수로서 게이트 길이(Gate Length: L)와 게이트 폭(Gate Width: W)이 있다. 게이트 길이 L은 소스와 드레인 사이의 거리를 나타내고, 게이트 폭 W는 전류 진행 방향의 수직 방향에 해당하는 게이트의 크기를 나타낸다. 그림 12-1에서와 같이 게이트(Gate)는 채널(Channel)로 표현되기도 한다.

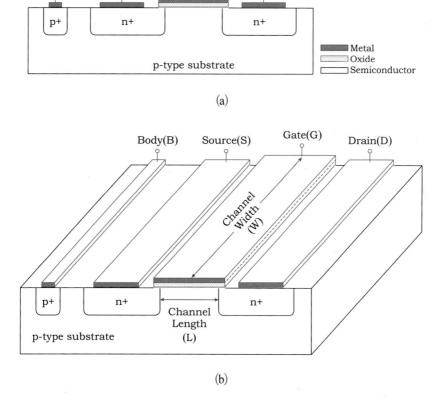

그림 12-1   MOSFET 구조
(a) 단면도, (b) 3차원 조감도

N-MOSFET의 동작영역과 각 영역에서의 전류-전압 특성을 이해하기 위해 그림 12-2(a)와 같은 측정을 한다고 생각해보자. 트랜지스터에 게이트-소스 전압 V_{GS}와 드레인-소스 전압 V_{DS}를 인가하면서 드레인 전류 I_D를 측정하면 그림 12-2(b)와 같은 전류-전압 특성을 얻는다.

V_{GS}가 0 V에서 시작하여 문턱전압(Threshold Voltage: V_{th})보다 작을 때는 V_{DS}와 상관없이 I_D는 흐르지 않는다. 이를 차단영역(Cut-off Region)이라 한다. V_{GS}를 V_{th} 이상 인가하게 되면, 소스-드레인 사이에 채널이 형성되고 이를 통해 I_D가 흐르게 된다. 이 때, V_{DS}가 $V_{GS} - V_{th}$ 보다 작을 때는 I_D가 V_{DS} 증가에 따라 '뒤집힌 포물선' 형태로 증가하는 특성을 갖는다. 이를 트라이오드 영역(Triode Region), 또는 선형영역이라 한다. 한편, V_{DS}가 $V_{GS} - V_{th}$ 보다 클 때는 V_{DS} 증가와 상관없이 I_D가 직전 선형영역에서의 최대 값으로 일정하게 유지하게 된다. 이를 포화영역(Saturation Region)이라 한다. 선형영역과 포화영역의 경계는 $V_{DS} = V_{GS} - V_{th}$로 주어진다.

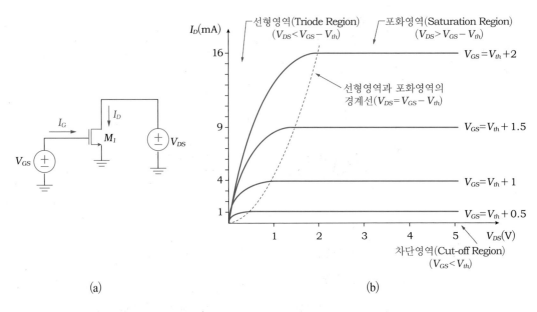

(a)   (b)

그림 12-2   MOSFET 전류-전압 특성
(a) 측정 회로, (b) 전류-전압 특성 그래프

게이트 길이가 1 μm 이상으로 비교적 길어서 채널 내 전자의 이동 속도 포화 (Velocity Saturation) 현상이 나타나지 않는 전통적인 MOSFET의 경우 I_D-V_{DS}의 관계식은 다음과 같이 주어진다. 식 (1)은 선형영역에서, 식 (2)는 포화영역에서의 전류-전압 관계식이다.

$$I_D = \mu_n C_{ox} \frac{W}{L}[(V_{GS} - V_{th})V_{DS} - \frac{1}{2}V_{DS}^2] \quad (V_{GS} > V_{th}, \ V_{DS} < V_{GS} - V_{th}) \quad (1)$$

$$I_D = \frac{1}{2}\mu_n C_{ox} \frac{W}{L}(V_{GS} - V_{th})^2 \quad (V_{GS} > V_{th}, V_{DS} > V_{GS} - V_{th}) \quad (2)$$

식 (2)의 포화영역에서 한 가지 주목해야 할 특징은 I_D가 V_{GS}-V_{th}의 제곱에 비례한다는 것이다. 그림 12-2(b)에서 V_{GS}-V_{th}가 0.5 V, 1 V, 1.5 V, 2 V로 증가함에 따라서, I_D가 1 mA, 4 mA, 9 mA, 16 mA로 증가하는 것을 볼 수 있다. 이와 같이 드레인 전류를 결정짓는 주요 변수인 V_{GS}-V_{th}를 MOSFET의 오버드라이브 전압(Overdrive Voltage: V_{OV})이라 한다.

$$V_{OV} = V_{GS} - V_{th} \quad (3)$$

현대 기술에 따른 MOSFET은 게이트 길이가 1 μm보다 매우 작아서 속도 포화 현상이 발생하게 된다. 이 경우 위에서 주어진 식과는 다른 전류-전압 관계를 갖게 된다. 그럼에도 불구하고, 식 (1), (2)는 MOSFET 회로를 해석하는 데 있어서 비교적 괜찮은 정확도를 가지며 손 계산이 가능할 정도의 간단한 식으로 표현된다는 장점으로, MOSFET 회로 해석에서 매우 일반적으로 사용되고 있다.

■ 바이어스 회로

MOSFET 증폭기 회로가 정상적으로 동작하기 위해서는 MOSFET의 DC 동작 조건, 즉, MOSFET의 바이어스 전압인 V_{GS}, V_{DS} 값이 포화영역에서 안정적으로 설정되고,

드레인 전류 I_D 값이 전압이득을 얻기에 필요한 만큼의 g_m과 전압 스윙을 만들어 낼 정도의 원하는 값으로 설정되어야 한다. 이러한 조건을 MOSFET의 바이어스 조건(Bias Condition) 또는 바이어스점(Bias Point, Q-point)이라고 한다.

바이어스 조건을 설정하기 위해 트랜지스터 주변에 저항을 배치하여 바이어스 회로를 구성할 수 있다. 적절한 DC 바이어스를 인가하기 위해서는 MOSFET의 게이트에 적당한 전압을 인가해서 원하는 V_{GS}를 발생시키는 부분이 핵심인데, 바이어스 회로는 V_{GS}의 발생 방식에 따라 크게 두 가지 종류로 구분된다.

첫 번째 바이어스 회로는 그림 12-3의 전압분배 바이어스 회로이다. 전원전압 V_{DD}를 두 개의 저항 R_1과 R_2에 의해 분배하여 중간 노드 전압 $V_{GX} = R_2/(R_1+R_2) \times V_{DD}$를 만들어서 게이트에 인가하는 방식이다. 이 회로의 바이어스 값은 식 (4)와 (2)의 두 가지 조건이 만족되도록 결정된다. 여기서 주의할 점은 최종적으로 얻은 바이어스 조건에 대해서, V_{DS}가 $V_{GS} - V_{th}$보다 커서 MOSFET이 포화영역에 있음을 확인해야 한다. 만약 $V_{DS} > V_{GS} - V_{th}$ 조건을 만족하지 못한다면, MOSFET은 선형영역에 있음을 의미한다. MOSFET이 선형영역에 바이어스 되어 있다면 이 회로는 증폭기로서 적절히 동작하지 못한다.

$$\frac{R_2}{R_1 + R_2} V_{DD} = V_{GS} + I_D R_S \tag{4}$$

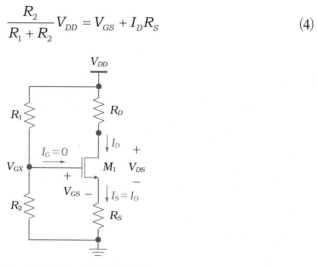

그림 12-3   MOSFET 전압분배 바이어스 회로

두 번째 바이어스 회로는 자기 바이어스 회로이다. MOSFET의 게이트와 드레인 사이를 저항 R_G를 통해 연결하여 게이트 전압을 공급하는 방식이다. 여기서 게이트 전류 I_G는 0이므로 식 (5)가 성립한다. 식 (5)와 (2)를 연립하여 바이어스 조건을 구할 수 있다.

$$I_D = \frac{V_{DD} - V_{GS}}{R_D} \tag{5}$$

자기 바이어스 회로의 장점은 MOSFET이 언제나 포화영역임을 보장하고 선형영역에 빠지지 않는다는 것이다. 왜냐하면, $I_G = 0$인 조건에 의해 언제나 $V_{DS} = V_{GS}$이기 때문이다.

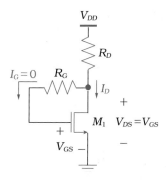

그림 12-4   MOSFET 자기 바이어스 회로

---

3   필요 장비 및 부품

- 장비: DC 전원공급기, 멀티미터
- 부품: MOSFET (2N7000), 저항 (50 Ω, 100 Ω, 10 kΩ)

4 예비 리포트

(1) 2N7000 MOSFET 데이터시트를 찾아보고, V_{GS}를 0 V에서 4 V까지 0.2 V 간격으로 조정하면서, V_{DS}를 0 V에서 12 V까지 변화시킨다고 가정했을 때, MOSFET의 $I_D - V_{DS}$ 그래프를 대략적으로 그려라. 문턱전압 V_{th}는 대략 얼마인가?

(2) SPICE 시뮬레이션 과제를 수행하고 그 결과를 보여라.

(3) 본 실험 순서에 따른 내용을 읽고 이론적인 계산이 필요한 부분은 결과를 구하라.

5 SPICE 시뮬레이션

아래는 MOSFET의 전류–전압 관계 특성을 조사하기 위한 회로이다. 아래 주어진 시뮬레이션을 수행하라.

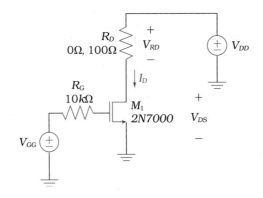

그림 12-5   MOSFET 전류-전압 특성 분석을 위한 회로

(1) $R_D = 0\ \Omega$, $V_{DD} = 5$ V일 때, V_{GG}를 0.1 V 간격으로 0–4 V 범위로 변화시키면서 I_D–V_{GS} 그래프를 그려라. 주어진 특성 그래프로부터 MOSFET의 V_{th}를 구하라.

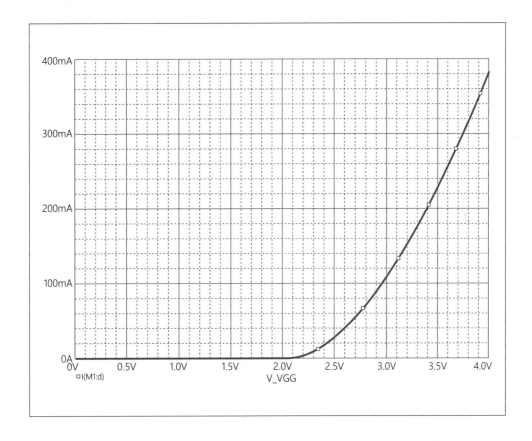

MOSFET 문턱전압 V_{th} (V) = _____

(2) $R_D = 0\ \Omega$에서, V_{GG}를 0.2 V 간격으로 0–4 V 범위로 변화시키고, V_{DD}는 0.1 V 간격으로 0–12 V로 변화시켜서, I_D–V_{DS} 그래프를 그려라.

⧖ TIP SPICE 시뮬레이션의 'DC Sweep' 조건 설정에서 'Primary Sweep'을 'V_{DD}'로, 'Secondary Sweep'을 'V_{GG}'로 설정하고 DC 시뮬레이션을 수행한 후 I_D를 측정하면 된다.

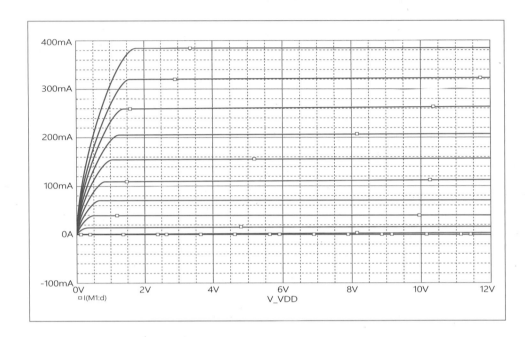

(3) 앞의 시뮬레이션에서 $R_D = 100\ \Omega$으로 변경하여 $I_D - V_{DS}$ 그래프를 다시 그려라. 위에서 얻은 그래프와 어떤 차이가 있는가?

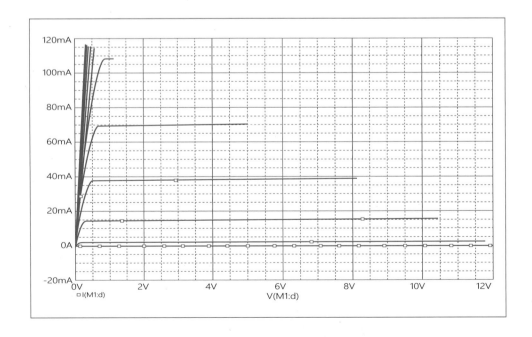

(4) 본 실험 내용에 제시된 그림 12-7 전압분배 바이어스 회로를 SPICE로 구성하고 DC 시뮬레이션을 수행하라. V_{GS}, V_{DS}, I_D에 대한 DC 바이어스 값은 각각 얼마인가?

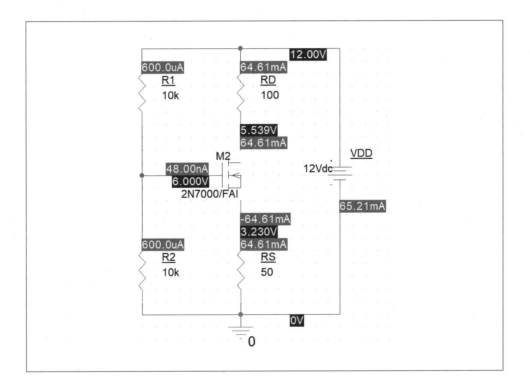

(5) 본 실험 내용에 제시된 그림 12-8 자기 바이어스 회로를 SPICE로 구성하고 DC 시뮬레이션을 수행하라. V_{GS}, V_{DS}, I_D에 대한 DC 바이어스 값은 각각 얼마인가?

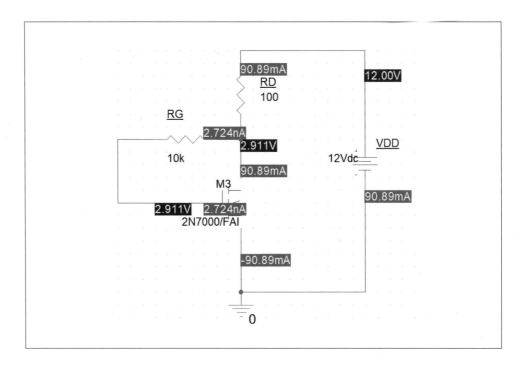

6 실험 내용

■ MOSFET 전류-전압 특성 실험

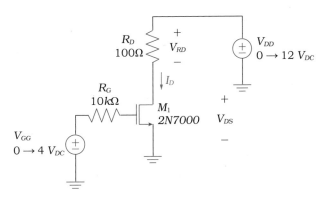

그림 12-6   MOSFET 전류-전압 특성 실험 회로

(1) 그림 12-6은 MOSFET의 전류-전압 특성을 측정하기 위한 실험 회로이다. 주어진 회로를 브레드보드에 구성하라.

(2) V_{GG} = 3 V, V_{DD} = 5 V를 인가하고, V_{RD} 및 V_{DS}를 측정하라. V_{RD}로부터 I_D를 구하라. 트랜지스터는 포화영역에 바이어스 되어 있는가? 그 근거는 무엇인가?

$$V_{RD} \text{ (측정값)} = \underline{\qquad\qquad}$$

$$V_{DS} \text{ (계산값)} = \underline{\qquad\qquad}$$

$$I_D \text{ (계산값)} = \underline{\qquad\qquad}$$

$$\text{트랜지스터 동작영역 및 근거} = \underline{\qquad\qquad}$$

(3) V_{GG}를 0 V에서 4 V까지 0.2 V 간격으로 변화시키고, V_{DD}를 0 V에서 12 V까지 변화시키면서 V_{RD}를 측정하라. 측정의 정확도를 위해 V_{DD}가 0-2 V 구간에서는 0.2 V 간격으로, 2-12 V 구간에서는 1 V 간격으로 변화시키면서 측정하라. 측정 결과로부터 V_{DS}, I_D를 구하라. 측정 결과를 이용하여 V_{GS}에 따른 I_D-V_{DS} 특성 그래프를 그려라.

(4) R_D 저항을 제거하고 그 자리에 드레인 전류를 측정할 수 있도록 멀티미터를 연결하라. V_{DD}를 5 V로 고정하라. V_{GG} 전압을 0 V에서 4 V까지 0.2 V 간격으로 변화시키면서, V_{GS}와 I_D를 측정하라. (※ 주의: V_{GG}를 증가시킬 때 드레인 전류가 500 mA 이상 흐른다면 V_{GG}를 더 이상 증가시키지 말고 그 점까지의 측정 결과만을 이용하도록 한다.) 위의 측정 결과를 바탕으로 I_D-V_{GS} 그래프를 그려라.

(5) 위에서 얻은 I_D–V_{GS} 측정 결과를 이용하여 V_{th} 값을 구한다. 이 측정값을 SPICE 모델값 (SPICE 모델 파라미터에서 V_{TO}로 표시된 값)과 비교하라.

※ 주의사항: 이후 진행되는 MOSFET 실험에서는 여기서 구한 V_{th} 값을 이용하기로 한다. 이 값을 잘 기록해서 필요할 때마다 참조하도록 하라.

$$V_{th} \text{ (측정값)} = \underline{\hspace{2cm}}$$

$$V_{th} \text{ (SPICE 모델값)} = \underline{\hspace{2cm}}$$

(6) 식 (2)의 포화영역 I_D–V_{DS} 관계식은 아래와 같이 간단히 쓸 수 있다.

$$I_D = \frac{1}{2} k_n \left(V_{GS} - V_{th} \right)^2 \tag{6}$$

여기서 $k_n = \mu_n C_{ox} \dfrac{W}{L}$ 으로서 MOSFET의 물질 특성 및 구조적 특성을 나타내는 고유 상수이다. 앞의 실험을 통해 측정한 I_D–V_{GS} 및 V_{th} 결과 값을 이용하여 MOSFET의 k_n값을 구하고자 한다. V_{DS} = 5 V이고, V_{GS} = 2.5 V 및 3 V일 때 측정된 I_D 값을 이용하여 MOSFET의 k_n값을 구하라. k_n의 단위를 mA/V^{2}로 하여 아래 답을 작성하라.

$$k_n \, (V_{GS} = 2.5 \text{ V}) = \underline{\hspace{2cm}}$$
$$k_n \, (V_{GS} = 3.0 \text{ V}) = \underline{\hspace{2cm}}$$

■ 전압분배 바이어스 회로

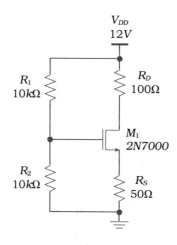

그림 12-7   전압분배 바이어스 실험 회로

(7) 주어진 전압분배 바이어스 회로를 브레드보드에 구성하고, 바이어스 조건 I_D, V_{GS}, V_{DS} 값을 측정하라.

$$I_D \, (측정값) = \underline{\hspace{2cm}}$$
$$V_{GS} \, (측정값) = \underline{\hspace{2cm}}$$
$$V_{DS} \, (측정값) = \underline{\hspace{2cm}}$$

(8) 이 회로의 바이어스 조건을 이론적으로 구하라. 이론적 계산에 필요한 k_n, V_{th} 값은 앞선 실험에서 구한 결과를 이용하라. 이론적 계산 결과를 측정 결과를 비교하라.

$$I_D \, (이론값) = \underline{\hspace{2cm}}$$
$$V_{GS} \, (이론값) = \underline{\hspace{2cm}}$$
$$V_{DS} \, (이론값) = \underline{\hspace{2cm}}$$

(9) 이 회로에서 드레인–소스 루프에 대한 키르히호프 전압식을 다음과 같은 I_D–V_{DS} 직선의 식으로 쓸 수 있다. 이를 회로의 부하선(Load Line) 식이라 한다.

$$I_D = -\frac{V_{DS}}{R_D + R_S} + \frac{V_{DD}}{R_D + R_S} \qquad (7)$$

이 부하선을 실험 (3)에서 구한 I_D - V_{DS} 그래프에 중첩해서 그리면, 특정 V_{GS} 조건에 대해 두 그래프가 만나는 점이 발생한다. 이 점이 바이어스점이 된다. 두 그래프가 만나는 점을 찾아서 I_D, V_{DS} 값을 찾아라. 이렇게 구한 I_D, V_{DS} 값을 측정 결과와 비교하라.

I_D (부하선 해석 값) = _____

V_{DS} (부하선 해석 값) = _____

■ 자기 바이어스 회로

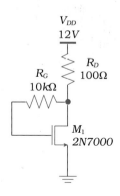

그림 12-8   자기 바이어스 실험 회로

(10) 주어진 자기 바이어스 회로를 브레드보드에 구성하고, I_D, V_{GS}, V_{DS} 값을 측정하라.

$$I_D \text{ (측정값)} = \underline{\hspace{3cm}}$$

$$V_{GS} \text{ (측정값)} = \underline{\hspace{3cm}}$$

$$V_{DS} \text{ (측정값)} = \underline{\hspace{3cm}}$$

(11) 이 회로의 바이어스 조건을 이론적 계산을 통하여 구하라. 계산에 필요한 k_n, V_{th} 값은 앞선 실험에서 구한 값을 사용하라. 계산 결과와 측정 결과를 비교하라.

$$I_D \text{ (계산값)} = \underline{\hspace{3cm}}$$

$$V_{GS} \text{ (계산값)} = \underline{\hspace{3cm}}$$

$$V_{DS} \text{ (계산값)} = \underline{\hspace{3cm}}$$

(12) 키르히호프 전압 법칙에 의한 이 회로의 부하선은 식 (8)과 같다.

$$I_D = +\frac{V_{DD}}{R_D} - \frac{V_{GS}}{R_D} \tag{8}$$

이 부하선을 실험 (4)에서 구한 $I_D - V_{GS}$ 그래프에 중첩해서 그리면 만나는 점이 발생한다. 이 점이 바이어스 조건이 된다. 두 그래프가 만나는 점을 찾아서 I_D, V_{DS} 값을 찾아라. 이렇게 구한 I_D, V_{DS} 값을 측정 결과와 비교하라.

I_D (부하선 해석 값) = _____

V_{GS} (부하선 해석 값) = _____

V_{DS} (부하선 해석 값) = _____

1. MOSFET에 채널이 형성되기 위한 조건은?

   ① $V_{GS} > V_{th}$ ② $V_{DS} > V_{OV}$

   ③ $I_D > 0$ ④ $I_G > 0$

2. MOSFET의 k_n = 1 A/V²이고 V_{OV} = 0.1 V일 때 드레인 전류는?

   ① 10 mA   ② 100 mA

   ③ 5 mA   ④ 50 mA

3. MOSFET의 세 가지 동작영역에 해당하지 않는 것은?

   ① 차단영역   ② 포화영역

   ③ 선형영역   ④ 능동영역

4. MOSFET이 포화영역에 있기 위한 조건으로 올바른 것은?

   ① $V_{GS} > V_{th}, V_{DS} > V_{OV}$ ② $V_{GS} > V_{th}, V_{DS} < V_{OV}$

   ③ $V_{GS} < V_{th}, V_{DS} > V_{OV}$ ④ $V_{GS} < V_{th}, V_{DS} < V_{OV}$

5. 어떤 MOSFET의 V_{OV} = 0.1 V일 때 I_D = 10 mA이다. V_{OV} = 0.2 V일 때 I_D는 얼마인가?

   ① 10 mA   ② 20 mA

   ③ 30 mA   ④ 40 mA

실험 13

MOSFET 공통 소스 증폭기

1 ▶ 개요

MOSFET 공통 소스 증폭기(Common-Source Amplifier)는 게이트누 신호 입력단자로, 드레인은 신호 출력단자로, 소스는 AC 공통단자, 즉, AC 그라운드로 사용되는 구조의 증폭기이다. 공통 소스 증폭기는 일반적으로 전압이득과 입력 임피던스가 크다는 장점이 있어 널리 사용되고 있다. 공통 소스 증폭기는 BJT 공통 에미터 증폭기에 해당하는 MOSFET 증폭기 구조이다.

본 실험에서는 MOSFET 공통 소스 증폭기의 기본 이론을 이해하고 SPICE 시뮬레이션과 실험을 통해 그 동작과 특성을 확인한다.

2 ▶ 배경 이론

그림 13-1은 공통 소스 증폭기 회로이다. 게이트 단자에 바이어스를 위한 DC 전압 V_{GS}와 AC 신호 v_{in}이 인가되고, 드레인 단자에서 출력전압 v_{out}을 발생시킨다. 소스는 DC 및 AC 신호에 대해 모두 접지되어 있어서 신호의 공통단자로 사용된다.

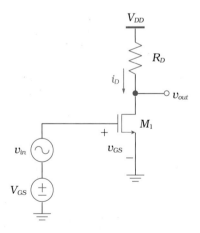

그림 13-1 공통 소스 증폭기 기본 회로

　　공통 소스 증폭기의 동작을 이해하기 위해 우선 v_{in}은 무시하고 V_{GS}만 인가되는 경우를 생각해보자. 주어진 회로의 V_{GS}에 대한 V_{DS}의 전달특성은 그림 13-2(a)와 같다. V_{GS}의 크기에 따라 총 세 가지 동작영역으로 구분된다. 첫째, V_{GS}가 V_{th} 이하일 때는 트랜지스터가 차단영역에 있게 되고, $I_D = 0$, $V_{DS} = V_{DD}$로 고정된다. 둘째, V_{GS}가 V_{th}보다 커지면 트랜지스터는 포화영역에 들어가게 되고, I_D는 V_{GS}에 따라 2차 함수 그래프 형태로 증가하게 되고 V_{DS}는 같은 모습으로 감소하게 된다. 셋째, V_{GS}가 더 커지고, V_{DS}는 더 작아지게 되어서, 결국 $V_{DS} < V_{GS} + V_{th}$가 되면 트랜지스터는 선형영역에 들어가게 된다.

　　이 회로가 증폭기로 동작하기 위해서는 트랜지스터가 포화영역의 중간 지점인 $V_{GS} = V_{GS,Q}$에 바이어스 되어야 한다. 이때 $V_{DS} = V_{DS,Q}$가 되며, 그 점이 바이어스점, 즉 Q점이 된다.

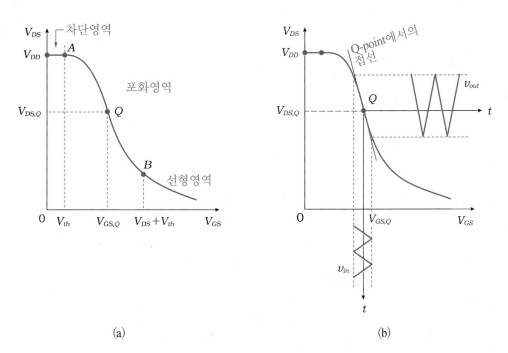

(a)　　　　　　　　　　　　　　　　(b)

그림 13-2　공통 소스 증폭기 전압 전달특성
(a) 바이어스점의 결정, (b) 입력신호의 증폭 동작

다음은 그림 13-2(b)와 같이, $V_{GS,Q}$ 바이어스 전압에 v_{in}의 작은 신호가 추가되는 경우를 생각해보자. $v_{GS} = V_{GS} + v_{in}$이므로, 드레인에서 출력신호 v_{out}은 입력신호가 증폭되어 발생하게 된다. 입력신호에 대한 출력신호의 증폭율은 Q점에서의 접선의 기울기로 결정되며, 위상은 반전됨을 알 수 있다.

그림 13-3은 공통 소스 증폭기의 소신호 등가회로이다. 여기서, g_m은 트랜지스터의 트랜스컨덕턴스, r_o는 트랜지스터의 출력저항으로서, 각각 다음 식과 같이 표현된다.

$$g_m = \frac{I_D}{(V_{GS} - V_{th})/2} = k_n (V_{GS} - V_{th}) \tag{1}$$

$$r_o = \frac{1}{\lambda I_D} \tag{2}$$

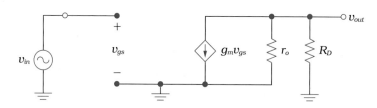

그림 13-3   공통 소스 증폭기의 소신호 등가회로

그림 13-4(a)는 바이어스를 포함한 공통 소스 증폭기의 전체 회로도이다. R_1, R_2를 이용한 전압분배 바이어스 회로를 채택하고 있다. C_1, C_2는 매우 큰 캐패시터로서, DC 신호는 차단(DC Blocking)하고 AC 신호는 감쇄없이 통과(AC Coupling)시키는 역할을 한다. C_3도 같은 역할을 하는데, 소스 단자의 AC 신호를 R_S를 우회해서 직접 공통 접지단자로 연결시키는 역할을 하므로 AC 바이패스 캐패시터(AC Bypass Capacitor)라고 한다.

주어진 증폭기의 소신호 등가회로는 그림 13-4(b)와 같으며, 전압이득은 식 (3)과 같다.

$$A_V = \frac{v_{out}}{v_{in}} = -\frac{R_1 \parallel R_2}{R_{sig} + R_1 \parallel R_2} g_m \left(r_o \parallel R_D \parallel R_L \right) \qquad (3)$$

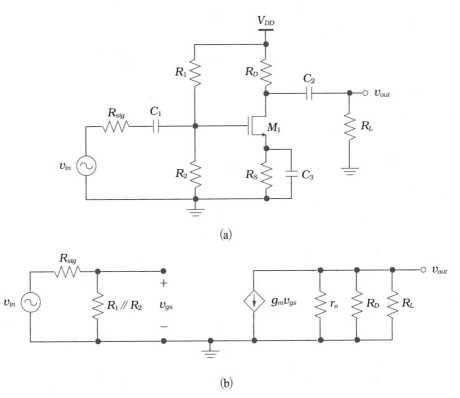

(a)

(b)

그림 13-4   바이어스를 포함한 공통 소스 증폭기

(a) 회로도, (b) 소신호 등가회로

3   필요 장비 및 부품

- 장비: DC 전원공급기, 멀티미터, 함수발생기, 오실로스코프

- 부품: MOSFET (2N7000), 저항 (5 kΩ, 10 kΩ, 50 kΩ, 100 kΩ), 캐패시터 (10 μF)

4 예비 리포트

(1) 아래 SPICE 시뮬레이션을 수행하고 그 결과를 보여라.

(2) 본 실험 순서에 따른 내용을 읽고 이론적인 계산이 필요한 부분은 결과를 구하라.

5 SPICE 시뮬레이션

(1) 그림 13-5는 본 실험의 공통 소스 증폭기 회로이다. 이 회로를 SPICE로 구성하라.

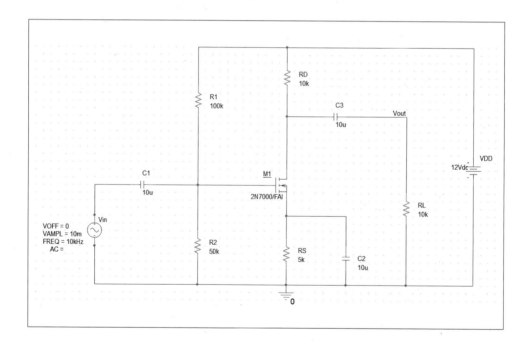

---

(2) DC 시뮬레이션을 수행하여 바이어스 조건을 구하라. 트랜지스터의 동작영역을 판단하고 그 근거를 기술하라.

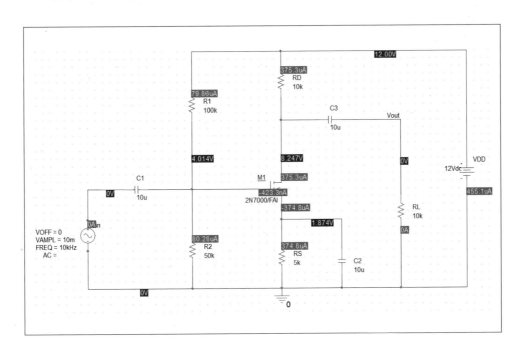

$$V_{DS} = \underline{\hspace{3cm}}$$

$$V_{GS} = \underline{\hspace{3cm}}$$

$$I_{DS} = \underline{\hspace{3cm}}$$

$$V_{th} = \underline{\hspace{3cm}}$$

트랜지스터 동작영역 및 근거 $= \underline{\hspace{3cm}}$

(3) 소신호 전압이득을 확인하기 위해 V_{in}에 주파수 10 kHz, 진폭 10 mV의 정현파를 인가하여 입력과 출력파형을 보여라.

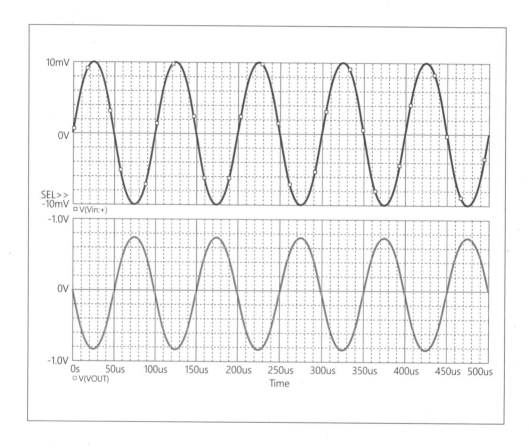

(4) 앞의 결과를 이용해 증폭기의 전압이득을 구하라.

입력신호 진폭 (V_{in})= _____

출력신호 진폭 (V_{out})= _____

전압이득 (V_{out}/V_{in})= _____

6 실험 내용

■ 바이어스 및 전압이득

그림 13-5는 바이어스 회로를 포함한 공통 소스 증폭기 실험 회로이다.

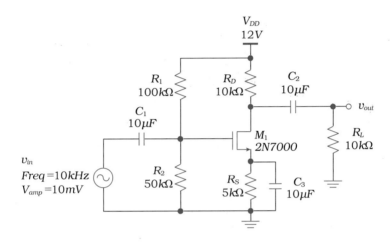

그림 13-5   공통 소스 증폭기 실험 회로

(1) 주어진 회로를 브레드보드에 구성하라. 전원전압은 아직 인가하지 않는다.

(2) 전원전압을 인가하고 바이어스 조건을 측정하라. 트랜지스터가 포화영역에 바이어스 되어 있는가? 그 근거는 무엇인가?

※ 주의: 본 실험에서 증폭기가 적절히 동작하기 위해서는. 드레인 전류가 400 μA 정도가 되어야 한다. 만약 측정된 드레인 전류가 400 μA에서 20 % 이상 차이가 있다면. R_s값을 조정하여 드레인 전류가 400 μA 정도가 되도록 회로를 변경한 후 아래 실험을 진행하라.

V_{DS} (측정값) = _____

V_{GS} (측정값) = _____

I_D (측정값) = _____

트랜지스터 동작영역 및 근거 = _____

(3) 소신호 전압이득을 보기 위해 입력에 주파수 10 kHz, 진폭 10 mV의 정현파 신호를 인가한다. 오실로스코프를 이용하여 입력신호와 출력신호의 파형을 측정하고 기록하라.

(4) 상기 측정 결과를 이용하여 증폭기의 전압이득을 구하라

$$V_{in} \text{ (입력신호 크기)} = \underline{\hspace{3cm}}$$

$$V_{out} \text{ (출력신호 크기)} = \underline{\hspace{3cm}}$$

$$A_V \text{ } (V_{out}/V_{in}) = \underline{\hspace{3cm}}$$

(5) 앞선 MOSFET 트랜지스터 특성 실험에서 문턱 전압 V_{th}을 구하였다. 그 값을 이용하여 MOSFET의 오버드라이브 전압 V_{OV}과 트랜스컨덕턴스 g_m 값을 계산하라.

$$V_{OV} \text{ (계산값)} = \underline{\hspace{3cm}}$$

$$g_m \text{ (계산값)} = \underline{\hspace{3cm}}$$

(6) 주어진 공통 소스 증폭기의 소신호 등가회로를 그리고 이론적인 전압이득을 구하라.

A_V (이론값) = _____

(7) 전압이득의 이론값과 측정값을 비교하라. 차이가 난다면 그 이유는 무엇인가?

■ 입력 임피던스

(8) 증폭기의 입력 임피던스를 측정하기 위해 그림 13-6과 같이 입력단자에 저항 R_x = 10 kΩ을 직렬로 추가 연결하라.

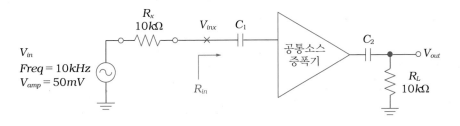

그림 13-6　입력 임피던스 측정을 위한 실험 회로

(9) 입력신호로 주파수가 10 kHz이고, 진폭이 50 mV인 정현파를 인가하라. 출력파형을 오실로스코프에서 관찰하라. 만약 출력파형에 왜곡이 있다면 왜곡이 사라질 때까지 입력신호의 크기를 줄여서 실험을 진행하라. 이때 R_x와 C_1 사이의 전압 V_{inx}를 측정하라.

$$V_{in} \text{ (측정값)} = \underline{\hspace{2cm}}$$

$$V_{inx} \text{ (측정값)} = \underline{\hspace{2cm}}$$

(10) AC 주파수에서 C_1의 임피던스를 무시할 수 있을 때, 증폭기의 입력 임피던스 R_{in}은 V_{in}과 V_{inx}를 이용하여 다음과 같이 구할 수 있다. 아래 식을 이용하여 R_{in}의 값을 구하라.

$$V_{inx} = \frac{R_{in}}{R_{in} + R_x} V_{in} \rightarrow R_{in} = \frac{V_{inx}}{V_{in} - V_{inx}} R_x \tag{4}$$

$$R_{in} \text{ (측정값)} = \underline{\hspace{2cm}}$$

(11) 공통 소스 증폭기의 입력 임피던스는 이론적으로 얼마인가? 이를 측정값과 비교하라. 차이가 있다면 어떤 이유가 있는지 생각해보라.

$$R_{in} \text{ (이론값)} = \underline{\hspace{2cm}}$$

■ 출력 임피던스

출력 임피던스를 측정하기 위해 그림 13-7과 같이 주어진 회로를 이용한다. 본 증폭기의 출력 임피던스 R_{out}은 R_L을 제외하고 MOSFET의 드레인 단자에서 보는 저항을 나타낸다.

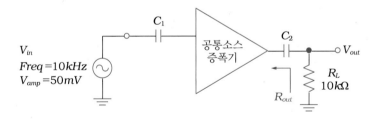

그림 13-7   출력 임피던스 측정을 위한 회로

(12) 진폭 50 mV, 주파수 10 kHz인 입력신호 V_{in}에 대해 출력신호 V_{out}을 측정하라. 출력파형에 왜곡이 없는 것을 확인하라. 만약 출력파형에 왜곡이 있다면 왜곡이 사라질 때까지 입력신호의 진폭을 줄여서 실험을 진행하라. 이때 출력신호의 크기를 V_{RL}이라 하자.

$$V_{RL} = \underline{\hspace{3cm}}$$

(13) R_L을 제거하고 V_{out}을 다시 측정하라. 이때 출력신호의 크기를 V_{noRL}이라 하자.

$$V_{noRL} = \underline{\hspace{3cm}}$$

(14) V_{RL}과 V_{noRL}을 이용해서 R_{out}은 다음 관계식으로 구할 수 있음을 증명하고, 상기 측정 결과를 이용하여 R_{out} 값을 구하라.

$$V_{RL} = \frac{R_L}{R_{out} + R_L} V_{noRL} \rightarrow R_{out} = \frac{V_{noRL} - V_{RL}}{V_{RL}} R_L \tag{5}$$

$$R_{out} \text{ (측정값)} = \underline{\hspace{3cm}}$$

(15) 주어진 공통 소스 증폭기의 출력 임피던스 R_{out}은 이론적으로 얼마인가? 이를 측정값과 비교하라. 차이가 있다면 어떤 이유가 있는지 생각해보라.

$$R_{out} \text{ (이론값)} = \underline{\hspace{3cm}}$$

1. 공통 소스 증폭기가 동작하기 위한 가장 적절한 바이어스 조건은?

   ① 차단영역   ② 포화영역

   ③ 선형영역   ④ 능동영역

2. 공통 소스 증폭기의 고유전압이득(Intrinsic Voltage Gain)으로 맞는 것은?

   ① $g_m R_C$ ② $g_m r_o$

   ③ $g_m (R_C /\!/ r_o)$ ④ ∞

3. 공통 소스 증폭기에서 입력신호의 전압이 증가할 때 발생하는 현상이 아닌 것은?

   ① 드레인 전류가 증가한다.   ② 드레인 전압이 감소한다.

   ③ 게이트 전류가 증가한다.   ④ V_{GS}가 증가한다.

4. 일반적인 공통 소스 증폭기에서 전압이득을 증가시키는 방법으로 올바르지 않은 것은?

   ① 드레인 전류를 증가시킨다.

   ② 드레인 단자에 연결된 저항 R_D를 증가시킨다.

   ③ 드레인 단자의 DC 바이어스 전압을 증가시킨다.

   ④ 소스 디제너레이션 저항을 AC 바이패스 시킨다.

5. 일반적인 공통 소스 증폭기에서 MOSFET의 (W/L)을 두 배로 증가시켰다. MOSFET은 여전히 포화영역에 바이어스 되어 있다고 가정하고, 이 때 발생할 수 있는 현상이 아닌 것은?

   ① 드레인 전류가 감소한다.   ② 트랜스컨덕턴스가 증가한다.

   ③ 전압이득이 증가한다.   ④ 출력신호의 왜곡이 발생한다.

실험 14

MOSFET 공통 게이트 증폭기

1 ▶ 개요

MOSFET 공통 게이트 증폭기(Common−Gate Amplifier)는 게이트 단자를 공통 접지단 자로 사용하면서, 입력신호는 소스 단자에 인가하고, 출력신호는 드레인 단자에서 뽑아내는 구조의 증폭기이다. 공통 게이트 증폭기는 공통 소스 증폭기와 같이 큰 전압이 득을 갖지만, 공통 소스 증폭기에 비해 현저히 작은 입력 임피던스를 갖는 특징이 있다. 공통 게이트 증폭기는 BJT 공통 베이스 증폭기에 해당하는 MOSFET 증폭기 구조이다.

본 실험에서는 MOSFET 공통 게이트 증폭기의 기본 이론을 이해하고 SPICE 시뮬레이션과 실험을 통해 회로의 동작과 특성을 확인한다.

2 ▶ 배경 이론

그림 14−1(a)는 MOSFET 공통 게이트 증폭기의 기본 회로이다. 입력신호 v_{in}이 소스 단자로 인가되고 있고, 출력신호 v_{out}은 드레인 단자로 나가고 있다. 게이트 단자에는 적절한 바이어스를 위해 DC 전압 V_b가 인가되고 있는데, 이는 AC 신호에 대해서는 접지로 보이기 때문에 증폭기의 공통 접지단자가 된다.

이 회로의 소신호 등가회로는 그림 14−1(b)와 같다. 소신호 등가회로를 이용하여 전압이득을 구하면 다음과 같다.

$$A_V = +\frac{R_D}{R_{sig} + \dfrac{1}{g_m}} \tag{1}$$

만약 입력신호원의 전원저항 R_{sig}가 0이라면, 전압이득은 아래와 같다.

$$A_V = +g_m R_D \tag{2}$$

식 (2)로부터 공통 게이트 증폭기 전압이득의 크기는 공통 소스 증폭기와 동일함을 알 수 있다. 한 가지 다른 점은 소신호 전압이득의 부호가 '+'라는 것이다. 이는 출력신호의 위상이 입력신호의 위상과 동일함을 의미한다.

그림 14-1(a)에 보이듯 공통 게이트 증폭기의 입력 임피던스는 $1/g_m$이다. 통상적으로 g_m은 수십-수백 mS이기 때문에, 공통 게이트 증폭기의 입력 임피던스는 수십-수백 Ω이 된다. 공통 소스 증폭기의 입력 임피던스가 무한대에 가까운 매우 큰 값임을 생각해본다면, 공통 게이트 증폭기의 입력 임피던스는 상대적으로 작은 값임을 알 수 있다. 이렇게 작은 입력 임피던스는 일반적으로 수십 내지 수백 Ω의 작은 전원저항값을 갖는 신호원으로 구동할 때 임피던스 정합에 유리한 장점이 있다.

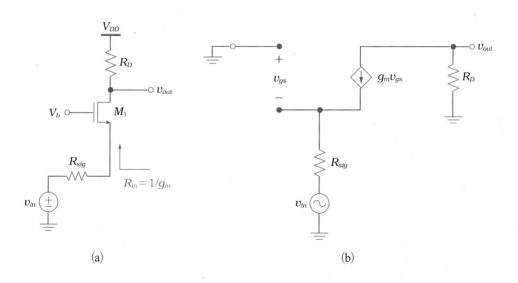

그림 14-1   공통 게이트 증폭기
(a) 기본 회로, (b) 소신호 등가회로

그림 14-2(a)는 바이어스 회로를 포함한 일반적인 공통 게이트 증폭기의 전체 회로이다. 게이트 전압은 R_1, R_2에 의한 전압분배 바이어스 방식으로 공급된다. 게이트에 연결된 C_b는 게이트 단자를 AC 접지시키는 역할을 한다. C_c는 AC 커플링 캐패시터이

다. R_{sig}는 입력신호원의 전원저항이고, R_L은 부하저항이다. 그림 14-2(b)는 이 회로의 소신호 등가회로이다. MOSFET의 출력저항 r_o는 무시한 경우이다. 이로부터 전압이득을 구하면 다음과 같다.

$$A_V = + \frac{R_S}{R_{sig} + R_S} \cdot \frac{R_D \| R_L}{\left(R_{sig} \| R_S\right) + \dfrac{1}{g_m}} \tag{3}$$

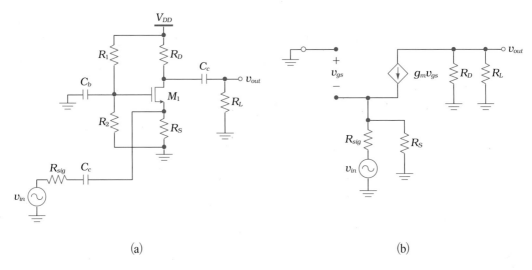

(a)   (b)

그림 14-2   바이어스를 포함한 공통 게이트 증폭기
(a) 회로도, (b) 소신호 등가회로

3 필요 장비 및 부품

- 장비: DC 전원공급기, 멀티미터, 함수발생기, 오실로스코프
- 부품: MOSFET (2N7000), 저항 (1 kΩ, 3 kΩ, 10 kΩ, 50 kΩ, 100 kΩ), 캐패시터 (10 μF)

4 　예비 리포트

(1) 그림 14-2(b) 소신호 등가회로를 MOSFET의 출력저항 r_o를 포함해서 다시 그리고, 전압이득 및 입출력 임피던스를 구하라.

(2) SPICE 시뮬레이션 과제를 수행하고 그 결과를 보여라.

(3) 본 실험 순서에 따른 내용을 읽고 이론적인 계산이 필요한 부분은 결과를 구하라.

5 　SPICE 시뮬레이션

(1) 그림 14-3 실험 내용의 공통 게이트 증폭기 실험 회로를 SPICE에서 구성하라.

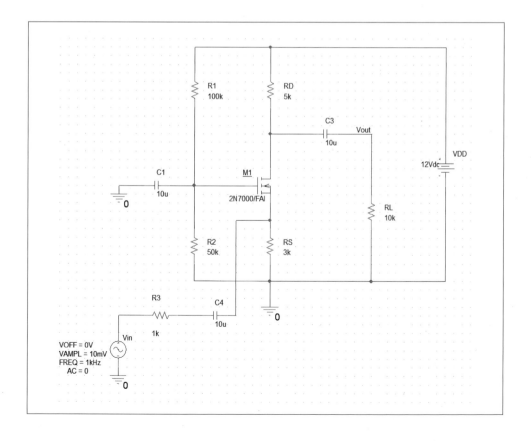

(2) DC 시뮬레이션을 수행하고 바이어스 조건을 확인하라.

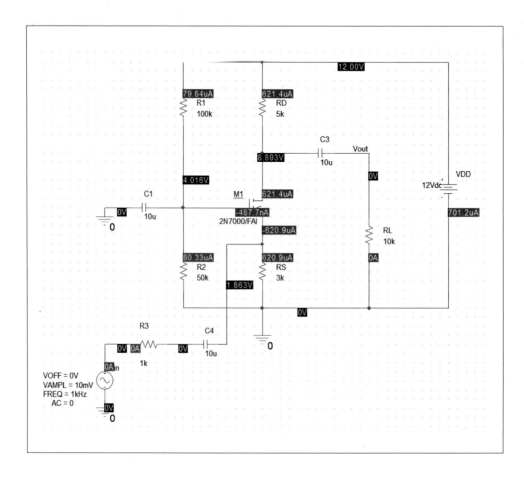

(3) 입력신호로 주파수 1 kHz, 진폭 10 mV 정현파를 인가하고, 5 ms 동안 시간 영역 시뮬레이션을 수행하여 입출력 신호의 전압 파형을 보여라.

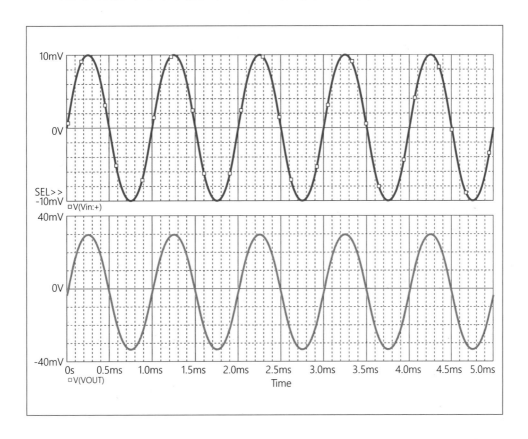

(4) 앞서 구한 입출력파형으로부터 전압이득을 계산하라.

입력신호 진폭 = _____

출력신호 진폭 = _____

전압이득 (V_{out}/V_{in}) = _____

(5) 시뮬레이션 결과로부터 입출력파형의 위상차를 구하라.

입출력파형의 위상차 (degree) = _____

(6) 입력신호의 진폭을 100 mV에서 1 V까지 100 mV 간격으로 증가시켜가면서 출력파형을 확인하라. 입력신호가 커짐에 따라 파형의 왜곡이 발생하는 것을 확인하라.

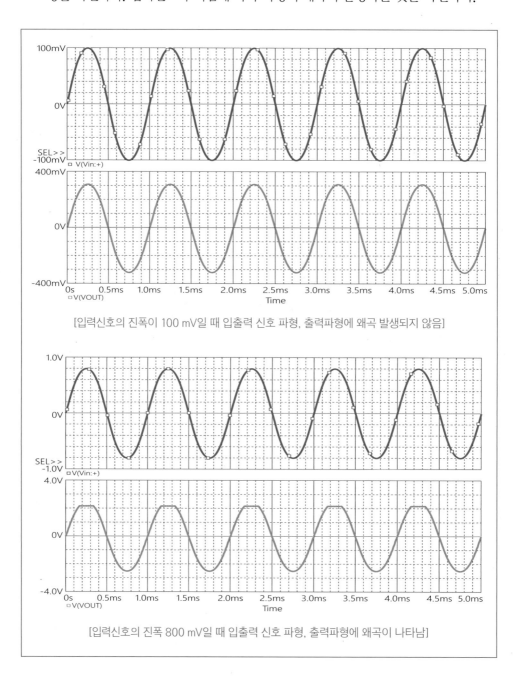

[입력신호의 진폭이 100 mV일 때 입출력 신호 파형, 출력파형에 왜곡 발생되지 않음]

[입력신호의 진폭 800 mV일 때 입출력 신호 파형, 출력파형에 왜곡이 나타남]

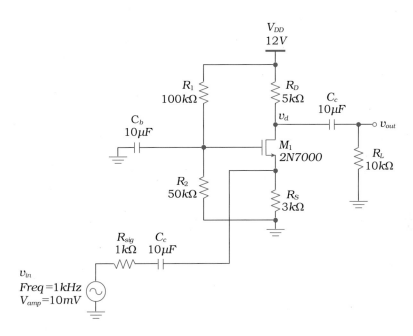

그림 14-3 공통 게이트 증폭기 실험 회로

(1) 그림 14-3은 공통 게이트 증폭기 실험 회로이다. 주어진 회로를 브레드보드에 구
     성하라.

(2) 전원전압 V_{DD}를 인가하고 바이어스 조건을 측정하라.

     ※ 주의: 본 회로는 적절한 동작을 위해서 드레인 전류가 600 μA 정도로 설계되었다. 만약 측정된 드레인 전
        류가 600 μA에서 20 % 이상 차이가 있다면, R_S를 변경하여 드레인 전류가 600 μA 정도가 되도록 만든 후
        실험을 진행한다.

              드레인, 소스, 게이트 노드 전압 (V_D, V_S, V_G) = _____

                   게이트–소스 전압 (V_{GS}) = _____

게이트–소스 전압 (V_{DS}) = _____

드레인 전류 (I_D) = _____

(3) MOSFET은 포화영역에 바이어스 되어 있는가?

MOSFET 동작영역 및 근거 = _____, _____

(4) 입력신호로 1 kHz 주파수, 10 mV 진폭을 갖는 정현파를 인가하고, 입력파형과 출력파형을 측정하라.

(5) 측정 결과로부터 전압이득을 구하라.

입력신호 크기 (V_{in}) = _____

출력신호 크기 (V_{out}) = _____

전압이득 (A_V) = _____

(6) 입출력 측정 파형으로부터 입출력 신호의 위상차를 측정하라. 위상차를 측정하기 위해서는 오실로스코프의 2개 측정 채널을 이용하여 입출력파형을 동시에 측정하여야 한다. 측정된 위상차는 이론적 예상치와 일치하는가?

입출력 위상차 (측정값) = _____

입출력 위상차 (이론값) = _____

(7) 주어진 공통 게이트 증폭기의 소신호 등가회로를 그리고 이론적인 전압이득을 구하라.

전압이득 (이론값) = _____

(8) 소신호 등가회로 해석을 통한 이론적인 전압이득과 측정에 의한 전압이득 값을 비교하라. 차이가 있다면 왜 그런지 생각해보라.

(9) R_{sig} = 1 kΩ 저항을 제거하고, 입출력파형을 다시 측정하고, 새로운 전압이득을 구하라.

(10) R_{sig} = 1 kΩ을 제거하기 전에 비해서 전압이득이 변하였는가? 이러한 변화를 이론적으로 예측한 값과 비교하라.

(11) 다시 R_{sig} = 1 kΩ 저항을 연결하고, 앞에서와 같이 1 kHz 주파수를 갖고, 10 mV 진폭을 갖는 정현파를 입력신호로 인가하라. 드레인에서의 출력파형 v_d를 측정하고 기록하라. 이때, 오실로스코프를 DC 커플링 모드로 설정하여 DC 레벨과 AC 파형이 동시에 측정될 수 있도록 하라.

(12) 앞의 출력신호가 발생하는 상태에서, 입력신호의 크기를 서서히 증가시키면서, 드레인에서의 출력파형 v_d의 변화를 관찰하라. 이때, v_d의 파형이 일그러지기 시작하는 입력신호의 크기를 찾아라. 이후, 입력신호의 진폭을 더욱 증가시키면서 v_d의 파형이 어떻게 일그러지는가를 오실로스코프로 확인하고 기록하라.

(13) 주어진 회로에서 R_D, R_S 저항만을 변경하여 전압이득을 20 % 이상 향상시키기를 원한다. 이를 위해서는 두 개의 저항 모두, 또는 어느 하나만 변경할 수 있다. 전압 이득을 향상시킨 새로운 회로를 설계하라. R_D를 증가시켰다면 그 이유는 무엇인가? R_S를 감소시켰다면 그 이유는 무엇인가? 새롭게 설계한 증폭기를 브레드보드에 구성하고 실험을 통해 성능을 확인하라.

새로운 R_D 값 (R_D) = _____

새로운 R_S 값 (R_S) = _____

새로운 전압이득 값 (A_V) = _____

1. 공통 게이트 증폭기의 입력단은?

    ① 소스   ② 드레인

    ③ 게이트   ④ 바디

2. 공통 게이트 증폭기의 고유전압이득(Intrinsic Voltage Gain)으로 맞는 것은?

    ① $g_m R_C$ ② $g_m r_o$

    ③ $g_m(R_C /\!/ r_o)$ ④ ∞

3. 공통 게이트 증폭기 기본 회로의 입력 임피던스는?

    ① $1/g_m$ ② r_e

    ③ R_S ④ ∞

4. 공통 게이트 증폭기에서 입력신호의 전압이 증가할 때 발생하는 현상이 아닌 것은?

    ① 드레인 전류가 감소한다.   ② 드레인 전압이 증가한다.

    ③ V_{DS}가 증가한다.   ④ V_{GS}가 증가한다.

5. 일반적인 공통 게이트 증폭기에서 전압이득을 증가시키는 방법으로 올바르지 않은 것은?

    ① 드레인 전류를 증가시킨다.

    ② 드레인 단자에 연결된 저항 R_D를 증가시킨다.

    ③ V_{GS} 바이어스 전압을 증가시킨다.

    ④ 내부 전원 저항이 큰 입력신호원을 사용한다.

실험 15

MOSFET
소스 팔로어

1 개요

MOSFET 소스 팔로어(Source Follower)는 드레인 단자를 신호의 공통 접지단자로 사용하면서, 입력신호는 게이트 단자로 인가하고, 출력신호는 소스 단자에서 뽑아내는 구조의 증폭기이다. 소스 팔로어는 앞선 공통 소스 및 공통 게이트 증폭기와 달리 전압이득이 1보다 작은 값을 갖는다. 하지만 입력 임피던스가 크고 출력 임피던스가 작아서 시스템의 최종 출력단에서 부하의 크기에 상관없이 출력신호를 안정적으로 전달하기 위한 출력단 구동 회로(Output Driving Stage)에 적합하다. 소스 팔로어는 BJT 에미터 팔로어에 해당하는 MOSFET 증폭기 구조이다.

본 실험에서는 MOSFET 소스 팔로어 회로의 기본 이론을 이해하고 SPICE 시뮬레이션과 실험을 통해 그 동작과 특성을 확인한다.

2 배경 이론

그림 15-1(a)는 소스 팔로어 기본 회로이다. 게이트 단자에 입력신호를 인가하고 소스 단자에서 출력신호를 뽑아낸다. 드레인 단자는 DC 전원전압만을 인가하기 때문에 AC 그라운드로 동작하게 된다. 따라서 드레인 단자가 AC 신호의 공통 접지단자이다. 이 때문에 소스 팔로어는 공통 드레인 증폭기(Common-Drain Amplifier)라 부르기도 한다.

소스 팔로어의 소신호 등가회로는 그림 15-1(b)와 같으며 전압이득은 다음과 같다.

$$A_V = +\frac{r_O \parallel R_L}{\dfrac{1}{g_m} + r_O \parallel R_L} \tag{1}$$

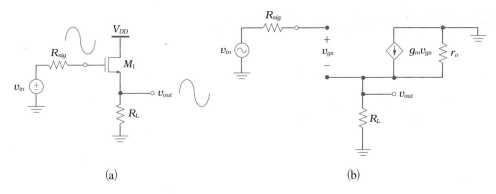

그림 15-1   소스 팔로어 기본 회로
(a) 회로도, (b) 소신호 등가회로

이 식으로부터 소스 팔로어의 전압이득은 언제나 1보다 작음을 알 수 있다. 만약, MOSFET의 g_m이 매우 커서, $1/g_m$이 $r_o \| R_L$보다 매우 작다면, 전압이득은 거의 1에 가까워짐을 알 수 있다. 또한, 전압이득의 부호가 '+'이므로, 소스 팔로어의 출력신호는 입력신호와 위상이 동일하고 크기가 거의 같음을 알 수 있다. 따라서, 그림 15-1(a)와 같이 출력신호는 입력신호와 거의 비슷한 모양으로 따라가게 된다. 이러한 특성 때문에 이 회로가 소스 팔로어(Source Follower)라고 불린다.

그림 15-2(a)는 바이어스를 포함한 소스 팔로어 전체 회로이다. R_1, R_2에 의한 전압분배 바이어스 방식으로 게이트 바이어스 전압을 공급하고 있다. C_c는 AC 커플링 캐패시터이다. 이 회로의 소신호 등가회로는 그림 15-2(b)와 같다. 소신호 등가회로 해석을 통해서 전압이득을 구하면 다음과 같다.

$$A_V = + \frac{\left(R_1 \| R_2\right)}{R_{sig} + \left(R_1 \| R_2\right)} \cdot \frac{\left(r_O \| R_S \| R_L\right)}{\dfrac{1}{g_m} + \left(r_O \| R_S \| R_L\right)} \tag{2}$$

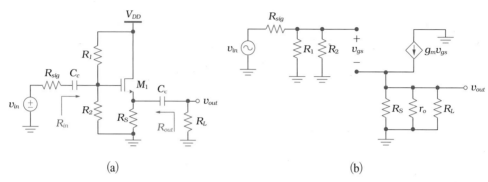

그림 15-2 바이어스를 포함한 소스 팔로어
(a) 회로도, (b) 소신호 등가회로

3 필요 장비 및 부품

- 장비: DC 전원공급기, 멀티미터, 함수발생기, 오실로스코프
- 부품: MOSFET (2N7000), 저항 (1 kΩ, 3 kΩ, 10 kΩ, 50 kΩ, 100 kΩ), 캐패시터 (10 μF)

4 예비 리포트

(1) 그림 15-2(a)에 표시된 소스 팔로어의 입력 임피던스 R_{in}과 출력 임피던스 R_{out}을 소신호 등가회로 해석을 통해 구하라.

(2) 그림 15-2(a)의 소스 팔로어 회로에 대해 다음 질문에 답하라. ① 전압이득을 최대한 1에 가까운 큰 값을 얻기 위해서 회로 설계 시 어떻게 해야 하는가? ② 입력 임피던스를 크게 하기 위해서 회로 설계 시 어떻게 해야 하는가? ③ 출력 임피던스를 작게 하기 위해서는 회로 설계 시 어떻게 해야 하는가?

(3) SPICE 시뮬레이션 과제를 수행하고 그 결과를 보여라.

(4) 본 실험 순서에 따른 내용을 읽고 이론적인 계산이 필요한 부분은 결과를 구하라.

5 ▶ SPICE 시뮬레이션

(1) 그림 15-3 소스 팔로어 실험 회로를 SPICE에서 구성하라.

(2) DC 시뮬레이션을 통해 DC 바이어스 조건을 확인하라.

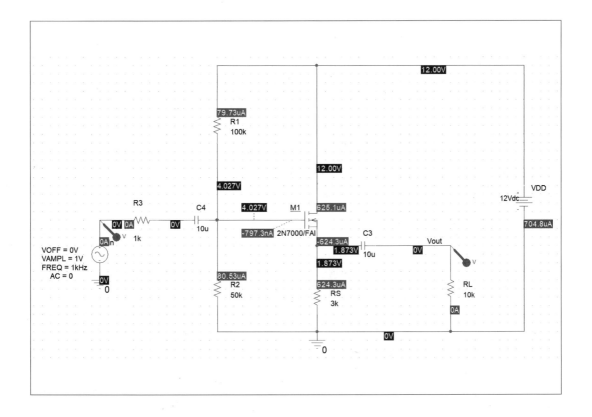

(3) 입력신호에 1 kHz 주파수, 1 V 진폭을 갖는 정현파를 인가하고, 5 ms 동안 시간
영역 시뮬레이션을 수행하고, 입출력신호의 전압 파형을 보여라.

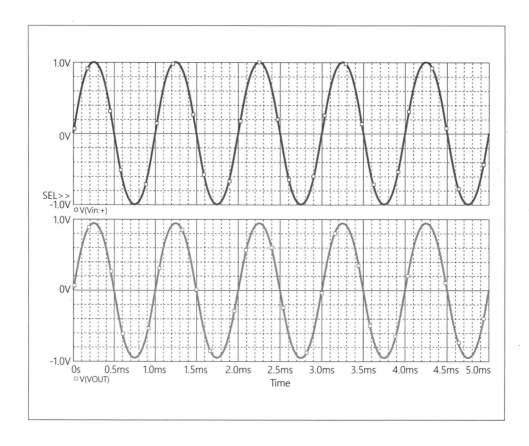

(4) 앞서 얻은 시뮬레이션 결과를 이용하여 전압이득과 입출력 신호의 위상차를 구하라.

입출력 신호 크기 (V_{in}, V_{out}) = _____, _____

전압이득 (V_{out}/V_{in}) = _____

입출력 신호의 위상차 (degree) = _____

(5) 입력신호의 진폭을 1 V에서 0.2 V 간격으로 증가시켜가면서 출력신호 파형에 왜곡이 발생하는지 확인하라. 출력파형의 왜곡은 진폭이 얼마일 때부터 보이는가? 출력파형의 왜곡이 발생하는 이유는 무엇인가?

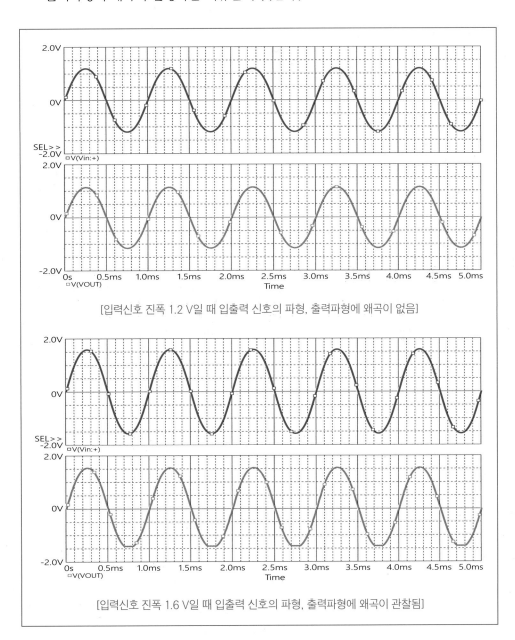

[입력신호 진폭 1.2 V일 때 입출력 신호의 파형, 출력파형에 왜곡이 없음]

[입력신호 진폭 1.6 V일 때 입출력 신호의 파형, 출력파형에 왜곡이 관찰됨]

6 ⟩ 실험 내용

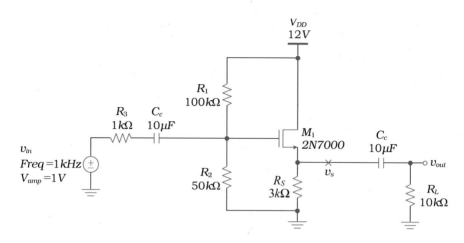

그림 15-3   소스 팔로어 실험 회로

(1) 그림 15-3은 소스 팔로어 실험 회로이다. 주어진 회로를 브레드보드에 구성하라.

(2) V_{DD}를 인가하고 회로의 바이어스 조건을 측정하라.

※ 주의: 본 회로는 적절한 동작을 위해서 드레인 전류가 600 μA 정도로 설계되었다. 만약 측정된 드레인 전
류가 600 μA에서 20 % 이상 차이가 있다면, R_S를 조정하여 드레인 전류가 600 μA 정도가 되도록 회로를
수정한 후 실험을 진행한다.

드레인, 소스, 게이트 노드 전압 (V_D, V_S, V_G) = ＿＿＿＿＿＿＿

게이트–소스 전압 (V_{GS}) = ＿＿＿＿＿＿

드레인–소스 전압 (V_{DS}) = ＿＿＿＿＿＿

드레인 전류 (I_D) = ＿＿＿＿＿＿

R_1, R_2에 흐르는 전류 = ＿＿＿＿＿＿

(3) 위의 측정 결과로부터 MOSFET이 포화영역에 바이어스 되어 있음을 확인하라.

MOSFET 동작영역 및 근거 = _____, _____

(4) 입력에 주파수 1 kHz, 진폭 1 V 정현파 신호를 인가하라. 오실로스코프를 이용하여 입력신호와 출력신호를 측정하고 기록하라.

(5) 위에서 얻은 측정 결과를 이용하여 소스 팔로어의 전압이득 및 입출력 신호의 위상차를 구하라. 이 회로는 소스 팔로어로서 잘 동작하고 있는가?

입력신호 크기 (V_{in}) = _____

출력신호 크기 (V_{out}) = _____

전압이득 (A_V) = _____

입출력 신호의 위상차 (degree) = _____

(6) 주어진 소스 팔로어의 소신호 등가회로를 그리고, 이론적인 전압이득을 구하라. 전압이득의 이론값과 측정값을 비교하라. 두 값의 차이가 있다면 어떤 이유가 있는가?

전압이득 (이론값) = _____

전압이득 (측정값) = _____

(7) 입력신호를 삼각파로 변경하여 출력신호를 측정하라. 입력신호가 정현파일 때와 비교해서 출력신호는 입력신호를 얼마나 잘 따라가는가?

(8) 입력신호를 구형파로 변경하여 출력신호를 측정하라. 입력신호가 정현파 및 삼각
파일 때와 비교해서 출력신호는 입력신호를 얼마나 잘 따라가는가?

(9) 입력신호를 정현파로 변경하라. 입력신호의 진폭을 증가시키면서 출력파형의 변화
를 관찰하라. 출력신호의 진폭이 커짐에 따라 파형이 일그러지는 것이 관찰될 것이
다. 출력파형이 일그러지기 시작할 때의 입력신호와 출력신호의 크기를 구하라.

왜곡이 시작되는 입력신호 크기 (V) = _____

왜곡이 시작되는 출력신호 크기 (V) = _____

(10) 출력파형의 왜곡이 발생하는 조건이 시뮬레이션을 통해 확인한 조건과 비슷한가?

1. 소스 팔로어의 출력단은?

    ① 소스   ② 드레인

    ③ 게이트   ④ 바디

2. 소스 팔로어로 얻을 수 있는 전압이득의 최댓값은?

    ① 0.9   ② 1

    ③ 10   ④ ∞

3. 소스 팔로어 기본 회로의 입력 임피던스는?

    ① $1/g_m$ ② r_e

    ③ R_s ④ ∞

4. 소스 팔로어는 큰 부하를 구동하는 출력단으로 많이 사용된다. 그 이유를 올바르게 설명한
    것은?

    ① 이득이 작다.   ② 주파수 대역폭이 크다.

    ③ 입력 임피던스가 크다.   ④ 출력 임피던스가 작다.

5. 다음 중 소스 팔로어의 이득이 감소하는 경우는 언제인가?

    ① 바이어스 전류가 증가할 때

    ② MOSFET 출력저항 r_o가 증가할 때

    ③ 부하저항이 작아졌을 때

    ④ 드레인 전원전압이 감소했을 때

실험 16

MOSFET
다단 증폭기

1 ▶ 개요

공통 소스 또는 공통 게이트 증폭기와 같이 하나의 MOSFET를 이용한 1단 증폭기 (Single-Stage Amplifier)만으로는 시스템에서 요구하는 모든 성능을 얻을 수 없을 때 가 있다. 이득이 부족할 수도 있고, 회로의 구조상 입출력 임피던스를 원하는 값으로 구현할 수 없는 경우가 발생한다. 이러한 문제는 여러 개의 1단 증폭기를 직렬로 연결 하여 다단 증폭기(Multi-Stage Amplifier)를 구성함으로써 해결할 수 있다.

본 실험에서는 다단 증폭기의 한 예로서 MOSFET 2단 증폭기(Two-Stage Amplifier)에 대해서 회로의 구조를 이해하고 SPICE 시뮬레이션과 실험을 통하여 그 동작과 특성을 확인한다.

2 ▶ 배경 이론

그림 16-1은 일반적인 1단 증폭기의 등가회로이다. 증폭기는 입력 임피던스 R_i, 출력 임피던스 R_o, 내부전압이득 a_v를 갖는 것으로 모델링되어 있다. 이 증폭기에 전원저항 R_{sig}를 갖는 입력신호 v_{in}이 인가되고, 출력에서 부하저항 R_L을 구동할 때 전체 전압이 득은 식 (1)과 같다.

$$\frac{v_{out}}{v_{in}} = \frac{R_i}{R_{sig} + R_i} a_v \frac{R_L}{R_o + R_L} \tag{1}$$

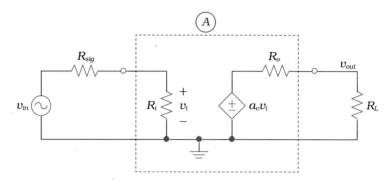

그림 16-1　1단 증폭기 등가회로

다음은 1단 증폭기 두 개를 연결한 2단 증폭기에 대해 생각해보자. 그림 16-2는 두 개의 증폭기 A_1과 A_2를 직렬로 연결한 2단 증폭기이다. 개별 증폭기의 입력 임피던스, 출력 임피던스, 내부 전압이득은 그림에 주어진 바와 같다.

우선 입력신호 v_{in}에서 첫째 단 증폭기의 출력 v_{o1}까지의 전압이득을 구하면 다음과 같다.

$$\frac{v_{o1}}{v_{in}} = \frac{R_{i1}}{R_{sig} + R_{i1}} a_{v1} \frac{R_{i2}}{R_{o1} + R_{i2}} \tag{2}$$

식 (2)는 식 (1)과 동일한 형태를 가지고 있다. 한 가지 유의할 점은 첫째 단 증폭기가 둘째 단 증폭기의 입력 임피던스 R_{i2}를 부하로 보고 있다는 점이다. 따라서, 식 (1)에서

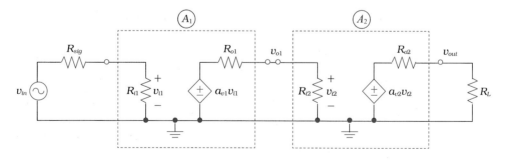

그림 16-2　2단 증폭기 등가회로

부하저항 R_L에 해당하는 변수가 R_{i2}로 대체되었음을 확인할 수 있다.

다음, 첫째 단 출력 v_{o1}에서 최종 출력 v_{out}까지의 전압이득은 아래와 같다.

$$\frac{v_{out}}{v_{o1}} = a_{v2} \frac{R_L}{R_{o2} + R_L} \tag{3}$$

식 (2)와 (3)을 이용하여 전체 전압이득을 구하면 다음과 같다.

$$\frac{v_{out}}{v_{in}} = \frac{R_{i1}}{R_{sig} + R_{i1}} a_{v1} \frac{R_{i2}}{R_{o1} + R_{i2}} a_{v2} \frac{R_L}{R_{o2} + R_L} \tag{4}$$

지금까지의 논의로부터 다음을 알 수 있다. 다단 증폭기에서는 뒤에 연결된 증폭기의 입력저항이 앞에 있는 증폭기에 대해 부하저항으로 보이는 부하 효과(Loading effect)가 존재한다는 것이다. 따라서, 다단 증폭기의 전압이득을 구할 때는 각 단의 입출력저항을 정확히 알아서 이를 전압이득 계산에 정확히 반영해야 한다.

부하 효과를 고려하는 또 다른 방법이 있다. 이 방법은 앞에 소개한 방법에 비해 계산이 간편한 경우가 많아 자주 사용된다. 우선 첫째 단 이득을 구할 때 둘째 단의 입력저항에 의한 부하 효과를 무시한다. 즉, 그림 16-3(a)와 같은 구성에서 첫째 단의 전압이득을 구하면 다음과 같다.

$$\frac{v'_{o1}}{v_{in}} = \frac{R_{i1}}{R_{sig} + R_{i1}} a_{v1} \tag{5}$$

다음은 그림 16-3(b)와 같이 첫째 단 출력 v'_{o1}이 둘째 단의 입력으로 인가되는 상황으로 생각하고 둘째 단의 이득을 구한다. 이때 주의할 것은 둘째 단의 입력신호는 앞서 구한 첫째 단의 출력 v'_{o1}과 첫째 단의 출력저항 R_{o1}이 입력신호원으로 인가되어야 한다. 그림 16-3(b)에 따른 둘째 단의 이득은 다음과 같다.

$$\frac{v_{out}}{v'_{o1}} = \frac{R_{i2}}{R_{o1} + R_{i2}} a_{v2} \frac{R_L}{R_{o2} + R_L} \tag{6}$$

식 (5)와 (6)에 의해 전체 전압이득은 다음과 같다.

$$\frac{v_{out}}{v_{in}} = \frac{v'_{o1}}{v_{in}} \cdot \frac{v_{out}}{v'_{o1}} = \frac{R_{i1}}{R_{sig} + R_{i1}} a_{v1} \frac{R_{i2}}{R_{o1} + R_{i2}} a_{v2} \frac{R_L}{R_{o2} + R_L} \tag{7}$$

결론적으로, 다단 증폭기에서 부하 효과를 고려하는 두 가지 방법으로 구한 전압이득 식 (7)과 (4)가 동일한 결과를 보이고 있음을 알 수 있다. 따라서, 다단 증폭기의 이득을 구할 때는 위의 두 가지 방법 중에 편하고 익숙한 방법으로 택하여 계산하면 된다.

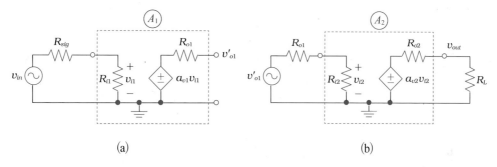

그림 16-3   다단 증폭기에서 부하 효과를 고려한 이득 계산의 두 번째 방법
(a) 둘째 단 입력저항에 의한 부하를 고려하지 않은 첫째 단 증폭기 이득 계산,
(b) 첫째 단 출력저항을 입력신호원 저항으로 고려한 둘째 단 이득 계산

3   필요 장비 및 부품

- 장비: DC 전원공급기, 멀티미터, 함수발생기, 오실로스코프
- 부품: MOSFET (2N7000), 저항 (680 Ω, 5 kΩ, 25 kΩ, 33 kΩ, 100 kΩ), 캐패시터 (10μF)

4   예비 리포트

(1) 아래는 공통 소스 증폭기 2개를 직렬로 연결한 2단 증폭기이다. C_c는 AC 커플링 캐패시터이다. 배경 이론에서 다단 증폭기의 이득을 구하기 위해 부하 효과를 고려하는 두 가지 방법을 설명하였다. 제시된 두 가지 방법에 따라 각각 전압이득을 구하고 두 결과가 같음을 보여라.

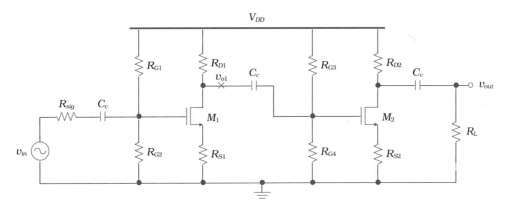

그림 16-4   2단 공통 소스 증폭기 회로

(2) SPICE 시뮬레이션 과제를 수행하고 그 결과를 보여라.

(3) 본 실험 순서에 따른 내용을 읽고 이론적인 계산이 필요한 부분은 결과를 구하라.

5 ▶ SPICE 시뮬레이션

(1) 그림 16-6의 MOSFET 2단 증폭기 회로를 SPICE에서 구성하라.

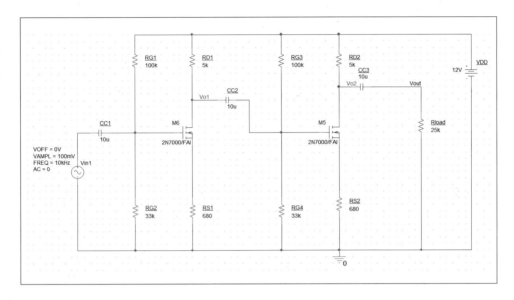

(2) 회로의 바이어스 조건을 시뮬레이션하라.

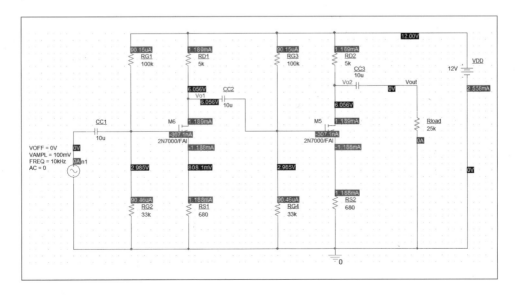

(3) 입력단에 주파수 10 kHz, 진폭 100 mV인 정현파 신호를 인가하고, 첫째 단 출력 파형 v_{o1}, 둘째 단 출력파형 v_{o2}, 최종 출력 v_{out}을 구하라.

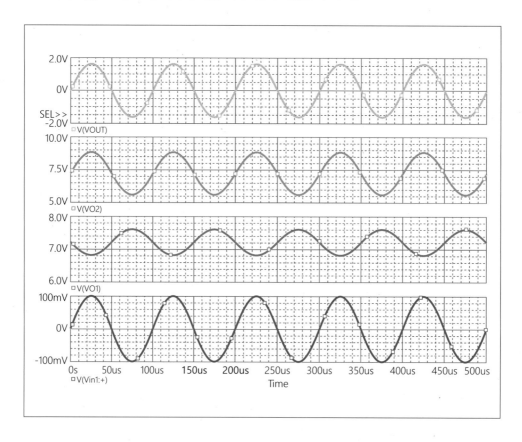

(4) 위의 결과를 이용하여 다음을 구하라.

입력신호 크기 (v_{in}) = _____

첫째 단 출력신호 크기 (v_{o1}) = _____

첫째 단 전압이득 (v_{o1}/v_{in}) = _____

최종 출력신호 크기 (v_{out}) = _____

둘째 단 전압이득 (v_{out}/v_{o1}) = _____

전체 전압이득 (v_{out}/v_{in}) = _____

(5) 입력신호의 진폭을 500 mV로 증가시켜 첫째 단 출력파형 v_{o1}, 둘째 단 출력파형 v_{o2}, 최종 출력 v_{out}을 구하라.

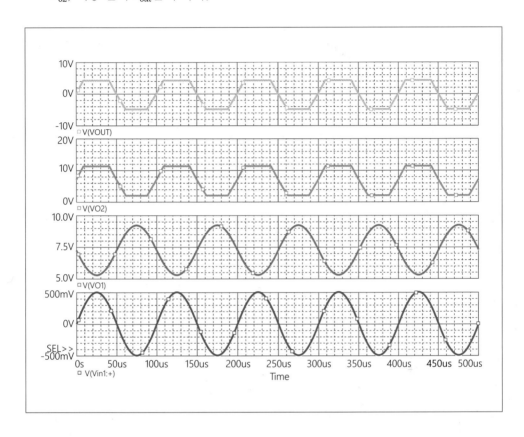

(6) 신호의 왜곡이 생기는가? 파형의 어느 부분에서 왜곡이 생기는가? 그 이유는 무엇인가?

6 실험 내용

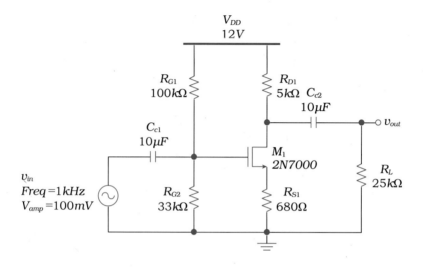

그림 16-5   공통 소스 1단 증폭기 실험 회로

(1) 그림 16-5는 1단 공통 소스 증폭기 회로이다. 주어진 회로를 브레드보드에 구성 하라.

(2) 전원전압 V_{DD}를 인가하고 회로의 바이어스 조건을 측정하라.

> ※ 주의: 본 실험에서 증폭기가 적절히 동작하기기 위해서는, 드레인 전류가 1 mA 정도가 되어야 한다. 만약 처음 측정된 드레인 전류가 1 mA에서 20 % 이상의 차이가 있다면, R_{S1} 값을 조정하여 드레인 전류가 1 mA 정도가 되도록 변경한 후 실험을 진행하라.

게이트 전압 (V_G) = _____

드레인 전압 (V_D) = _____

소스 전압 (V_S) = _____

드레인–소스 전압 (V_{DS}) = _____

드레인 전류 (I_D) = _____

(3) MOSFET이 안정적으로 포화영역에 바이어스 되어 있는지 확인하라.

근거 = _____

(4) 증폭기의 입력단에 주파수 1 kHz, 진폭 100 mV의 정현파 신호 v_{in}을 인가하고, 오실로스코프를 이용하여 출력파형 v_{out}을 측정하고 기록하라.

(5) 측정값을 바탕으로 다음 신호의 진폭을 기록하고 전압이득을 구하라.

입력신호 크기 (v_{in}) = _____

출력신호 크기 (v_{out}) = _____

전압이득 (A_V) = _____

(6) 우리는 앞선 실험에서 트랜지스터의 V_{th} 및 k_n을 알아낸 바 있다. 이 값을 이용하여 MOSFET의 g_m을 계산하라.

$$g_m = \sqrt{2k_n I_D} = \frac{2I_D}{V_{OV}} \tag{8}$$

$$V_{GS} \text{ (측정값)} = \underline{\hspace{3cm}}$$
$$I_D \text{ (측정값)} = \underline{\hspace{3cm}}$$
$$g_m \text{ (계산값)} = \underline{\hspace{3cm}}$$

(7) 위의 결과를 이용하여 주어진 증폭기의 이득을 계산하라. 계산된 이득 값과 측정된 이득 값을 비교하라.

$$\text{전압이득 (이론값)} = \underline{\hspace{3cm}}$$
$$\text{전압이득 (측정값)} = \underline{\hspace{3cm}}$$

(8) 이제 1단 증폭기 두 개를 직렬로 연결하여 2단 증폭기 회로를 구성하라.

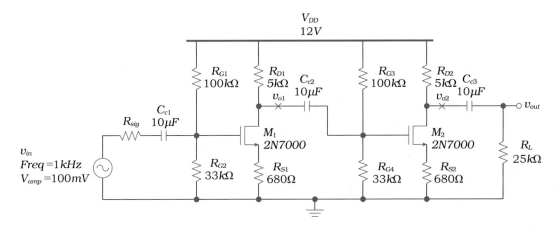

그림 16-6   2단 증폭기 실험 회로

(9) 바이어스 조건을 확인하라. 1단 증폭기에서 측정한 결과와 동일함을 확인하라.

$$V_{DS1},\ V_{GS1},\ I_{D1} \text{ (측정값)} = \underline{\hspace{2cm}}, \underline{\hspace{2cm}}, \underline{\hspace{2cm}}$$
$$V_{DS2},\ V_{GS2},\ I_{D2} \text{ (측정값)} = \underline{\hspace{2cm}}, \underline{\hspace{2cm}}, \underline{\hspace{2cm}}$$

(10) 증폭기의 입력단에 주파수 1 kHz, 진폭 100 mV의 정현파 신호 v_{in}을 인가하고, 오
실로스코프를 이용하여 첫째 단 출력신호 v_{o1}과 최종 출력신호 v_{out}을 측정하라.

(11) 위의 측정 결과를 이용하여 다음을 확인하라.

$$입력신호\ 크기\ (v_{in}) = \underline{\hspace{2cm}}$$
$$첫째\ 단\ 출력신호\ 크기\ (v_{o1}) = \underline{\hspace{2cm}}$$
$$첫째\ 단\ 전압이득\ (v_{o1}/v_{in}) = \underline{\hspace{2cm}}$$
$$최종\ 출력신호\ 크기\ (v_{out}) = \underline{\hspace{2cm}}$$
$$둘째\ 단\ 전압이득\ (v_{out}/v_{o1}) = \underline{\hspace{2cm}}$$
$$전체\ 전압이득\ (v_{out}/v_{in}) = \underline{\hspace{2cm}}$$

(12) 첫째 단과 둘째 단의 전압이득은 앞서 1단 증폭기에서 측정한 전압이득과 동일한
가? 그 이유는 무엇인가?

(13) 2단 증폭기의 입력신호의 크기를 서서히 증가시키면서 첫째 단 출력 v_{o1}과 둘째 단 출력 v_{o2}를 확인하라. 입력신호가 증가함에 따라 둘째 단 출력파형의 왜곡이 발생할 것이다. 그때의 입력파형, 첫째 단 출력파형, 둘째 단 출력파형을 기록하라. 파형의 왜곡은 왜 발생하는가?

(14) 입력신호를 더욱 증가시켜서 첫째 단에서도 출력파형의 왜곡이 발생되도록 하라. 이때 입력파형 v_{in}, 첫째 단 출력파형 v_{o1}, 둘째 단 출력파형 v_{o2}, 최종 출력파형 v_{out}을 기록하라.

1. 2단 증폭기를 해석할 때 앞단 증폭기에 대해 부하로 보이는 성분은?

　① 앞단 증폭기 출력 임피던스　　　② 앞단 증폭기 입력 임피던스

　③ 뒷단 증폭기 출력 임피던스　　　④ 뒷단 증폭기 입력 임피던스

2. 부하저항이 큰 상태에서 전압이득이 충분히 큰 공통 소스 증폭기가 있다. 그런데 최종 구동하려는 부하저항이 매우 작아서 추가로 증폭기를 연결하여 2단 증폭기로 구성하려고 한다. 이때 둘째 단 증폭기에 적합한 구조는?

　① 공통 소스 증폭기　　　　　　② 공통 게이트 증폭기

　③ 소스 팔로어　　　　　　　　④ 캐스코드 증폭기

3. 앞단 증폭기의 출력을 뒷단 증폭기의 입력에 연결할 때 DC 차단 캐패시터가 필요하다. 그 이유는 무엇인가?

　① 두 단자의 DC 바이어스 조건의 상호 영향 차단

　② 전압이득 최대 향상

　③ 대역폭 감소 회피

　④ 최대 스윙 감소 영향 차단

4. 공통 소스 증폭기와 공통 게이트 증폭기를 연결한 2단 증폭기를 부르는 이름은?

　① 푸시풀 증폭기　　　　　　　② 캐스코드 증폭기

　③ 차동 증폭기　　　　　　　　④ 연산증폭기

5. 2단 증폭기에서 첫째 단에서 발생하는 출력전압 신호를 측정하다가, 실수로 둘째 단으로의 연결 선을 개방하게 되었다. 이때 첫째 단의 출력신호는 일반적으로 어떤 변화를 보일까?

① 변화 없다.

② 감소한다.

③ 증가한다.

④ 잠시 증가했다가 다시 원 상태로 복원된다.

실험 17

전류원 및 전류미러

1 개요

아날로그 증폭기 회로에 일정한 DC 바이어스 전류를 공급하거나 능동부하(Active Load)를 적용해야 할 때, 전류원(Current Source) 또는 전류미러(Current Mirror) 회로가 사용된다. MOSFET을 전류원으로 사용하는 것은, MOSFET이 포화영역에 바이어스 되어 있고 게이트 전압이 변하지 않는다면, MOSFET의 드레인 전류가 드레인 전압에 상관없이 일정한 값으로 유지되는 특성에 기반한다. 전류미러는 전류원에서 생성한 일정한 전류를 복사해서 회로의 다른 곳에서도 동일하게 만들어 낼 수 있도록 하는 역할을 하는 회로로서, 집적회로처럼 다수의 전류원이 필요한 복잡한 회로설계에 유용하게 사용된다.

본 실험에서는 MOSFET을 이용한 전류원 및 전류미러 회로를 살펴보고 SPICE 시뮬레이션과 실험을 통해 그 동작과 특성을 확인한다.

2 배경 이론

그림 17-1과 같이 MOSFET M_1에 일정한 V_{GS}가 인가되고, V_{DS}가 V_{OV}보다 커서 트랜지스터가 포화영역에 있다면, 그리고 채널 변조 효과(Channel Length Modulation)를 무시한다면, 드레인 노드에 어떤 회로가 연결되었든 상관없이, 다시 말해 드레인 전압이 어떤 값이든 상관없이 MOSFET의 드레인 전류는 다음 식과 같이 일정하다.

$$I_D = \frac{1}{2} \mu_n C_{ox} \frac{W}{L} \left(V_{GS} - V_{th} \right)^2 \tag{1}$$

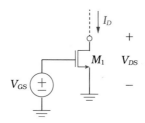

그림 17-1　전류원으로서의 MOSFET

　이러한 상태의 MOSFET은 정전류를 공급하는 전류원으로 사용할 수 있다. 물론 MOSFET의 채널 변조 효과로 인해 드레인 전류가 V_{DS}에 따라 어느 정도는 변하게 된다. 그러나 일반적으로 채널 변조 효과에 의한 MOSFET의 출력저항 r_o가 매우 크기 때문에, V_{DS} 변화에 따른 드레인 전류의 변화는 상당 부분 무시할 만큼 작다.

　그림 17-2는 전류미러이다. 이상적인 기준전류 I_{ref}가 존재한다고 가정하고 이를 다이오드 연결된 M_1에 인가한다고 생각해보자. 그러면, M_1의 V_{GS1}은 기준전류 I_{ref}에 의해 다음 식을 만족하는 조건으로 발생하게 된다.

$$I_{ref} = \frac{1}{2}\mu_n C_{ox}\left(\frac{W}{L}\right)_1 \left(V_{GS1} - V_{th}\right)^2 \tag{2}$$

　회로에서 보면 M_1의 게이트와 소스를 그대로 M_2의 게이트와 소스에 연결하였으므로, V_{GS1}은 V_{GS2}와 같게 된다. 따라서, M_2의 드레인 전류 I_{copy}는 다음과 같이 결정된다.

$$I_{copy} = \frac{1}{2}\mu_n C_{ox}\left(\frac{W}{L}\right)_2 \left(V_{GS1} - V_{th}\right)^2 \tag{3}$$

　여기서, M_1, M_2가 동일한 공정에 의해 제작된 동일한 트랜지스터라면 μ_n, C_{ox} 및 V_{th}는 동일하다. 다만, 게이트 크기 (W/L)은 다를 수 있다. 따라서, 식 (2)와 (3)을 정리하면 다음과 같은 관계식을 얻을 수 있다.

$$I_{copy} = \frac{(W/L)_2}{(W/L)_1} I_{ref} \tag{4}$$

식 (4)는 I_{copy} 전류 값이 I_{ref}에 의해 결정됨을 보이고 있다. I_{ref}가 거울에 반사되듯이 I_{copy}를 만들어 낸다는 의미에서 이 회로를 전류미러라 한다. 식 (4)에서 주목할 사실은 복사된 전류 I_{copy}는 M_1, M_2의 게이트 크기 (W/L)의 비율로 결정된다는 것이다. 예를 들어, M_2의 게이트 크기가 M_1에 비해 두 배 크다면, 복사된 전류 I_{copy}도 기준전류 I_{ref}에 비해 두 배 커지게 되는 것이다.

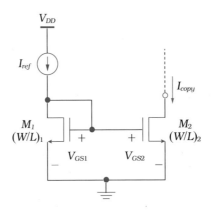

그림 17-2   전류미러

3   필요 장비 및 부품

- 장비: DC 전원공급기, 멀티미터, 함수발생기, 오실로스코프
- 부품: MOSFET (2N7000), 저항 (100 Ω, 500 Ω, 800 Ω, 1 kΩ, 1.2 kΩ, 1.5 kΩ, 10 kΩ), NPN BJT (2N3904)

4 ▶ 예비 리포트

(1) 그림 17-2 전류미러 회로에서 MOSFET을 BJT로 변경한 BJT 전류미러에 대해 알아보고 회로의 동작원리와 입출력 전류관계를 설명하라.

(2) SPICE 시뮬레이션 과제를 수행하고 그 결과를 보여라.

(3) 본 실험 순서에 따른 내용을 읽고 이론적인 계산이 필요한 부분은 결과를 구하라.

5 ▶ SPICE 시뮬레이션

(1) 그림 17-4 전류미러 실험 회로를 SPICE 시뮬레이션 회로로 구성하라.

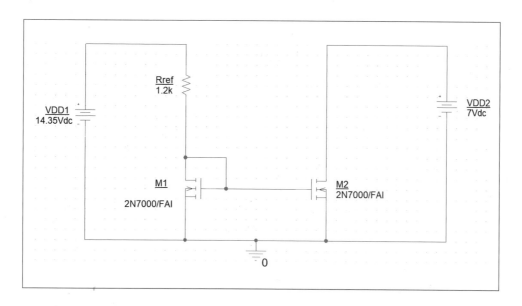

(2) V_{DD2} = 0 V로 고정하고, V_{DD1}을 0–15 V까지 변화시키면서 M_1 드레인 전류의 변화를 조사하고 M_1 드레인 전류가 10 mA일 때의 V_{DD1} 값을 찾아라.

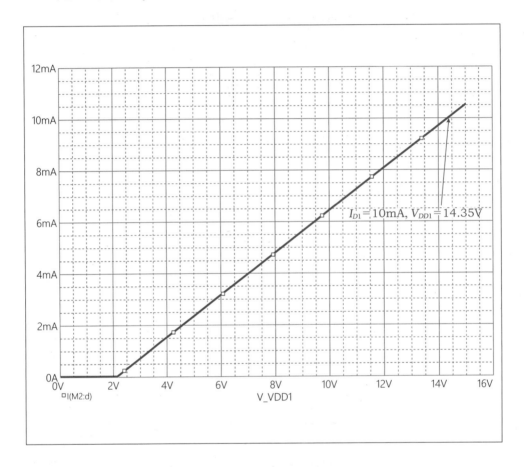

(3) V_{DD1}에는 앞서 찾은 값을, V_{DD2}에는 7 V를 인가하고, DC 시뮬레이션을 수행하라. 이 회로가 전류미러로서 정상적으로 동작하는지 확인하라.

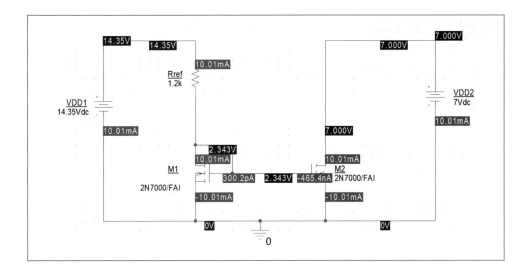

(4) V_{DD2}를 0-15 V까지 변화시키면서 M_1, M_2 드레인 전류의 변화를 시뮬레이션하라.

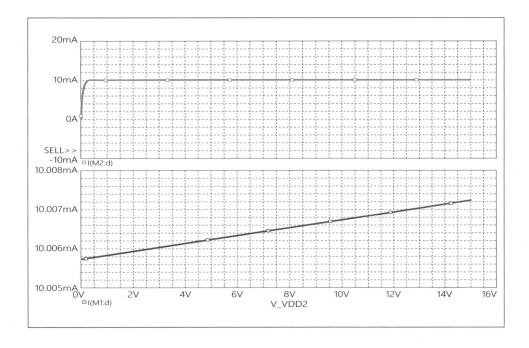

(5) V_{DD2}가 1 V 변할 때 I_{D2}는 얼마나 변하는가? I_{D2}는 I_{D1}을 충실히 복사하는 전류미러로서 동작한다고 할 수 있는가?

6 ▶ 실험 내용

■ 전류원

(1) 그림 17-3은 게이트에 정전압을 인가하여 드레인 전류가 드레인 전압과 상관없이 일정한 값이 흐르게 하는 MOSFET 전류원 회로이다. 주어진 회로를 브레드보드에 구성하라.

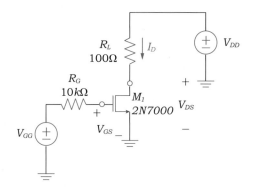

그림 17-3   전류원 실험 회로

(2) V_{GG} = 0 V, V_{DD} = 12 V를 인가하라. M_1이 차단 상태이고 I_D = 0 mA임을 확인하라.

$$I_D \text{ (측정값)} = \underline{\hspace{3cm}}$$

(3) V_{GG}를 1.5–4 V까지 0.5 V 간격으로 변화시키면서 드레인 전류 I_D, 드레인-소스 전압 V_{DS}, 게이트-소스 전압 V_{GS}을 측정하라. 각 경우에 대해 MOSFET이 포화영역인지 확인하라.

V_{GG}(V)	1.5 V	2.0 V	2.5 V	3.0 V	3.5 V	4.0 V
V_{GS}(V)						
I_D(mA)						
V_{DS}(V)						

(4) 위의 측정 결과를 참고하여 드레인 전류 I_D = 10 mA가 되도록 하는 V_{GG} 값을 찾아라.

$$V_{GG} \text{ (측정값)} = \underline{\hspace{3cm}}$$

(5) I_D = 10 mA 인 조건에서, V_{DD}를 12 V에서 0 V까지 감소시키면서 I_D와 V_{DS}를 측정하고, I_D-V_{DS} 그래프를 그려라.

(6) 위의 측정 결과를 바탕으로 M_1을 전류원으로 볼 수 있는 V_{DS}의 범위를 구하라. 이는 MOSFET의 포화영역과 선형영역 중 어디에 해당하는가?

전류원으로 적절히 동작하는 V_{DS} 범위 (측정값) = $\underline{\hspace{2.5cm}}$

전류원으로 동작하지 않는 V_{DS} 범위 (측정값) = $\underline{\hspace{2.5cm}}$

(7) V_{DD} = 12 V로 고정하고, 아래와 같이 R_L을 바꾸어 가면서 드레인–소스 전압 및
드레인 전류를 측정하라.

$R_L(\Omega)$	100	500	800	1,000	1,200	1,500
$V_{GS}(V)$						
$I_D(mA)$						
$V_{DS}(V)$						

(8) 저항 R_L이 증가함에 따라 V_{DS}가 감소함을 확인하라. I_D가 급격히 감소하는 R_L 및
V_{DS}는 얼마인가? 이 영역은 MOSFET의 선형영역에 해당하는가?

■ 전류미러

(9) 다음은 전류미러 회로이다. M_1은 기준전류 I_{ref}를 생성하는 부분이고 M_2는 출력 전
류 I_{out}을 만들어 내는 부분이다. SPICE 시뮬레이션과 다른 점은 R_L = 100 Ω이 추
가된 것이다.

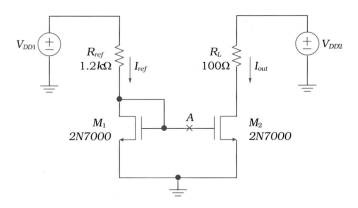

그림 17-4   전류미러 실험 회로

(10) 주어진 회로를 브레드보드에 구성하라. V_{DD1} 및 V_{DD2}는 인가하지 않는다. 또한, 노드 A 부분은 아직 연결하지 말고 M_1과 M_2의 게이트를 분리시켜 둔다.

(11) V_{DD1}을 0 V부터 증가시키면서 기준전류 I_{ref} = 10 mA가 되는 V_{DD1} 값을 찾아라. 그리고, 그때의 V_{GS1}을 측정한다.

$$V_{DD1} (측정값) = \underline{\qquad\qquad}$$

$$V_{GS1} (측정값) = \underline{\qquad\qquad}$$

(12) V_{DD2} = 0 V을 인가한 상태에서 노드 A를 연결한다. M_2의 게이트–소스 전압 V_{GS2}가 적절히 인가되고 있음을 확인한다. 이때 I_{out}은 얼마인가? 그 이유는 무엇인가?

$$V_{GS2} (측정값) = \underline{\qquad\qquad}$$

$$I_{out} (측정값) = \underline{\qquad\qquad}$$

(13) V_{DD2} = 7 V를 인가하고 다음을 측정한다. 회로는 전류미러로서 제대로 동작하는가?

$$I_{ref} (측정값) = \underline{\qquad\qquad}$$

$$I_{out} (측정값) = \underline{\qquad\qquad}$$

$$V_{DS2} (측정값) = \underline{\qquad\qquad}$$

$$V_{GS2} (측정값) = \underline{\qquad\qquad}$$

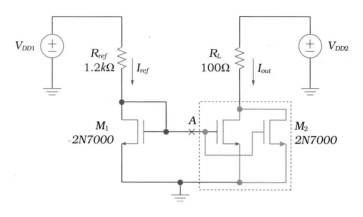

그림 17-5   2배 증폭 전류미러 실험 회로

(14) 그림 17-5와 같이 M_2에 동일한 MOSFET 두 개를 병렬로 연결하고 다음을 측정하라. 어떤 변화가 있는가? 그 이유는 무엇인가?

$$I_{ref} \, (\text{측정값}) = \underline{\hspace{3cm}}$$

$$I_{out} \, (\text{측정값}) = \underline{\hspace{3cm}}$$

$$V_{DS1}, \, V_{DS2} \, (\text{측정값}) = \underline{\hspace{3cm}}$$

$$V_{GS1}, \, V_{GS2} \, (\text{측정값}) = \underline{\hspace{3cm}}$$

(15) 그림 17-5의 M_2를 원래 하나의 트랜지스터로 복원하고, 이번에는 M_1에 같은 방식으로 두 개의 트랜지스터를 병렬로 연결한다. 그리고, 다음을 측정하라. 기준전류 값에 변화가 있는가? 출력 전류 값에 변화가 있는가? 그 이유는 무엇인가?

$$I_{ref} \, (\text{측정값}) = \underline{\hspace{3cm}}$$

$$I_{out} \, (\text{측정값}) = \underline{\hspace{3cm}}$$

$$V_{DS1}, \, V_{DS2} \, (\text{측정값}) = \underline{\hspace{3cm}}$$

$$V_{GS1}, \, V_{GS2} \, (\text{측정값}) = \underline{\hspace{3cm}}$$

(16) 병렬로 연결한 트랜지스터를 제거하고 그림 17-4의 전류미러 회로로 복원한다. V_{DD2}를 0-12 V까지 증가시키면서, I_{out}, V_{DS2}를 측정하라. V_{DS2}에 대한 I_{out}의 그래프를 그리고, 전류미러로서 정상 동작하는 V_{DS2}의 범위를 찾아라.

(17) 그림 17-6과 같이 두 개의 출력 전류 I_{out1}, I_{out2}를 발생시키는 다중 전류미러 회로를 브레드보드에 구성하라. 앞선 실험과 같이 M_3는 두 개의 트랜지스터를 병렬로 연결한 구조이다. I_{ref} = 10 mA가 되도록 하는 V_{DD1}을 인가하고, V_{DD2}를 12 V, 5 V, 3 V일 때 다음을 각각 측정하라.

V_{DD2}	V_{DS1}	V_{DS2}	V_{DS3}	I_{ref}	I_{out1}	I_{out2}
12 V						
5 V						
3 V						

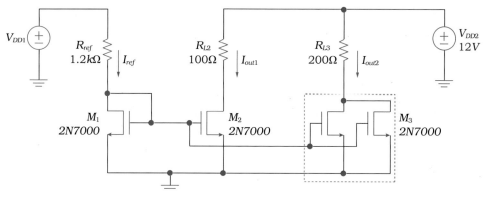

그림 17-6 다중 전류미러 실험 회로

(18) I_{out1}과 I_{out2}는 I_{ref}를 기준으로 생성된 전류이다. 두 출력 전류는 기준전류와 차이가 있는가? 그 이유는 무엇인가?

(19) 주어진 회로는 전류미러로서 적절히 동작하는 것으로 볼 수 있는가?

(20) 그림 17-4의 전류미러회로에서 MOSFET을 BJT로 변경하여 해당 실험을 다시 진행하라. BJT 전류미러 회로가 적절히 동작하는가? MOSFET 전류미러와 유사점 및 차이점은 무엇인가?

1. MOSFET이 전류원으로 사용되기 위해 고정되어야 할 회로 변수로 가장 적절한 것은?

   ① V_{GS} ② V_{DS}

   ③ V_{th} ④ V_{DD}

2. 전류미러에서 기준 MOSFET M_1과 복사에 사용되는 MOSFET M_2의 게이트 크기 (W/L)
   의 비가 1:2 이다. 기준전류가 10 mA일 때 전류미러의 출력 전류는?

   ① 5 mA   ② 10 mA

   ③ 15 mA   ④ 20 mA

3. 전류미러에서 기준 MOSFET M_1과 복사에 사용되는 MOSFET M_2는 동일하다. 그런데
   M_2의 소스 단자에 저항이 삽입되었다. 이때 회로의 동작에 대한 설명으로 올바르지 않은
   것은?

   ① $V_{GS1} > V_{GS2}$ ② $I_{D1} > I_{D2}$

   ③ $V_{DS1} > V_{DS2}$ ④ $V_{OV1} > V_{OV2}$

4. 전류미러의 출력 전류는 해당 MOSFET의 V_{DS}가 증가함에 따라 다소 증가한다. 그 이유는
   무엇인가?

   ① 채널 변조 효과   ② 바디효과

   ③ DIBL 효과   ④ 래치업효과

5. 다음 중 N-MOSFET을 이용한 공통 소스 증폭기에서 능동부하로 사용했을 때 이득이 가
   장 큰 경우는?

   ① N-MOSFET 전류미러   ② P-MOSFET 전류미러

   ③ N-MOSFET 다이오드 연결 트랜지스터   ④ P-MOSFET 다이오드 연결 트랜지스터

실험 18

MOSFET
차동 증폭기

1 ▶ 개요

지금까지의 BJT 및 MOSFET 증폭기는 단선 신호, 또는 싱글엔드 신호(Single-Ended Signal)를 처리하기 때문에 싱글엔드 증폭기(Single-Ended Amplifier)라 한다. 이에 반해서, 두 단자의 신호의 차이에 해당하는 차동신호(Differential Signal)를 처리하는 증폭기를 차동 증폭기(Differential Amplifier)라 한다. 대개 회로 외부로부터 유입되는 잡음 및 간섭은 싱글엔드 신호 형태인데, 차동 증폭기에서는 차동신호는 정상적으로 증폭하지만 싱글엔드 신호에 대해서는 반응하지 않는 특성으로 인해, 차동 증폭기는 외부 잡음 및 간섭 신호에 매우 강인한 특성을 갖는다. 이러한 장점으로 인해 특히 대규모 반도체 집적회로(Very Large Scale Integrated Circuit: VLSI)에서는 증폭기를 비롯한 대부분의 회로들이 차동 증폭기 구조로 설계된다.

　본 실험에서는 MOSFET 차동 증폭기의 기본 이론을 이해하고 SPICE 시뮬레이션과 실험을 통해 그 동작과 특성을 확인한다.

2 ▶ 배경 이론

그림 18-1은 MOSFET 차동 증폭기 기본 회로이다. 두 개의 동일한 트랜지스터 M_1, M_2의 소스를 공통으로 연결하고 여기에 테일 전류(Tail Current) I_o를 이용하여 바이어스 한다. M_1, M_2의 드레인은 동일한 저항 R_D를 통하여 V_{DD}에 연결된다. 두 트랜지스터의 게이트에는 DC 공통 전압 V_{cm}이 인가된다. 이 공통 전압 V_{cm}은 M_1, M_2의 게이트에 적절한 DC 바이어스를 공급하기 위해 사용된다. 입력단자에는 공통 입력 V_{cm}에 추가하여 차동신호 v_{id}가 M_1, M_2 게이트로 각각 절반씩 크기를 갖고 위상은 반대로 인가된다.

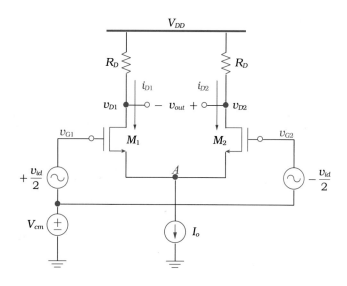

그림 18-1 MOSFET 차동 증폭기 기본 회로

차동신호가 인가되지 않는 경우, 즉 v_{id} = 0인 경우를 생각해보자. M_1, M_2는 완전히 동일한 바이어스 조건에 있으므로, 두 트랜지스터의 드레인 전류는 테일 전류 I_o의 절반씩 분배가 된다. 즉, $i_{D1} = i_{D2} = I_o/2$이다. 따라서, 드레인 전압도 $v_{D1} = v_{D2} = V_{DD} - R_D \times I_o/2$로 동일하다. 이를 차동 증폭기가 평형상태(Equilibrium State)에 있다고 한다.

이 평형상태에서 v_{id}가 M_1, M_2 게이트에 차동으로(즉, 크기는 절반씩이고 위상은 반대로) 인가되면 i_{D1}, i_{D2}는 다음과 같이 발생한다.

$$i_{D1} = \frac{I_o}{2} + \frac{I_o}{V_{OV}} \cdot \frac{v_{id}}{2} \cdot \sqrt{1 - \left(\frac{v_{id}/2}{V_{OV}}\right)^2} \ , \ \ i_{D2} = \frac{I_o}{2} - \frac{I_o}{V_{OV}} \cdot \frac{v_{id}}{2} \cdot \sqrt{1 - \left(\frac{v_{id}/2}{V_{OV}}\right)^2} \ (1)$$

여기서 V_{OV}는 M_1, M_2의 바이어스 전류 $I_o/2$에 의한 오버드라이브 전압으로 다음과 같이 주어진다.

$$V_{OV} = \sqrt{\frac{I_o}{k_n}} \tag{2}$$

식 (1)에 의하면 차동 증폭기의 차동입력신호 v_{id}에 의한 드레인 전류 i_{D1}, i_{D2}는 그림 18-2와 같이 변한다.

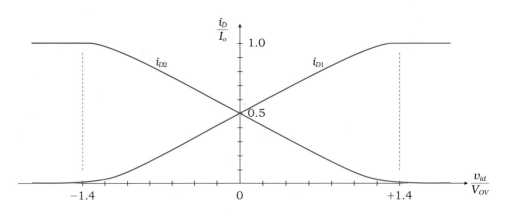

그림 18-2   MOSFET 차동 증폭기의 전류-전압 관계

식 (1)과 그림 18-2로부터 MOSFET 차동 증폭기의 동작에 관한 주요 특징을 다음과 같이 정리할 수 있다.

① 차동신호 v_{id} = 0인 상태에서 V_{cm}만 인가될 때, 차동 트랜지스터의 드레인 전류는 테일 전류의 절반씩 흐른다($i_{D1} = i_{D2} = I_o/2$).

② 차동신호 v_{id} = 0인 상태에서 V_{cm}을 변화시켜도 트랜지스터의 드레인 전류와 드레인 전압은 변하지 않는다.

③ v_{id}가 증가하면 i_{D1}이 증가하고 i_{D2}는 같은 크기로 감소한다. 반대의 경우도 마찬가지이다($\Delta i_{D1} = -\Delta i_{D2}$).

④ v_{id}에 관계없이 양쪽 드레인 전류의 합은 항상 일정하다($i_{D1} + i_{D2} = I_o$).

⑤ $v_{id} \geq \sqrt{2} \cdot V_{OV}$일 때, 차동 트랜지스터 중 M_1으로 테일 전류 전체가 흐르게 되고, M_2로는 전류가 전혀 흐르지 않게 된다. 즉, 테일 전류가 M_1으로 완전 스위칭(Full Switching) 된다. 그 반대의 경우도 마찬가지이다.

차동 증폭기의 소신호 동작을 살펴보자. v_{id}의 크기가 작을 때 차동 트랜지스터의 공통 소스 노드 A에서의 전압 변화는 거의 없다고 볼 수 있다. 이를 노드 A가 가상으로 접지되어 있다고 본다. 이 조건에서 M_1, M_2의 게이트로 소신호 입력전압이 각각 $+v_{id}/2$, $-v_{id}/2$가 인가되면 드레인에서의 출력전압은 다음과 같다.

$$v_{D1} = -g_m R_D \cdot \frac{v_{id}}{2}, \quad v_{D2} = +g_m R_D \cdot \frac{v_{id}}{2} \tag{3}$$

여기서 g_m은 M_1, M_2의 소신호 트랜스컨덕턴스이다.

$$g_m = \frac{I_o}{V_{OV}} \tag{4}$$

출력신호를 $v_{out} = v_{D2} - v_{D1}$으로 본다면 차동 증폭기의 전압이득은 다음과 같다. 차동 증폭기의 전압이득은 공통 소스 증폭기의 전압이득과 동일함을 알 수 있다.

$$\frac{v_{out}}{v_{id}} = +g_m R_D \tag{5}$$

3 필요 장비 및 부품

- 장비: DC 전원공급기, 멀티미터, 함수발생기, 오실로스코프
- 부품: MOSFET (2N7000), 저항 (3 kΩ, 5 kΩ, 10 kΩ)

> **4**   **예비 리포트**

(1) SPICE 시뮬레이션 과제를 수행하고 그 결과를 보여라.

(2) 본 실험 순서에 따른 내용을 읽고 이론적인 계산이 필요한 부분은 결과를 구하라.

> **5**   **SPICE 시뮬레이션**

■ **MOSFET 차동 증폭기**

(1) 다음은 SPICE 시뮬레이션을 위한 차동 증폭기 회로이다. 전원전압으로 +/− 10 V
를 인가하고, 차동쌍 MOSFET의 게이트 전압은 0 V로 바이어스 하였다. 차동입
력 v_{inp}, v_{inm}은 각각 10 mV 진폭을 갖고, 위상이 반대인 차동신호임을 유의하라.

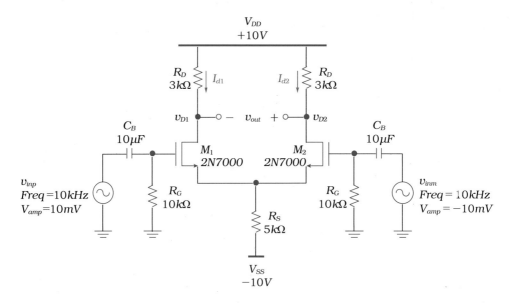

그림 18-3 차동 증폭기 시뮬레이션 회로

(2) 주어진 회로를 SPICE로 구성하고, DC 시뮬레이션을 수행하라. 각 노드의 전압 및
전류를 구하라. 트랜지스터는 정상적으로 포화영역에 바이어스 되어 있는가?

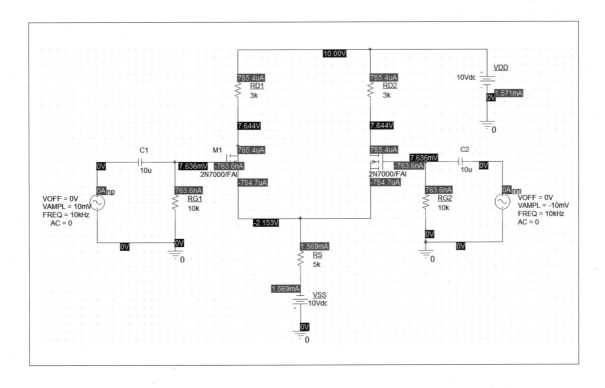

(3) M_1, M_2는 완전히 동일하게 바이어스 되어 있는가? 특히, 드레인 전압 및 드레인
전류가 동일한가?

드레인 전압 V_{D1}, V_{D2} = _____, _____

드레인 전류 I_{D1}, I_{D2} = _____, _____

(4) 차동 증폭기의 시간 영역 동작을 확인하기 위하여, 양 게이트 단에 차동입력을 인가한다. 즉, 한쪽 입력에는 진폭이 +10 mV인 정현파 신호를 인가하고, 다른쪽 입력에는 진폭이 −10 mV인 신호를 인가한다. 시간 영역 시뮬레이션을 수행하여 양쪽 드레인에서의 전압 및 전류 파형을 확인하라.

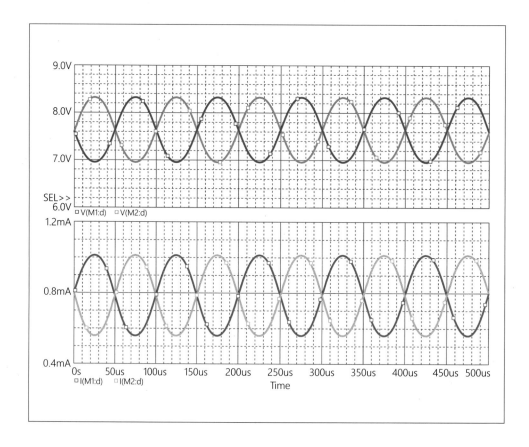

(5) 출력전압 및 전류가 차동신호로 동작하는가? 전압이득은 얼마인가?

차동출력 및 차동입력신호 크기 (V) = _____

전압이득 = _____

(6) 이제 차동입력신호 중 하나인 v_{inm} 입력신호를 제거하고, 다른 쪽 입력신호인 v_{inp}만
     인가한다. 이렇게 함으로써 앞선 시뮬레이션과 동일한 차동입력신호를 싱글엔드
     (Single-ended) 형식으로 인가할 수 있다. 싱글엔드 입력신호를 인가한 상태에서 시
     간 영역 시뮬레이션을 다시 수행하고, 출력전압과 전류 신호를 확인하라.

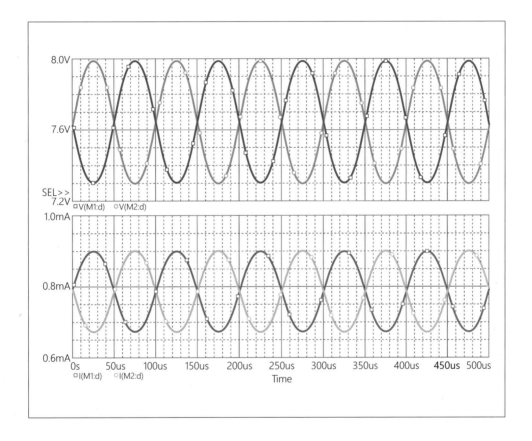

(7) 출력신호는 차동신호인가?

(8) 차동출력전압의 크기는 얼마인가? 전압이득은 얼마인가?

차동출력 및 차동입력신호 크기 (V) = _____

전압이득 = _____

(9) 입력신호를 싱글엔드로 인가한 경우와 차동으로 인가한 경우를 비교하면, 출력신호의 크기와 전압이득이 어떻게 달라지는가?

출력신호 크기 변화 = _____

전압이득 변화 = _____

(10) 이번에는 차동 증폭기에 공통모드 입력신호를 인가하고 특성을 확인한다. v_{inp}, v_{inm}의 진폭을 동일한 +10 mV로 인가하고, 시간 영역 시뮬레이션을 수행하여 출력신호를 확인하라.

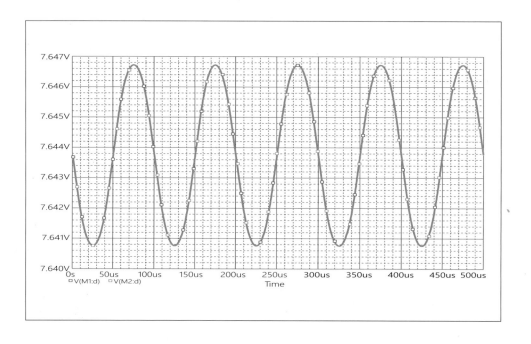

(11) 차동 트랜지스터의 양 드레인에서의 출력 v_{D1}, v_{D2}의 진폭과 위상차는 얼마인가? 출력신호를 한쪽 드레인에서의 전압 신호로 가정한다면 전압이득은 얼마인가?

공통모드 출력신호 크기 (V) = _____

양쪽 드레인에서 출력신호의 위상차 (V) = _____

전압이득 = _____

6 실험 내용

(1) 그림 18-4는 MOSFET 차동 증폭기의 실험 회로이다. 일반적인 함수발생기에서 차동신호를 발생시키기 어렵기 때문에 본 실험에서는 싱글엔드 입력신호를 인가하는 방식으로 실험을 수행하도록 한다. 따라서, 입력신호도 M_1을 통해서만 인가한다.

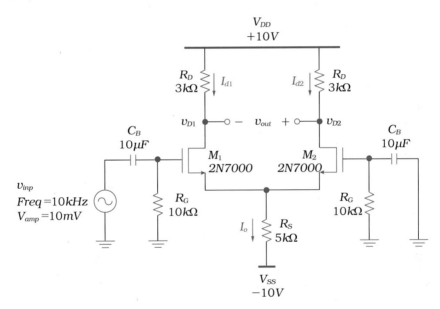

그림 18-4 차동 증폭기 실험 회로

(2) 주어진 회로를 브레드보드에 구성하라. DC 전원전압을 인가하고 바이어스 조건을 확인한다.

> ※ 주의: 본 실험에서 증폭기가 적절히 동작하기 위해서 드레인 전류가 800 μA 정도가 되어야 한다. 만약 처음 측정된 드레인 전류가 20 % 이상 차이가 있다면, R_S 값을 소성하여 드레인 전류가 800 μA 정도가 되도록 회로를 변경하고 실험을 진행하라.

드레인 전압 (V_{D1}, V_{D2}) = _____

게이트 전압 (V_{G1}, V_{G2}) = _____

소스 공통단자 전압 (V_S) = _____

게이트–소스 전압 (V_{GS1}, V_{GS2}) = _____

양단 드레인 전류 (I_{D1}, I_{D2}) = _____

R_S에 흐르는 테일 전류 (I_o) = _____

(3) 측정된 바이어스 조건으로부터 차동쌍 트랜지스터가 완전히 동일하게 바이어스 되어 있는지 확인하라.

(4) M_1, M_2의 바이어스 전류 값과 트랜지스터의 k_n 값을 이용하여 트랜지스터의 g_m을 계산하라. k_n 값은 앞선 MOSFET 특성실험에서 측정을 통해 얻은 값을 이용하라.

$$g_m = \text{_____}$$

(5) 주어진 회로의 차동모드이득과 공통모드이득은 다음과 같이 주어진다. 주어진 식을 이용해 이득을 계산하라.

$$A_{V,DM} = +g_m R_D \ , \quad A_{V,CM} = +\frac{R_D}{2R_S} \tag{6}$$

$A_{V,DM}$ (계산값) = _____

$A_{V,CM}$ (계산값) = _____

(6) 싱글엔드 입력신호로 주파수 10 kHz, 진폭이 20 mV인 정현파 신호를 인가하라. 다른 쪽 입력단자에는 신호를 연결하지 않는다. 오실로스코프를 이용하여 차동출력신호 v_{D1}, v_{D2}의 파형을 측정하고 기록하라.

(7) 차동출력신호의 진폭 및 위상차를 계산하라. 위상차를 측정하기 위해서는 오실로스코프의 2개 측정 채널을 이용하여 두 개의 출력신호를 동시에 측정해야 한다.

M_1 드레인에서의 출력신호 (v_{D1}) = _____

M_2 드레인에서의 출력신호 (v_{D2}) = _____

차동출력신호의 위상차 (degree) = _____

(8) 최종 차동출력신호를 $v_{out} = v_{D2} - v_{D1}$이라고 할 때 차동출력신호의 진폭과 차동모드 전압이득을 구하라.

차동출력신호 크기 (v_{out}) = _____

차동모드 전압이득 $(A_{V,DM})$ = _____

(9) 차동모드 전압이득의 측정값과 이론값을 비교하라. 차이가 있다면 이유는 무엇인가?

(10) 다음은 주어진 회로의 공통모드 동작을 확인하자. 양쪽 입력단자에 주파수 10 kHz, 진폭이 1 V인 동일한 신호를 동시에 인가하라. 오실로스코프를 이용하여 양 드레인 단자에서의 출력신호 파형을 측정하고 기록하라.

(11) 공통모드 출력신호의 진폭 및 위상차를 계산하라.

M_1 드레인에서의 출력신호 (v_{D1}) = _____

M_2 드레인에서의 출력신호 (v_{D2}) = _____

공통모드 출력신호의 위상차 (degree) = _____

(12) 공통모드 전압이득을 계산하라.

$A_{V,CM}$ (측정값) = _____

(13) 공통모드 전압이득의 측정값과 계산값을 비교하라. 차이가 있다면 이유는 무엇인가?

■ 정전류원으로 바이어스된 MOSFET 차동 증폭기

(14) 그림 18-5는 정전류원으로 바이어스된 MOSFET 차동 증폭기 회로이다. 다이오
드 연결된 M_3 트랜지스터와 저항 R_{ref}에 의해 기준전류 I_{ref}가 결정되고 M_3, M_4 전
류미러에 의해 테일 전류 I_o가 공급되는 구조이다.

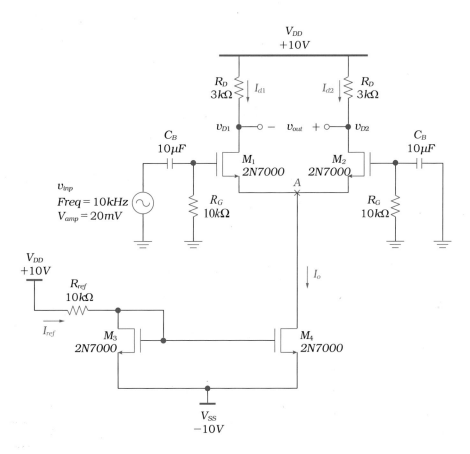

그림 18-5   정전류원으로 바이어스된 MOSFET 차동 증폭기

(15) 주어진 회로를 브레드보드에 구성하라. DC 전원전압만 인가하고 바이어스 조건을 확인한다.

기준전류 (I_{ref}) = _____

테일 바이어스 전류 (I_0) = _____

양단 드레인 전압 (V_{D1}, V_{D2}) = _____

양단 게이트 전압 (V_{G1}, V_{G2}) = _____

소스 공통단자 전압 (V_S) = _____

게이트-소스 전압 (V_{GS1}, V_{GS2}) = _____

양단 드레인 전류 (I_{D1}, I_{D2}) = _____

(16) 측정된 바이어스 조건으로부터 차동쌍 트랜지스터가 완벽하게 대칭적으로 바이어스 되어 있는지 확인하라.

(17) M_1, M_2의 바이어스 전류값과 트랜지스터의 k_n 값을 이용하여 트랜지스터의 g_m을 계산하라. k_n 값은 앞선 MOSFET 특성 실험에서 측정을 통해 얻은 값을 이용하라.

g_m = _____

(18) 주어진 회로의 차동모드 이득과 공통모드 이득을 계산하라.

$A_{V,DM}$ (계산값) = _____

$A_{V,CM}$ (계산값) = _____

(19) 싱글엔드 입력신호로 주파수 10 kHz, 진폭이 20 mV인 정현파 신호를 인가하라. 다른 쪽 입력단자는 입력신호를 연결하지 않는다. 오실로스코프를 이용하여 차동 출력전압 v_{D1}, v_{D2}의 파형을 측정하고 기록하라.

(20) 차동출력신호의 진폭 및 위상차를 계산하라.

M_1 드레인에서의 출력신호 (V_{D1}) = _____

M_2 드레인에서의 출력신호 (V_{D2}) = _____

차동출력신호의 위상차 (degree) = _____

(21) 최종 차동출력신호 $v_{out} = v_{D2} - v_{D1}$이라고 할 때 차동출력신호의 진폭 및 전압이득을 구하라.

차동출력신호 크기 (v_{out}) = _____

차동모드 전압이득 $(A_{V,DM})$ = _____

(22) 차동모드 전압이득의 측정값과 계산값을 비교하라. 차이가 있다면 이유는 무엇인가?

1. 차동 증폭기에서 트랜지스터가 완전히 스위칭 되기 위한 차동입력신호의 크기는?

   ① $1.4 \times V_{GS}$　　　　　　　② $1.4 \times V_{DS}$

   ③ $1.4 \times V_{th}$　　　　　　　④ $1.4 \times V_{OV}$

2. 차동 증폭기는 차동모드 입력신호에 대해 다음 중 어떤 회로와 등가인가?

   ① 공통 소스 증폭기

   ② 공통 게이트 증폭기

   ③ 소스 팔로어

   ④ 소스 디제너레이션을 포함한 공통 소스 증폭기

3. 차동 증폭기의 차동모드에서의 고유전압이득(Intrinsic Voltage Gain)은?

   ① $g_m R_D$　　　　　　　　② $g_m r_o$

   ③ $g_m(R_D /\!/ r_o)$　　　　　　④ ∞

4. 차동 증폭기가 공통모드 신호에 대해 낮은 이득을 보이는 주요 이유는 무엇인가?

   ① 채널 변조 효과　　　　　② 소스 디제너레이션 효과

   ③ 바디효과　　　　　　　　④ 전류감소 효과

5. 차동 증폭기의 두 입력단자에 각각 1 V 진폭의 차동 정현파 신호를 인가하였다. 그런데 만약 입력신호를 하나의 입력단자로만 인가하고 다른 쪽 단자에서는 제거해야 한다면, 동일한 출력 스윙을 얻기 위해 필요한 입력신호의 진폭은 얼마인가?

   ① 2 V　　　　　　　　　　② 1 V

   ③ 0.5 V　　　　　　　　　④ 0.25 V

실험 19
주파수 응답

1 ▶ 개요

증폭기 회로의 특성, 즉, 증폭기의 이득 및 입출력 임피던스는 신호의 주파수에 따라서 변하게 된다. 이렇게 주파수에 따라 증폭기의 특성이 변화하는 것을 증폭기의 주파수 응답(Frequency Response)이라 한다. 대개 증폭기의 주파수 응답은 트랜지스터 내부에 존재하는 기생 캐패시터(Parasitic Capacitor) 및 회로에 사용되는 외부 캐패시터(External Capacitor)에 의해 결정된다.

본 실험에서는 MOSFET 증폭기의 주파수 응답을 이해하고 SPICE 시뮬레이션과 실험을 통해 그 동작과 특성을 확인한다.

2 ▶ 배경 이론

트랜지스터 증폭기는 신호의 주파수에 따라 전압이득이 변하게 된다. 이는 증폭기에 사용된 각종 캐패시터 소자와 트랜지스터 내부에 존재하는 기생 캐패시터가 주파수에 따라 그 임피던스가 변하기 때문에 발생하는 현상이다.

그림 19-1(a)는 일반적인 공통 소스 증폭기 회로이다. 이 증폭기에는 AC 커플링 캐패시터 C_{c1}, C_{c2}와 AC 바이패스 캐패시터 C_b가 외부 캐패시터로 사용되고 있고, MOSFET 내부의 기생 캐패시터로 게이트-소스 캐패시터 C_{gs} 및 게이트-드레인 캐패시터 C_{gd}가 존재한다.

이 증폭기의 전압이득의 일반적인 주파수 응답 특성은 그림 19-1(b)와 같다. 이 그래프는 보드플랏(Bode Plot) 형식으로 Y축 전압이득 값과 X축 주파수 값을 모두 로그(Log) 스케일로 그린 그래프이다. 일반적으로 주파수 응답 특성은 저주파 대역(Low-Band), 중간주파수 대역(Mid-Band), 고주파 대역(High-Band)의 세 대역으로 구분한다.

중간주파수 대역(Mid-Band)에서는 외부 캐패시터는 단락(Short)으로 보이고, 내부 기생 캐패시턴스는 개방(Open)으로 보이는 주파수 대역이다. 따라서, 중간주파수 대역에서는 내부 및 외부 캐패시터 모두가 증폭기 특성에 영향을 주지 않고, 증폭기의 이득은 캐패시터의 영향이 무시되고 나타나게 된다. 주어진 공통 소스 증폭기의 중간주파수 대역에서의 전압이득은 다음과 같다.

$$A_V = -g_m(R_D \parallel R_L) \tag{1}$$

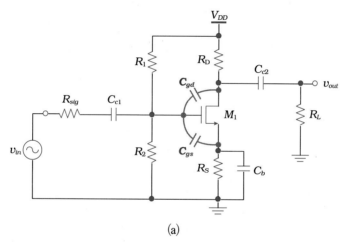

(a)

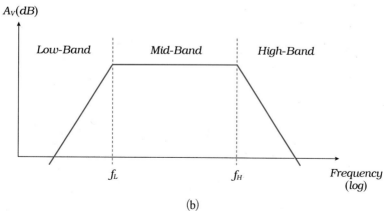

(b)

그림 19-1   캐패시터 성분을 포함한 증폭기

(a) 회로도, (b) 일반적인 주파수 응답 특성

중간주파수 대역보다 주파수가 더 높아지거나 낮아지게 되면 전압이득이 감소하게 된다. 중간주파수 대역 대비 전압이득이 3 dB가 감소하는 주파수를 차단주파수라고 하는데, 그림 19-1(b)에서 보이듯 저주파 대역 차단주파수는 f_L이고, 고주파 대역 차단주파수는 f_H이다.

일반적으로 저주파 대역(Low-Band)에서는 내부 기생 캐패시터는 개방(Open)으로 보이기 때문에 무시되고 외부 캐패시터만 주파수 특성에 영향을 주게 된다. C_{c1}, C_{c2}, C_b 각각의 외부 캐패시터에 의한 시상수(Time Constant)는 다음과 같이 주어지고, 이에 따른 저주파 대역 차단주파수 f_L은 시상수의 합의 역수로 구할 수 있다.

$$\tau_{c1} = \left(R_{sig} + \left(R_1 \parallel R_2 \right) \right) C_{c1} \tag{2}$$

$$\tau_{c2} = \left(R_D + R_L \right) C_{c2} \tag{3}$$

$$\tau_{cb} = \left(\frac{1}{g_m} \parallel R_S \right) C_b \tag{4}$$

$$f_L = \frac{1}{2\pi} \cdot \frac{1}{\tau_{c1} + \tau_{c2} + \tau_{cb}} \tag{5}$$

고주파 대역(High-Band)에서는 외부 캐패시턴스는 단락(Short)으로 보여 무시되고, 내부 기생 캐패시턴스의 임피던스만 전압이득에 영향을 주게 된다. 고주파 대역 해석을 용이하게 하기 위해, C_{gd}를 밀러효과(Miller's Effect)를 반영해서 입출력 단의 두 개의 캐패시터로 분리하고 주어진 회로의 소신호 등가회로를 그리면 그림 19-2와 같다.

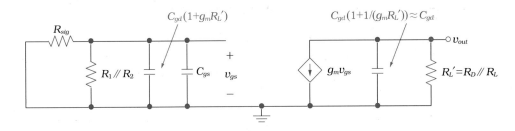

그림 19-2   밀러효과를 적용한 고주파 대역 등가회로

등가회로에 따라 입력 및 출력 쪽에서의 캐패시턴스에 의한 시상수와 그에 따른 고주파 차단주파수는 다음과 같다.

$$\tau_{in} = \left(C_{gs} + C_{gd} \cdot (1 + g_m R'_L) \right) \left(R_{sig} \parallel R_1 \parallel R_2 \right) \tag{6}$$

$$\tau_{out} = C_{gd} R'_L \tag{7}$$

$$f_H = \frac{1}{2\pi} \cdot \frac{1}{\tau_{in} + \tau_{out}} \tag{8}$$

고주파 대역 주파수 응답 해석에서 실질적으로 어려운 점은 트랜지스터 내부 기생 캐패시턴스 값을 정확히 알 수 없다는 것이다. 트랜지스터 내부 기생 캐패시턴스는 대개 바이어스 조건에 따라 달라지고, SPICE 모델에도 복잡한 수식으로 표현되어 있기 때문에, 그 값이 특정되어 하나의 값으로 명확히 표시되지 않기 때문이다. 그래서, 앞에서 유도한 식은 증폭기의 고주파 대역 차단주파수 f_H의 정확한 값을 계산하기보다는, 각 회로 변수에 따른 경향성을 보기 위해 참조되는 것이 일반적이다.

본 장에서 설명한 공통 소스 증폭기 외에도 일반적인 다른 형태의 회로에 대해서도 같은 방식으로 주파수 응답이 결정된다. 즉, 주어진 회로의 외부 캐패시턴스에 의한 시상수에 의해서 저주파 차단주파수 f_L이 결정되고, 트랜지스터 내부 기생 캐패시턴스에 의한 시상수에 의해서 고주파 차단주파수 f_H가 결정된다.

3 필요 장비 및 부품

- 장비: DC 전원공급기, 멀티미터, 함수발생기, 오실로스코프
- 부품: MOSFET (2N7000), 저항 (100 Ω, 1 kΩ, 3 kΩ, 5 kΩ, 10 kΩ, 50 kΩ, 100 kΩ), 캐패시터 (10 nF, 1 μF, 10 μF)

4 ▶ 예비 리포트

(1) 그림 19-3 공통 소스 증폭기에 대해 중간주파수 대역 전압이득, 저주파 차단주파수 f_L, 고주파 차단주파수 f_H를 계산하라.

(2) SPICE 시뮬레이션 과제를 수행하고 그 결과를 보여라.

(3) 본 실험 순서에 따른 내용을 읽고 이론적인 계산이 필요한 부분은 결과를 구하라.

5 ▶ SPICE 시뮬레이션

(1) 그림 19-3의 회로를 SPICE에서 구성하고, DC 시뮬레이션을 통해서 바이어스 조건을 확인하라.

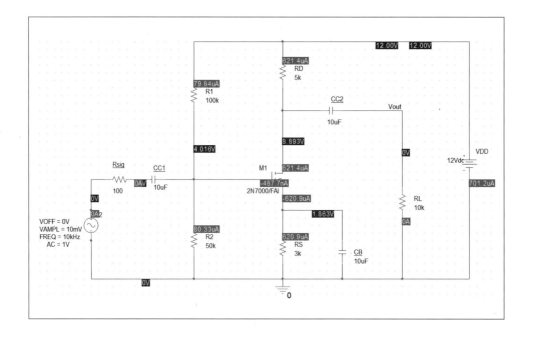

⑵ 입력신호를 크기가 1 V인 AC 신호로 설정하고 10 Hz에서 10 MHz 주파수 범위에
    서 AC 시뮬레이션을 수행하라. 전압이득의 주파수 응답 특성 곡선을 그려라. 이
    때 주파수 X축 및 이득 Y축 모두 로그 스케일로 그려라.

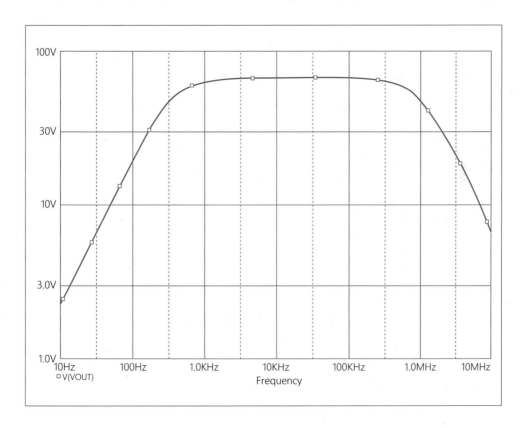

⑶ AC 시뮬레이션 결과로부터 중간주파수 대역 이득, 저주파 차단주파수 f_L, 고주파
    차단주파수 f_H를 구하라.

중간주파수 대역 이득 (A_V) = _____

저주파 대역 차단주파수 (f_L) = _____

고주파 대역 차단주파수 (f_H) = _____

(4) 입력신호를 10 mV 진폭의 정현파 신호로 인가하고 시간 영역 시뮬레이션을 수행
하라. 입력신호의 주파수를 중간주파수 대역 내 임의의 주파수, 저주파 대역 차단
주파수, 고주파 대역 차단주파수의 세 개의 경우에 대해 출력신호를 확인하라.

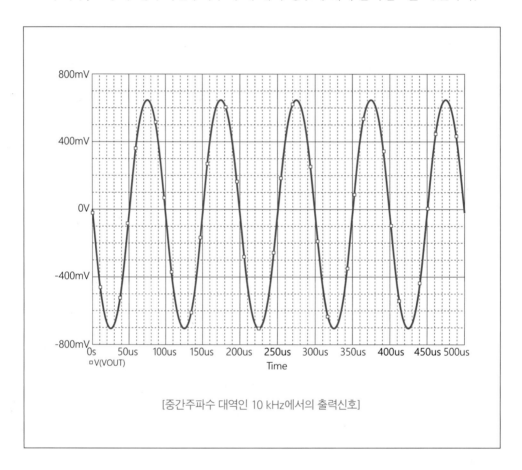

[중간주파수 대역인 10 kHz에서의 출력신호]

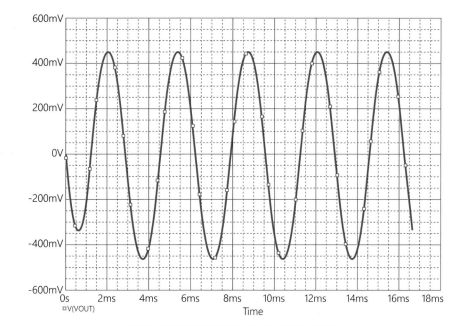

[저주파 대역 차단주파수인 300 Hz에서의 출력신호]

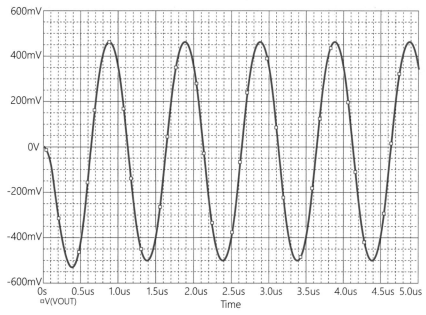

[고주파 대역 차단주파수인 1 MHz에서의 출력신호]

(5) 시간 영역 시뮬레이션을 통해 얻은 결과를 바탕으로 전압이득을 구하라. 시간 영역 시뮬레이션에서 얻은 전압이득과 AC 시뮬레이션을 통해 얻은 전압이득은 서로 같아야 한다. 같은지 확인하라.

중간주파수 대역 이득 비교 (AC 대 시간 영역 결과) = _____

저주파 대역에서 이득 비교 (AC 대 시간 영역 결과) = _____

고주파 대역에서 이득 비교 (AC 대 시간 영역 결과) = _____

(6) C_{c1}, C_{c2}, C_b를 1 μF으로 변경하고 AC 시뮬레이션을 수행하고 다음의 특성값을 확인하라.

중간주파수 대역 이득 (A_V) = _____

저주파 대역 차단주파수 (f_l) = _____

고주파 대역 차단주파수 (f_H) = _____

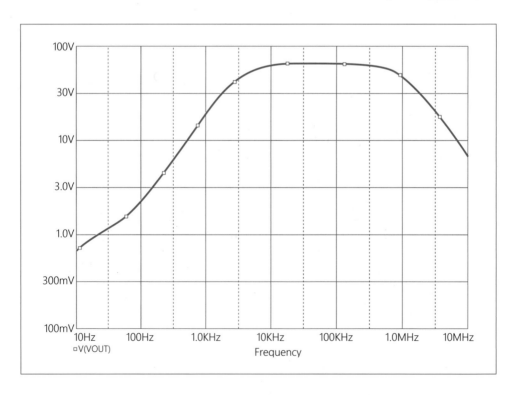

(7) 저주파 대역 차단주파수가 얼마나 변하였는가? 그 이유는 무엇인가?

(8) C_{c1}, C_{c2}, C_b를 원래의 10 μF으로 복원하고 R_{sig} = 1 kΩ으로 변경하라. AC 시뮬레이션을 수행하고 다음의 특성 값을 확인하라.

중간주파수 대역 이득 (A_V) = _____

저주파 대역 차단주파수 (f_L) = _____

고주파 대역 차단주파수 (f_H) = _____

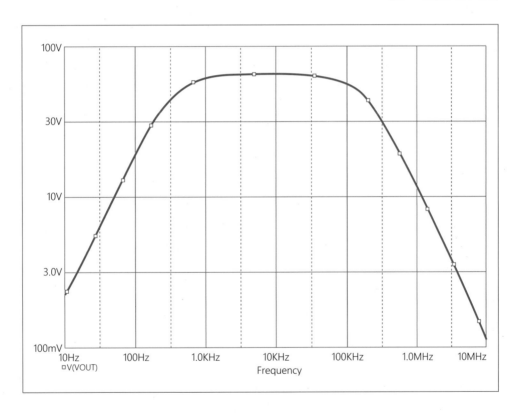

(9) 고주파 대역 차단주파수가 얼마나 변하였는가? 그 이유는 무엇인가?

6 실험 내용

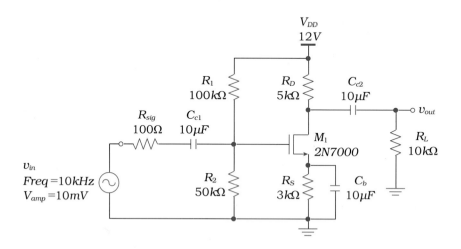

그림 19-3 공통 소스 증폭기 주파수 응답 실험 회로

(1) 그림 19-3 공통 소스 증폭기 회로를 브레드보드에 구성하라.

(2) 전원전압 V_{DD}를 연결하고 바이어스 조건을 측정하라. MOSFET은 정상적으로 포화영역에 바이어스 되어 있는지 확인하라.

※ 주의: 본 실험에서 증폭기가 적절히 동작하기 위해서 드레인 전류가 600 µA 정도가 되어야 한다. 만약 처음 측정된 드레인 전류가 20 % 이상의 차이가 있다면, R_s 값을 조정하여 드레인 전류가 600 µA 정도가 되도록 회로를 변경하고 실험을 진행하라.

게이트 전압, 드레인 전압, 소스 전압 (V_G, V_D, V_S) = _____

게이트 전류 (I_D) = _____

(3) 입력신호에 10 kHz 주파수, 10 mV 진폭의 정현파 신호를 인가하고 출력신호의 파형을 측정하라.

(4) 전압이득은 얼마인가? 측정된 전압이득과 이론적으로 계산된 값을 비교하라.

(5) 입력신호의 주파수를 10 kHz에서 2배씩 증가시키면서, 출력신호의 크기를 측정하고, 이를 전압이득으로 환산하라.

주파수(kHz)	입력신호 크기(mV)	출력신호 크기(mV)	전압이득
10			
20			
40			
80			
160			
320			
640			
1,280			
2,560			
5,120			
10,240			

(6) 위의 측정 결과를 기반으로 고주파 대역 차단주파수를 알아내고 측정을 통해 확인
하라.

고주파 대역 차단주파수 f_H (측정값) = _____

(7) 고주파 대역 차단주파수를 이론적으로 계산하여 구하고 이를 측정값과 비교하라.

고주파 대역 차단주파수 f_H (이론값) = _____

(8) 입력신호의 주파수를 1 kHz에서 2배씩 감소시키면서, 출력신호의 크기를 측정하
고, 이를 전압이득으로 환산하라.

주파수(Hz)	입력신호 크기(mV)	출력신호 크기(mV)	전압이득
1,000			
500			
250			
125			
62.5			
31.2			
15.6			
7.8			
3.9			

(9) 위의 측정 결과를 기반으로 저주파 대역 차단주파수를 정확히 알아내고 측정을 통해 확인하라.

저주파 대역 차단주파수 f_L (측정값) = _____

(10) 저주파 대역 차단주파수를 이론적으로 계산하여 구하고 이를 측정값과 비교하라.

저주파 대역 차단주파수 f_L (이론값) = _____

(11) 위의 실험을 통해 얻은 전압이득을 이용하여 전압이득의 주파수 응답 특성 그래프를 그려라. 그래프의 Y축은 전압이득을 dB 값으로, X축은 주파수를 로그 스케일로 그린다.

(12) 주어진 회로에서 R_{sig}를 1 kΩ으로 변경하여, 전압이득의 주파수 응답을 다시 측정
하라. 측정 결과를 보드플랏 형식으로 그려라.

(13) R_{sig} = 100 Ω일 때 비해서, 전압이득의 주파수 응답 특성은 어떻게 변하였는가?
중간 대역에서의 전압이득은 변하였는가? 하위 차단주파수는 변하였는가? 상위
차단주파수는 어떻게 변하였는가?

중간주파수 대역 이득 (A_V) = _____

저주파 대역 차단주파수 (f_L) = _____

고주파 대역 차단주파수 (f_H) = _____

(14) 고주파 대역 차단주파수의 변화량을 이론적으로 예측해 보고 이를 측정 결과와 비
교하라.

(15) 세 개의 외부 캐패시터 C_{c1}, C_{c2}, C_b에 대해, 두 개의 캐패시터는 원래의 10 μF을 유지한 상태에서, 한 개의 캐패시터만 차례대로 1 μF으로 변경하고, 저주파 대역 차단주파수를 다시 측정하라.

$$C_{c1} = 1 \text{ μF일 때 저주파 대역 차단주파수 } (f_l) = \text{_____}$$

$$C_{c2} = 1 \text{ μF일 때 저주파 대역 차단주파수 } (f_l) = \text{_____}$$

$$C_b = 1 \text{ μF일 때 저주파 대역 차단주파수 } (f_l) = \text{_____}$$

(16) 위의 실험에서 어떤 외부 캐패시터가 저주파 대역 차단주파수에 가장 큰 영향을 미치는가? 그 이유는 무엇인지 이론적으로 설명하라.

저주파 대역 차단주파수에 가장 영향이 큰 캐패시터 = _____

(17) 실험 중 어떤 학생이 실수로 R_D와 병렬로 10 nF을 연결하였다. 이때 증폭기의 주파수 응답은 어떻게 변할까? 이론적으로 예측해 보고, 이를 실험으로 확인하라. 실험 결과를 SPICE 시뮬레이션을 통해서도 확인하라.

내용 정리 퀴즈

1. 증폭기의 고주파 대역 차단주파수를 결정하는 주요 캐패시터 성분은 무엇인가?

    ① 외부 캐패시터

    ② 트랜지스터 내부 캐패시터

    ③ 내외부 캐패시터 성분 모두

    ④ 측정 장비의 캐패시터 성분

2. 설계한 회로의 저주파 대역 차단주파수가 너무 높다고 확인되었다. 다음 중 이를 가장 많이 낮출 수 있는 방법으로 적당한 것은 무엇인가?

    ① 사용된 모든 외부 캐패시터 증가

    ② 사용된 모든 외부 캐패시터 감소

    ③ 입출력 단자에 직렬 연결된 외부 캐패시터 증가

    ④ AC 바이패스 캐패시터 증가

3. 트랜지스터 내부 캐패시터인 C_{gd}는 C_{gs}보다 일반적으로 매우 작다. 그럼에도 불구하고 공통 소스 증폭기의 경우 C_{gd}가 회로의 주파수 응답에 큰 영향을 끼치게 된다. 그 이유는 무엇인가?

    ① 채널 변조 효과 　　　　　② 바디효과

    ③ 캐패시터 상쇄 효과 　　　④ 밀러효과

4. 어떤 증폭기의 이득이 10이고 고주파 대역 차단주파수가 1 MHz이다. 만약 이 증폭기가 1차 저역통과필터와 같은 주파수 응답 특성을 갖는다면 10 MHz에서의 이득은 얼마로 예상되는가?

    ① 10 　　　　　　　　　　② 1

    ③ 0.1 　　　　　　　　　　④ 0.01

5. 다음은 우리 일상에서 자주 접하는 신호의 주파수 대역이다. 올바르지 않은 것은?

① 음성 신호는 20 Hz에서 20 kHz 대역

② 와이파이 및 블루투스 신호는 2.4 GHz 대역

③ 휴대전화 신호는 1 GHz 및 2 GHz 대역

④ 무선충전기의 무선 전력 신호는 100 MHz 대역

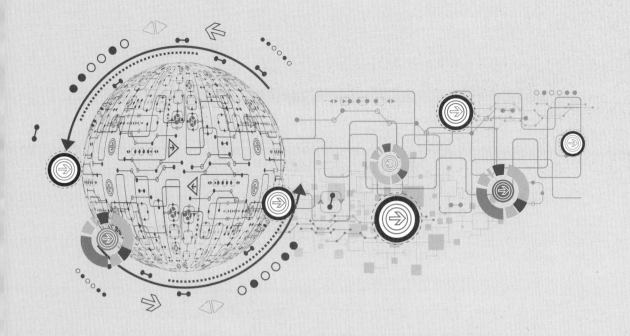

실험 20

푸시풀 증폭기

1   개요

일반적인 전자 시스템의 최종단에서는 구동해야 하는 부하저항이 수십 Ω 정도로 작은 경우가 많다. 이와 같이 부하저항이 작아서 큰 전류로 구동해야 하는 경우를 '부하가 크다'라고 한다. 예를 들어, 우리가 흔히 접하는 오디오 시스템의 최종 출력단에는 스피커가 연결되는데, 스피커의 입력저항은 약 8 Ω 정도로 매우 작다. 이러한 스피커에 큰 소리를 출력하려면, 즉, 일정 크기 이상의 전력을 전달하려면, 출력단에서 부하로 충분히 큰 전류를 공급해야 한다. 이와 같이, 큰 부하에 높은 전류를 전달하여 높은 출력 전력을 발생시키는 증폭기를 출력단 전력 증폭기(Output Stage Power Amplifier)라 한다. 본 실험에서 다루고자 하는 푸시풀 증폭기(Push-Pull Amplifier)는 이러한 출력단 전력 증폭기의 대표적인 회로이다.

본 실험에서는 BJT를 사용한 푸시풀 증폭기의 구조 및 동작 원리를 이해하고 SPICE 시뮬레이션을 통한 회로 해석과 관련 실험을 수행한다.

2   배경 이론

그림 20-1은 푸시풀 증폭기의 기본 회로이다. NPN 트랜지스터 Q_1과 PNP 트랜지스터 Q_2로 구성된다. Q_1, Q_2의 베이스 단자에 공통으로 입력신호가 인가되고, 에미터 공통단자에서 출력이 발생된다. 전원전압은 $+V_{CC}$, $-V_{CC}$가 공급되며, 입출력 단자는 DC 바이어스 상태에서 그 중간 값인 0 V에 바이어스 되어 있다.

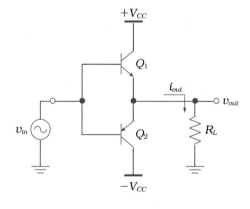

그림 20-1   푸시풀 증폭기 기본 회로

그림 20-2는 푸시풀 증폭기의 입출력 전압 전달특성 그래프이다. v_{in} = 0 V인 상태, 즉 DC 바이어스 상태에서는 Q_1, Q_2 모두 턴오프되어 있다. v_{in}이 증가하여, Q_1의 베이스-에미터 다이오드를 턴온 시키는 전압 $V_{BE,on}$(약 0.7 V)을 넘어서게 되면, Q_1은 턴온되고, Q_2는 턴오프 상태가 된다. 따라서, 이 상태에서는 푸시풀 증폭기가 Q_1에 의한 에미터 팔로어 회로와 같아진다. 에미터 팔로어의 특성상 출력전압 v_{out}은 입력전압 v_{in}을 그대로 따라가게 된다. 따라서, 전압 전달특성 그래프가 기울기가 거의 1인 직선이 된다. 출력전압 v_{out}이 계속 증가하여, Q_1의 콜렉터-에미터 전압이 V_{CEsat}에 도달하게 되면, Q_1이 포화영역에 들어가게 되고, 출력전압은 더 이상 증가하지 못하게 된다.

v_{in}이 0 V에서 감소하는 경우에는, v_{in}이 $-V_{BE,on}$을 넘어서게 될 때, Q_2는 턴온되고, Q_1은 턴오프 상태가 된다. 따라서, 이 경우는 푸시풀 증폭기가 Q_2에 의한 에미터 팔로어로서 동작하게 된다.

출력 전류 i_{out}에 대해 생각해보면, 양의 출력전압을 발생시킬 때는 Q_1이 출력 전류 i_{out}을 부하저항 R_L에 밀어 넣는 동작, 즉 푸시(Push) 동작을 하게 되고, 음의 출력전압을 발생시킬 때는 Q_2가 출력 전류 i_{out}을 부하저항 R_L에서 당겨오는 동작, 즉 풀(Pull) 동작을 하게 된다. 이러한 이유로 이 회로를 푸시풀 증폭기라 부른다.

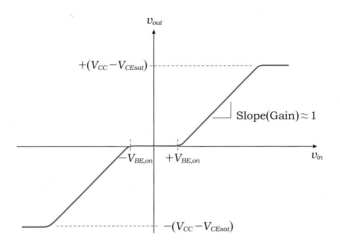

그림 20-2   푸시풀 증폭기 전압 전달특성

　　그림 20-3은 푸시풀 증폭기에 정현파 신호가 인가될 때 입출력파형을 보이고 있다. 대체로 정현파 입력신호가 출력에 거의 그대로 전달되고 있음을 알 수 있다. 한 가지 문제점은, v_{in}의 절대값이 $V_{BE,on}$보다 작을 때는 Q_1, Q_2 모두 턴오프 상태를 유지하기 때문에, 출력전압 v_{out}이 0 V가 된다. 따라서, 출력파형을 보면, 출력전압이 0 V를 지날 때 출력신호가 사라지는 왜곡이 생기는 것을 볼 수 있다. 이를 교차왜곡(Crossover Distortion)이라 한다.

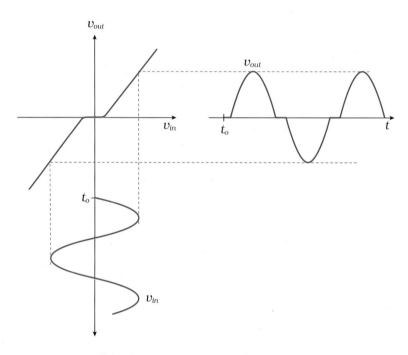

그림 20-3　푸시풀 증폭기의 입출력파형 및 교차왜곡

　　푸시풀 증폭기의 교차왜곡을 제거하기 위해서 그림 20-4(a)와 같이 베이스 입력단자에 다이오드 D_1, D_2를 추가로 연결하고, R_1, R_2를 이용하여 바이어스 되도록 한다. 이렇게 하면, 바이어스된 D_1, D_2에 의해 $2V_{BE,on}$ 전압이 발생되고, 이는 Q_1, Q_2를 언제나 턴온 상태에 바이어스 되도록 한다. 따라서, 이 푸시풀 증폭기의 입출력 전압 전달 특성은 그림 20-4(b)와 같이 교차왜곡이 사라진 모습을 얻게 된다. 여기서, 입력신호

v_{in}의 연결점으로 두 개 다이오드의 하단점(A점), 중간점(B점), 상단점(C점)의 세 가지 경우가 가능하다. 예를 들어, A점에 입력신호를 인가하면, v_{in} = 0 V일 때, v_{out} = $V_{BE,on}$ 이 될 것이다.

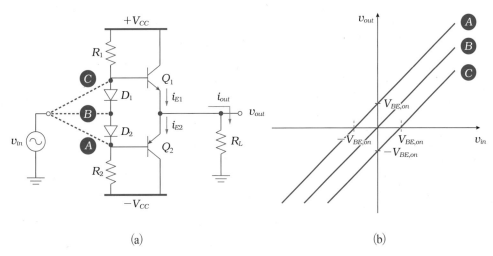

그림 20-4　교차왜곡을 제거한 푸시풀 증폭기
(a) 회로도, (b) 입출력 전달특성

입출력파형이 교차왜곡 없이 완벽한 정현파라고 가정할 때 푸시풀 증폭기의 전력 효율을 구해보자. 출력전압의 진폭이 v_{out}일 때 부하에 전달되는 평균 전력은 다음과 같다.

$$P_L = \frac{v_{out}^2}{2R_L} \tag{1}$$

R_L에 공급되는 전류는 최댓값이 v_{out}/R_L인 반파 정현파 형태이므로, 평균 전류는 $1/\pi \times v_{out}/R_L$이 된다. 따라서, 두 개의 전원전압 $+V_{CC}$ 및 $-V_{CC}$로부터 공급되는 전체 평균 전원 전력은 다음과 같다.

$$P_{\text{supply}} = 2 \cdot \frac{1}{\pi} \cdot \frac{v_{out}}{R_L} \cdot V_{CC} \tag{2}$$

증폭기의 콜렉터 효율(Collector Efficiency)은 전원으로부터 공급되는 전력(P_{supply})에 대한 부하에 전달되는 전력(P_L)의 비율로 정의된다. 따라서, 푸시풀 증폭기의 콜렉터 효율은 다음과 같다.

$$\eta = \frac{P_L}{P_{supply}} = \frac{\pi}{4} \cdot \frac{v_{out}}{V_{CC}} \tag{3}$$

식 (3)에서 알 수 있듯이, 푸시풀 증폭기의 콜렉터 효율은 출력전압의 크기에 따라 증가하게 된다. 출력전압의 최대 진폭은 $V_{CC}-V_{CEsat}$로 결정되는데, V_{CEsat}을 무시하면 푸시풀 증폭기의 최대 효율은 다음과 같다.

$$\eta = \frac{\pi}{4} = 78.5\,\% \tag{4}$$

3 필요 장비 및 부품

- 장비: DC 전원공급기, 멀티미터, 함수발생기, 오실로스코프
- 부품: 중전력 NPN 트랜지스터 (BD237), 중전력 PNP 트랜지스터 (BD234), 저항 (20 Ω, 100Ω, 500Ω), 다이오드 (1N4148)

4 ▷ 예비 리포트

(1) 본 실험에서 사용하는 중전력 트랜지스터(BD234, BD237)는 기존 저전력 일반 트랜지스터(2N3904, 2N3906)에 비해 높은 전력을 지원한다. 트랜지스터의 데이터 시트를 찾아보고 최대 콜렉터 전류, 최대 콜렉터-에미터 전압, 전류이득, V_{CEsat}, $V_{BE,on}$ 등의 트랜지스터 주요 성능 변수 값을 조사하고 비교하라.

(2) SPICE 시뮬레이션 과제를 수행하고 그 결과를 보여라.

(3) 본 실험 순서에 따른 내용을 읽고 이론적인 계산이 필요한 부분은 결과를 구하라.

5 ▷ SPICE 시뮬레이션

(1) 그림 20-5는 시뮬레이션을 위한 푸시풀 증폭기 회로이다. 전원전압 +/− 10 V를 사용하고 부하저항 100 Ω을 구동하고 있다. 교차왜곡 제거를 위해 2개의 다이오드를 사용하였고 입력신호는 다이오드의 중간점으로 인가한다. 입출력 신호는 DC 차단 캐패시터 없이 직접 연결되어 있다.

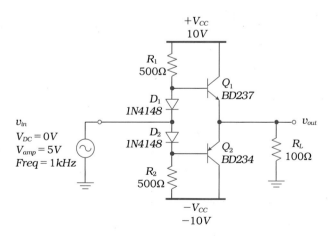

그림 20-5   기본형 푸시풀 증폭기 시뮬레이션 회로

(2) 주어진 회로를 SPICE로 구성하고 DC 바이어스 조건을 구하라. 입력신호가 직접 DC로 연결이 되어 있기 때문에 입력신호의 DC 값을 0 V로 설정해야 한다.

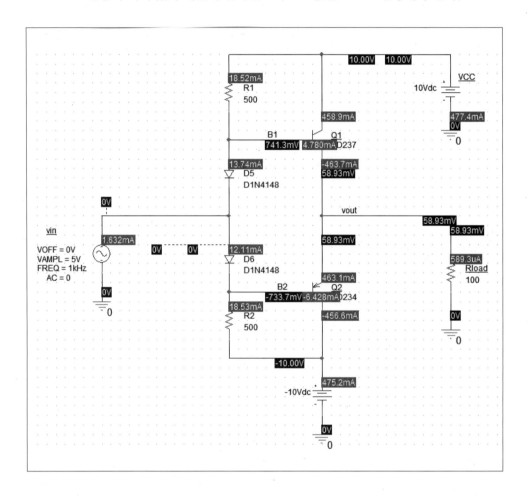

(3) Q_1, Q_2의 콜렉터 전류, 베이스-에미터 전압, 입출력 전압은 얼마인가?

$$Q_1, Q_2 \text{ 콜렉터 전류 } (I_{C1}, I_{C2}) = \underline{\hspace{2cm}}$$

$$Q_1, Q_2 \text{ 베이스-에미터 전압 } (V_{BE1}, V_{BE2}) = \underline{\hspace{2cm}}$$

$$\text{입력 DC 전압 } (v_{in}) = \underline{\hspace{2cm}}$$

$$\text{출력 DC 전압 } (v_{out}) = \underline{\hspace{2cm}}$$

(4) 입력 DC 전압을 −10 V에서 +10 V까지 변화시켜서, 입출력 전압의 전달특성 그 래프를 그려라. 교차왜곡이 발생하는가?

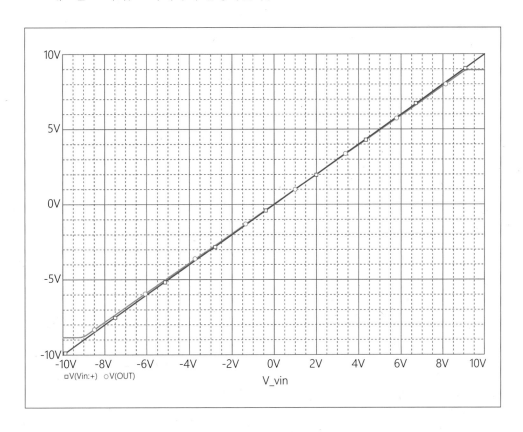

(5) 입출력 전달특성으로부터 다음을 구하라.

최대 출력전압 $(v_{out,max})$= _____

최소 출력전압 $(v_{out,min})$= _____

최대 출력전압에서 부하에 전달되는 전력 $(P_{out} @ v_{out,max})$= _____

최소 출력전압에서 부하에 전달되는 전력 $(P_{out} @ v_{out,min})$= _____

(6) 입력신호 v_{in}을 주파수 1 kHz, 진폭 5 V의 정현파로 설정하고, 시간 영역 시뮬레이션을 수행하고 입출력파형을 확인하라. 푸시풀 증폭기가 부하를 제대로 구동하고 있는가?

입력신호 크기 (v_{in})= _____

출력신호 크기 (v_{out})= _____

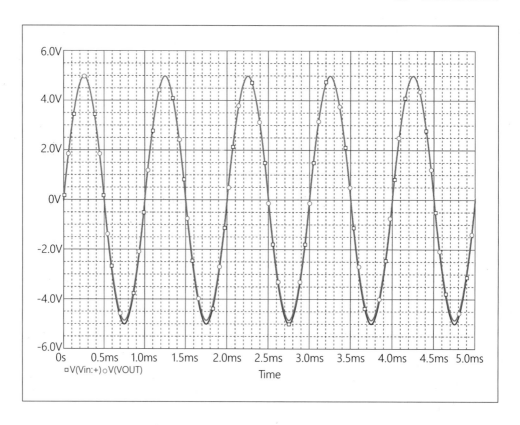

(7) 출력신호의 크기로부터 부하에 전달되는 출력 전력을 구하라.

부하에 전달되는 출력 전력 (P_{out})= _____

(8) 앞선 푸시풀 증폭기에는 교차왜곡 제거를 위해 두 개의 다이오드가 사용되었다. 그런데, 이 두 개의 다이오드로 인해 트랜지스터에 과도한 DC 바이어스 전류가 흐르는 문제가 발생할 수 있다. 이 문제를 해결하고자 다이오드를 1개만 사용해도 된다. 이렇게 하면 교차왜곡이 완전히 제거되지 못하는 단점이 있지만 Q_1, Q_2의 DC 바이어스 전류를 상당히 줄일 수 있다. 한편, 푸시풀 증폭기의 입력 임피던스가 비교적 작기 때문에 입력신호원의 전원저항 R_{sig}가 전체 회로 성능에 큰 영향을 줄 수 있다. 이를 고려하기 위해 입력신호원의 전원저항으로서 R_{sig} = 100 Ω을 삽입한다.

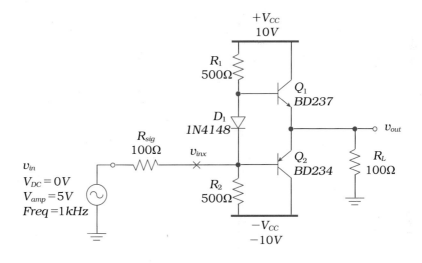

그림 20-6   변형된 푸시풀 증폭기 시뮬레이션 회로

(9) 이와 같이 변형된 푸시풀 증폭기를 SPICE로 구성하고 DC 바이어스 조건을 구하라. DC 바이어스 전류는 얼마인가? 앞선 기본형에 비해서 많이 줄었는가?

콜렉터 바이어스 전류 (I_{C1}, I_{C2})= _____

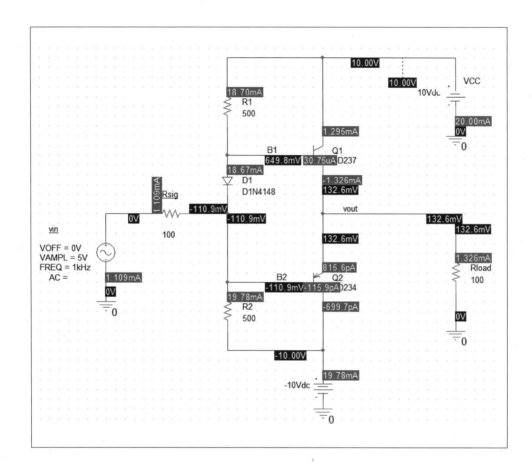

(10) 입력전압 v_{in}의 DC 값을 −10 V에서 +10 V까지 변화시켜서, 입출력 전달특성을 알아보라. 입력전압 v_{in}, 푸시풀 유효 입력전압 v_{inx}, 출력전압 v_{out} 그래프를 그려라. v_{in}의 교차왜곡이 발생하는가?

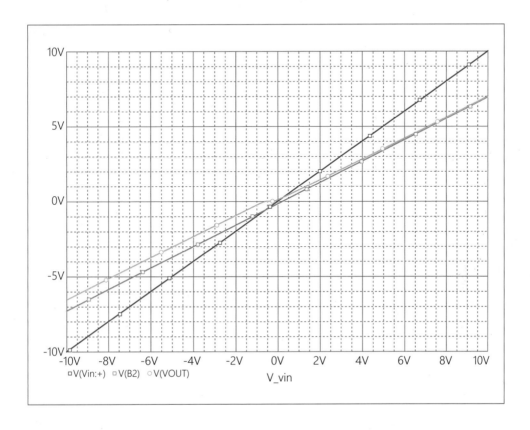

□V(Vin:+)　□V(B2)　○V(VOUT)

V_vin

(11) 입출력 전달특성 그래프의 기울기로부터 소신호 이득을 구할 수 있다. v_{in}에서 v_{inx}까지의 이득, 그리고, v_{in}에서 v_{out}까지의 전압이득을 구하라.

v_{in}에서 v_{inx}까지의 전압이득 $(A_V)=$ _____

v_{in}에서 v_{out}까지의 전압이득 $(A_V)=$ _____

(12) 입력신호 v_{in}을 주파수 1 kHz, 진폭 5 V의 정현파로 설정하고, 시간 영역 시뮬레이션을 수행하고 입력신호 v_{in}, 유효 입력신호 v_{inx}, 출력신호 v_{out}의 파형을 확인하라. 푸시풀 증폭기가 부하를 제대로 구동하고 있는가?

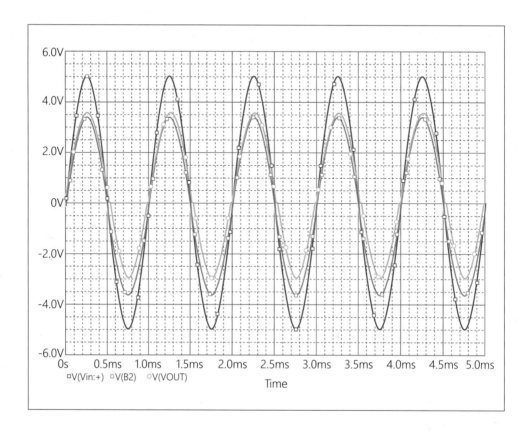

입력신호 크기 (v_{in})= _____

출력신호 크기 (v_{out})= _____

(13) 출력신호에서 교차왜곡이 있는가? 이는 앞선 DC 시뮬레이션에서 얻은 결과와 일치하는가?

(14) 출력신호의 크기로부터 부하에 전달되는 출력 전력을 구하라.

부하에 전달되는 출력 전력 (P_{out})= _____

6   실험 내용

(1) 그림 20-7은 푸시풀 증폭기 실험 회로이다. 그림 20-6의 SPICE 시뮬레이션에서 제시한 회로를 사용하였다. 한 가지 차이점은 입력신호원의 전원저항 R_{sig}는 별도로 추가하지 않은 것인데, 이는 R_{sig}가 입력신호원의 전원저항에 포함되어 있다고 봤기 때문이다. 주어진 회로를 브레드보드에 구성하라. 전원전압은 연결하지 않는다.

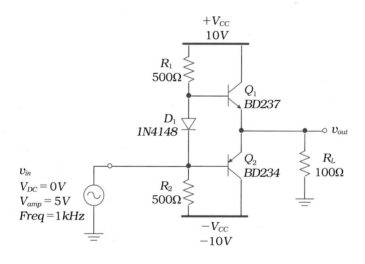

그림 20-7   푸시풀 증폭기 실험 회로

(2) 전원전압 +/− 10 V와 입력 DC 전압 0 V를 인가하고, 아래 바이어스 조건을 측정하라.

베이스 전압 (V_{B1}, V_{B2}) = _____

바이어스 저항 R_1, R_2에 흐르는 전류 (I_{R1}, I_{R2}) = _____

출력 DC 전압 (v_{out}) = _____

베이스−에미터 전압 (V_{BE1}, V_{BE2}) = _____

콜렉터 전류 (I_{C1}, I_{C2}) = _____

(3) 입력전압을 −10 V에서 +10 V까지 1 V 간격으로 변화시키면서 v_{out}을 측정하라. 특히, 교차왜곡이 발생하는 구간을 찾고 이 영역에 대해서는 전압 변화 간격을 세밀하게 조정하여 입출력 전압을 측정하라.

양의 입력전압 구간		음의 입력전압 구간		교차왜곡 구간	
v_{in}(V)	v_{out}(V)	v_{in}(V)	v_{out}(V)	v_{in}(V)	v_{out}(V)
0		0			
1		−1			
2		−2			
3		−3			
4		−4			
5		−5			
6		−6			
7		−7			
8		−8			
9		−9			
10		−10			

(4) 측정 결과를 이용하여 입출력 전압 전달특성 그래프를 그려라.

⑸ 입력신호의 DC 전압을 0 V, 주파수 1 kHz, 진폭 5 V의 정현파를 인가하고 오실로스코프를 이용하여 입출력파형을 측정하고 기록하라.

⑹ 입력신호의 진폭을 증가시키면서 신호의 왜곡이 발생하는지 관찰하라. 왜곡이 발생하지 않을 정도의 최대 입력신호를 인가하고 이때의 출력신호를 측정하고 기록하라.

(7) 왜곡 없는 최대 출력신호 상태에서 부하에 전달되는 평균 전력을 구하라.

부하에 전달되는 최대 전압 신호 크기 (V) = _____

부하에 전달되는 최대 전류 신호 크기 (mA) = _____

부하에 전달되는 평균 전력 (Watt) = _____

(8) 부하저항을 20 Ω으로 변경하고, 입출력 DC 전압 전달특성을 측정하고, 그래프로
그려라.

(9) 입력신호에 DC 전압 0 V, 주파수 1 kHz, 진폭 5 V의 정현파를 인가하고 입출력 파형을 확인하라.

(10) 입력신호의 진폭을 증가시키면서 출력신호의 왜곡이 발생하지 않는 최대 입력신호를 인가하고 입출력 신호를 측정하고 기록하라. 이때 부하로 전달되는 출력 전력은 얼마인가?

1. 푸시풀 증폭기의 기본적인 회로 구조는 무엇인가?

   ① 공통 에미터 증폭기   ② 공통 베이스 증폭기

   ③ 에미터 팔로어   ④ 자농 승쏙기

2. 푸시풀 증폭기에서 입력단에 다이오드를 이용한 바이어스를 인가했을 때의 효과는 무엇인가?

   ① 이득 증가   ② 전력 효율 증가

   ③ 입력 임피던스 증가   ④ 교차왜곡 감소

3. 푸시풀 증폭기의 부하저항 R_L = 10 Ω이고, 출력전압 스윙의 최댓값이 10 V이다. 이때 BJT에 흐르는 최대 전류는 얼마인가?

   ① 1 A   ② 0.1 A

   ③ 2 A   ④ 0.2 A

4. 푸시풀 증폭기는 전력증폭기의 급(Class)을 구분할 때 무엇에 해당하는가?

   ① A 급   ② B 급

   ③ C 급   ④ D 급

5. 오디오 증폭기에서 푸시풀 증폭기가 스피커를 구동하고 있다고 가정하자. 푸시풀 증폭기가 구동해야 하는 스피커의 부하저항은 대개 어느 정도인가?

   ① 1 Ω   ② 10 Ω

   ③ 100 Ω   ④ 1 kΩ

실험 21

능동필터

1 ▶ 개요

필터(Filter)는 특정 주파수 대역의 신호만 통과시키거나 또는 반대로 차단시키는 역할을 하는 회로이다. 필터는 대개 통과 대역에 따라 구분되는데, 저역통과필터(Low-Pass Filter: LPF), 대역통과필터(Band-Pass Filter: BPF), 고역통과필터(High-Pass Filter: HPF)로 구분된다. 한편, 특정 대역은 억제하고 그 외 대역을 모두 통과시키는 대역저지필터(Band-Stop Filter: BSF)도 있다. 필터는 구성하는 소자에 따라, 캐패시터, 인덕터 등의 수동소자 만을 이용해서 만들면 수동필터(Passive Filter)라고 하고, 연산증폭기 등 능동소자를 이용해서 만들면 능동필터(Active Filter)라고 한다.

본 실험에서는 연산증폭기를 이용한 능동 저역통과필터를 살펴본다. SPICE 시뮬레이션과 실험을 통해 몇 가지 대표적인 능동필터의 동작과 특성을 알아본다.

2 ▶ 배경 이론

아래 회로는 1차 저역통과필터이다. $R_1 C_1$으로 이루어진 수동 저역통과필터 뒤에 연산증폭기 기반 비반전 증폭기가 연결된 구조이다. 비반전 증폭기의 대역폭이 $R_1 C_1$으로 이루어진 수동 저역통과필터의 대역폭보다 충분히 크다면, 전체 필터의 대역폭은 $1/(R_1 C_1)$으로 결정된다. 전체 필터의 전달 함수는 다음과 같다.

$$\frac{v_{out}}{v_{in}}(j\omega) = \frac{\left(1 + \dfrac{R_3}{R_4}\right)}{\left(1 + j\dfrac{\omega}{\omega_o}\right)} , \quad \omega_o = \frac{1}{R_1 C_1} \tag{1}$$

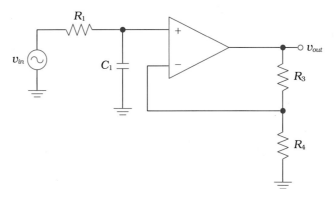

그림 21-1   1차 저역통과필터

그림 21-2는 샐런키 필터(Sallen-Key Filter)이다. 샐런키 필터는 2차 저역통과필터로서 전달함수는 다음과 같다. 이 필터의 전압이득은 1이다.

$$\frac{v_{out}}{v_{in}}(s) = \frac{1}{\left(\dfrac{s}{\omega_o}\right)^2 + \dfrac{1}{Q}\left(\dfrac{s}{\omega_o}\right) + 1},$$

$$\omega_o = \frac{1}{\sqrt{R_1 R_2 C_1 C_2}}, \quad Q = \frac{1}{R_1 + R_2}\sqrt{R_1 R_2 \frac{C_1}{C_2}} \tag{2}$$

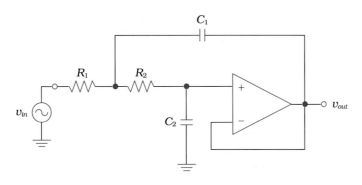

그림 21-2   이득이 1 인 샐런키 필터

샐런키 필터의 전압이득을 1보다 크게 하고 싶으면, 단일이득버퍼(Unity Gain Buffer)로 구성된 연산증폭기 회로의 피드백 부분에 전압이득을 갖는 비반전 증폭기 구조를 적용하여 변경할 수 있다. 이렇게 구성된 샐런키 필터 회로는 그림 21-3과 같다. 이 회로의 전달함수는 다음과 같다.

$$\frac{v_{out}}{v_{in}}(s) = \frac{\left(1 + \frac{R_3}{R_4}\right)}{1 + \left(R_1 C_2 + R_2 C_2 - R_1 C_1 \frac{R_3}{R_4}\right)s + R_1 R_2 C_1 C_2 s^2} \tag{3}$$

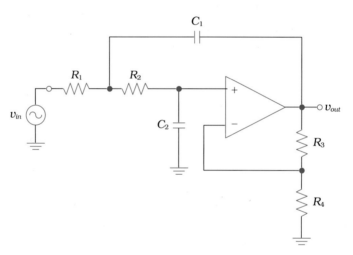

그림 21-3   이득이 1보다 큰 샐런키 필터

여기서, $R_1 = R_2$, $C_1 = C_2$라고 가정하면 2차 저역통과필터의 Q 값은 다음과 같이 주어진다.

$$Q = \frac{1}{2 - \frac{R_3}{R_4}} \tag{4}$$

이 식으로부터 이득이 1보다 큰 샐런키 필터의 Q 값은 필터의 이득을 결정하는 변수 R_3/R_4에 의해 결정됨을 알 수 있다. 예를 들어, $R_3/R_4 = 0$인 경우, 즉, 이득이 1인 샐런키 필터의 Q 값은 0.5이다. R_3/R_4이 0보다 큰 경우 복소수 극점(Complex Pole)을 가지게 되고, R_3/R_4가 2 이상인 경우 극점(Pole)이 복소평면상 우측에 존재하게 되어 필터는 불안정 상태가 된다. 예를 들어, 이득이 1보다 큰 샐런키 필터 설계 시 Q = 2로 만들고 싶다면, $R_3/R_4 = 1.5$이고, 이득은 2.5가 되도록 설계해야 한다.

3 ▶ 필요 장비 및 부품

- 장비: DC 전원공급기, 멀티미터, 함수발생기, 오실로스코프
- 부품: 연산증폭기 (uA741), 저항 (560 Ω, 1 kΩ, 1.8 kΩ, 7 kΩ), 캐패시터 (10 nF)

4 ▶ 예비 리포트

(1) 그림 21-3의 이득이 1보다 큰 샐런키 필터에서, $R_1 = R_2 = 1$ Ω, $C_1 = C_2 = 1$ F으로 하고, R_3/R_4 값을 0에서 2까지 0.2 간격으로 변화시키면서, 주어진 전달함수의 크기를 보드플랏(Bode Plot) 형식으로 그려라. 각 경우에 Q 값을 표시하라.

(2) SPICE 시뮬레이션 과제를 수행하고 그 결과를 보여라.

(3) 본 실험 순서에 따른 내용을 읽고 이론적인 계산이 필요한 부분은 결과를 구하라.

5   SPICE 시뮬레이션

(1)   그림 21-4의 이득이 1인 기본형 샐런키 필터 회로를 SPICE에서 구성하라.

(2)   입력신호의 DC 전압을 0 V로 설정하고, DC 시뮬레이션을 수행하고 바이어스 상태를 확인하라. 출력전압 v_{out}이 0 V로 정상적으로 바이어스 되어 있는가?

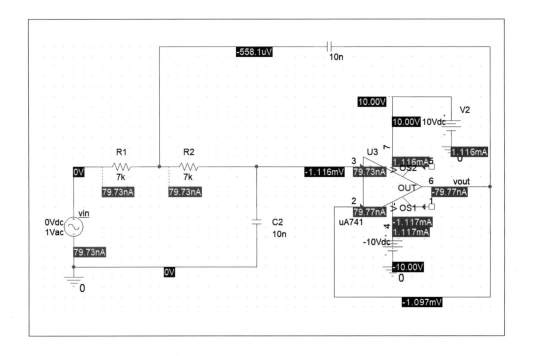

(3) 입력신호의 AC 전압을 1 V로 하고, 주파수를 10 Hz−10 kHz 범위에서 AC 시뮬
레이션 수행하라. 주파수에 대한 v_{out}의 크기를 그래프로 그릴 때, X축은 로그 스
케일로 하고, Y축을 v_{out}의 선형(Linear Scale) 및 dB 값에 대해 두 개의 그래프로
그려라.

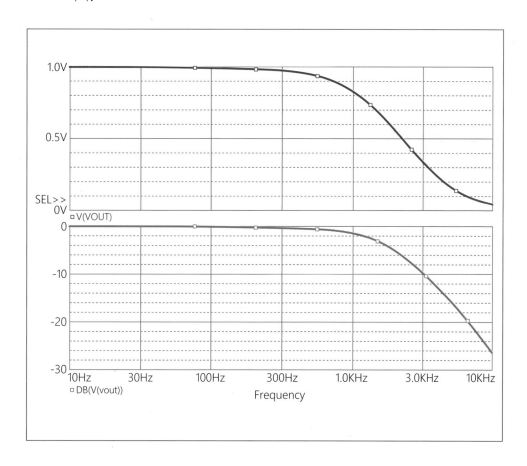

(4) 위에서 얻은 주파수 응답 그래프를 이용하여 다음 성능 변수에 답하라.

통과 대역 이득 (선형값, dB값) = _____

3dB 차단주파수 (Hz) = _____

차단주파수 이상에서 주파수 응답 특성의 기울기 (dB/dec) = _____

(5) 주어진 회로를 이득이 1보다 큰 샐런키 필터로 변형한다. 두 번째 실험 회로인 그림 21-5와 같이 $R_3 = 560\ \Omega$, $R_4 = 1\ \text{k}\Omega$으로 하라. DC 시뮬레이션을 수행하고 바이어스 조건을 확인하라. 출력전압 v_{out}이 0 V 근처에 정상적으로 바이어스 되어 있는가?

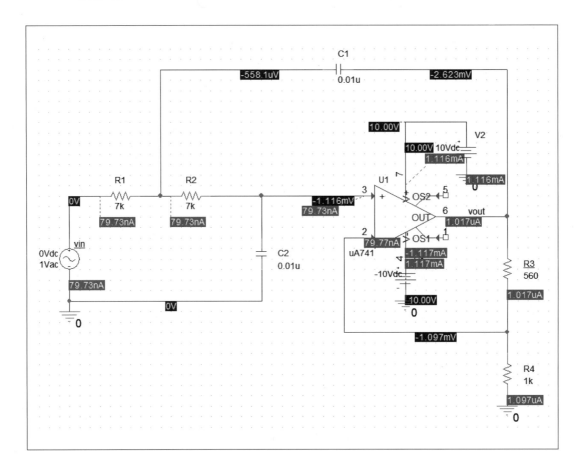

(6) 입력신호의 AC 전압을 1 V로 하고, 주파수를 10 Hz−10 kHz 범위에서 AC 시뮬레이션 수행하라. 주파수에 대한 v_{out}의 크기를 그래프로 그릴 때, X축은 로그 스케일로 하고, Y축을 v_{out}의 선형(Linear Scale) 및 dB 값에 대해 두 개의 그래프로 그려라.

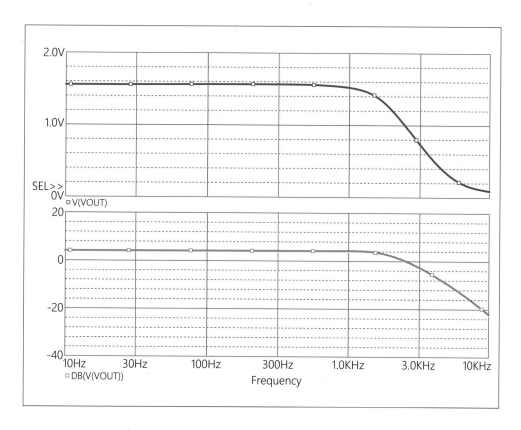

(7) 위에서 얻은 주파수 응답 그래프를 이용하여 다음 성능 변수에 답하라.

통과 대역 이득 (선형값, dB값) = _____

3dB 차단주파수 (Hz) = _____

차단주파수 이상에서 주파수 응답 특성의 기울기 (dB/dec) = _____

(8) 필터의 이득과 Q 값이 R_3/R_4에 의해 변화되는 현상을 관찰하자. R_3 값을 100 Ω에 서 1.5 kΩ까지 200 Ω 간격으로 증가시키면서 AC 시뮬레이션을 수행하고 이득의 dB 그래프를 그려라.

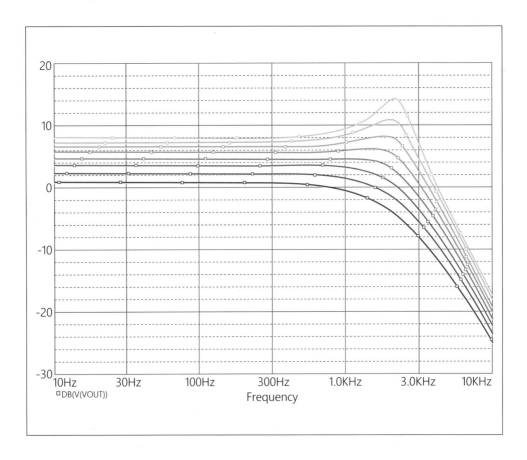

참고 : PSpice에서 Parameter Sweep 시뮬레이션 방법

Place Part에서 PARAM/SPECIAL 부품(PARAMETERS:)을 Schematic Page에 배치한다. 배치된 'PARAMETERS:'를 더블클릭하여 Property 창을 연다. Property 메뉴 중 Add New Property를 실행하고, Sweep Parameter의 변수값과 초기값을 원하는 값으로 입력한다.

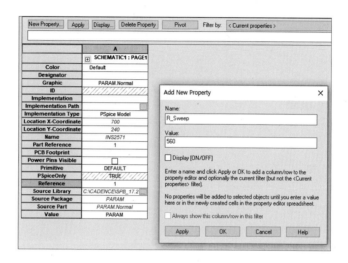

이어서 Display Property를 클릭하고 Display Format을 Name and Value로 설정한다.

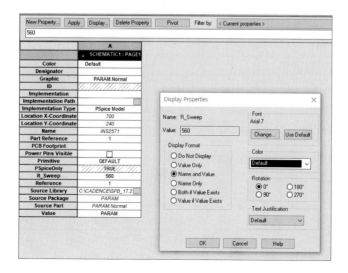

Schematic Page에서 PARAMETERS: 변수 값이 원하는 값으로 설정되어 있는지 확인할 수 있다. 다음은 변수로 지정하기 원하는 R_3의 값을 더블클릭하고, { } 괄호 안에 PARAMETERS:에 지정된 변수 이름으로 넣는다.

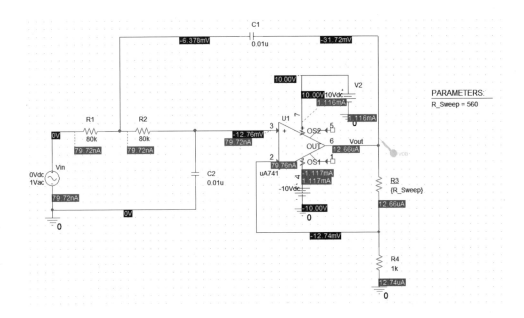

Simulation Settings 창을 열고 AC Simulation을 선택하고, Parameter Sweep을 선택한다. 우측에 Global Parameter 변수로 위에서 설정한 변수값을 입력하고, Start Value, End Value, Increment를 입력한다. 한 가지 주의할 사항은 저항값을 Sweep할 때 Start Value는 0이 될 수 없다.

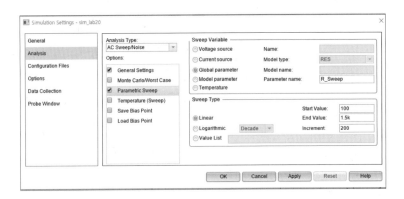

이러한 과정을 통해 Parameter Sweep 시뮬레이션을 수행할 수 있다.

(9) R_3/R_4 값에 따른 이득, 3dB 차단주파수, 이득 전달함수의 피킹(이득의 최고점이 통과 대역내 정상 이득 대비 몇 dB 높은지 나타내는 값)의 변화를 확인하라.

$R_3(\Omega)$	R_3/R_4	이득 (이론)	이득 (시뮬레이션)	차단주파수 (시뮬레이션)	Q (이론)	피킹(dB) (시뮬레이션)
100						
300						
500						
700						
900						
1,100						
1,300						
1,500						

6   실험 내용

■ 이득이 1인 기본형 샐런키 필터

(1) 그림 21-4 회로를 브레드보드에 구성하라.

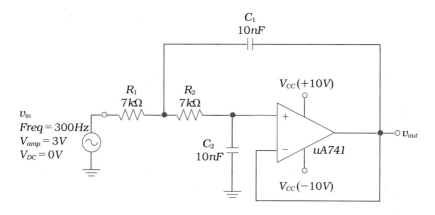

그림 21-4   이득이 1인 샐런키 필터 실험 회로

(2) 회로에 전원전압 +/− 10 V와 입력신호에는 0 V DC 전압을 인가하라. 출력전압이 0 V 근처에 안정적으로 바이어스 되어 있는가?

출력 DC 전압 (V) = _____

(3) 입력신호 v_{in}에 주파수 300 Hz, 진폭 3 V인 정현파 신호를 인가하고, 출력신호를 측정하고 기록하라. 전압이득은 얼마인가?

전압이득 (dB) = _____

(4) 입력신호의 주파수를 200 Hz에서 10 kHz까지 200 Hz 간격으로 증가시키면서, 출력신호를 측정하고 출력신호의 크기를 기록하라. 측정 시 출력신호의 변화가 작은 구간에서는 주파수 간격을 더 크게 변화시키고, 출력신호의 변화가 큰 구간에서는 주파수 간격을 더 촘촘하게 변화시키면서 필터의 주파수 응답 특성을 관찰하도록 한다.

(5) 측정 결과를 이용하여 필터의 주파수 응답 특성 그래프를 보드플랏 형식으로 그려라.

(6) 필터의 통과 대역 이득, 차단주파수, 주파수 차단 특성 기울기의 측정값을 이론값
과 비교하라.

통과 대역 이득 (측정값, 이론값) = _____

차단주파수 (측정값, 이론값) = _____

차단주파수 이상에서 주파수 응답 기울기 (측정값, 이론값) = _____

■ Q 값이 큰 샐런키 필터

(7) 앞선 회로에 R_3, R_4를 추가하여 이득이 1보다 크고, Q 값이 큰 샐런키 필터를 구
성할 수 있다. 그림 21-5 회로를 브레드보드에 구성하라.

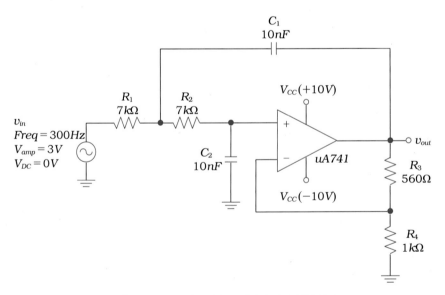

그림 21-5   이득이 1보다 큰 샐런키 필터 실험 회로

(8) 회로에 전원전압 +/− 10 V와 입력신호에는 0 V DC 전압을 인가하라. 출력전압이 0 V 근처에 안정적으로 바이어스 되어 있는가?

출력 DC 전압 = _____

(9) 입력신호 v_{in}에 주파수 300 Hz, 진폭 3 V인 정현파 신호를 인가하고, 출력신호를 측정하고 기록하라. 전압이득은 얼마인가?

전압이득 (dB) = _____

(10) 입력신호의 주파수를 200 Hz에서 10 kHz까지 200 Hz 간격으로 증가시키면서, 출력신호를 측정하고 출력신호의 크기를 기록하라. 측정 시 출력신호의 변화가 작은 구간에서는 주파수 간격을 더 크게 변화시키고, 출력신호의 변화가 큰 구간에서는 주파수 간격을 더 촘촘하게 변화시키면서 필터의 주파수 응답 특성을 관찰한다.

(11) 측정 결과를 이용하여 필터의 주파수 응답 특성 그래프를 보드플랏 형식으로 그
려라.

(12) 필터의 통과 대역 이득, 차단주파수, 주파수 차단 특성 기울기의 측정값을 기록하고 이론값과 비교하라.

통과 대역 이득 (측정값, 이론값) = _____

차단주파수 (측정값, 이론값) = _____

차단주파수 이상에서 주파수 응답 기울기 (측정값, 이론값) = _____

(13) R_3 = 1 kΩ, 1.8 kΩ으로 변화시키면서 필터의 주파수 응답 특성을 다시 측정하고, 원래 R_3 = 560 Ω 경우와 함께 보드플랏 형식으로 그래프를 그려라.

(14) R_3 = 560 Ω, 1 kΩ, 1.8 kΩ 세 가지 실험 결과를 이용하여 다음의 성능을 확인하고 비교하라.

R_3	560 Ω	1,000 Ω	1,800 Ω
통과 대역 이득(측정)			
통과 대역 이득(시뮬레이션)			
차단주파수(측정)			
차단주파수(시뮬레이션)			
이득 피킹(측정)			
이득 피킹(시뮬레이션)			

1. 통과 대역에 따른 필터의 분류로 적당하지 않은 것은?

   ① 저역통과필터   ② 고역통과필터

   ③ 대역통과필터   ④ 능동필터

2. 이득이 1보다 큰 샐런키 필터에서 회로가 발진하는 불안정 상태가 되는 조건은?

   ① 이득이 1일 때   ② 이득이 4일 때

   ③ Q 값이 1일 때   ④ Q 값이 1,000일 때

3. 능동필터는 회로 구조에 따라 다양한 방법으로 구현이 가능하다. 아래에서 샐런키 필터의

   구현 방식은 무엇인가?

   ① Opamp−RC 회로   ② G_m−C 회로

   ③ 스위치드 캐패시터 회로   ④ 능동 인덕터 회로

4. 이득이 1인 기본형 샐런키 필터에서 $R_1=R_2=7$ kΩ, $C_1=C_2=10$ nF일 때 차단주파수는

   얼마인가?

   ① 14.3 kHz   ② 2.27 kHz

   ③ 14.3 MHz   ④ 2.27 MHz

5. 다음 중 필터의 필요성이 가장 낮은 경우는 무엇인가?

   ① FM 라디오 수신기 회로   ② 휴대전화 수신기 회로

   ③ 케이블 TV 수신기 회로   ④ CPU와 메모리 인터페이스 회로

실험 22

멀티바이브레이터 발진기

1   개요

대부분의 전자 시스템은 일정한 주파수를 갖는 기준 클락(Reference Clock) 신호에 동기되서 동작한다. 예를 들어, 컴퓨터의 CPU(Central Processing Unit)나 휴내폰의 AP(Application Processor) 같은 디지털 시스템은 대개 수십 MHz 정도의 기준 클락을 사용한다. 발진기는 이와 같이 일정한 주파수의 클락 신호를 안정적으로 발생시키는 회로이다. 발진기 회로는 트랜지스터 또는 연산증폭기와 같이 이득을 갖는 능동소자 또는 회로에 양의 피드백(Positive Feedback)을 인가함으로써 만들 수 있다.

본 실험에서는 연산증폭기에 기반한 비안정 멀티바이브레이터(Astable Multivibrator) 구조를 갖는 두 가지 발진기 회로를 살펴보고, 실험을 통해 발진기 회로의 동작을 이해하도록 한다.

2   배경 이론

그림 22-1(a)는 구형파를 발생시키는 발진기 회로이다. 이 발진기는 외부 입력이 없더라도 출력신호가 두 가지 상태, 즉, 하이(High)와 로우(Low) 상태를 일정 시간 간격으로 반복적으로 교차하며 변동하는 동작을 한다. 이러한 동작을 하는 회로를 비안정 멀티바이브레이터(Astable Multivibrator)라고 부른다.

이 회로의 동작을 이해하기 위해 주요 동작 파형과 연결시켜서 생각해보자. 여기서 연산증폭기는 양의 전원전압 $+V_{CC}$와 음의 전원전압 $-V_{CC}$로 동작한다고 가정하자. 또한, 회로 동작 초기 상태에서 연산증폭기의 입력단자에 DC 오프셋 전압이나 잡음 등이 존재함으로 인해 v_P가 v_M보다 큰 상태로 시작한다고 가정하자. v_P가 v_M보다 크고, 연산증폭기의 이득이 무한대라면, v_{out}은 양의 전원전압 $+V_{CC}$에 포화되어 있을 것이다. 그리고, v_P는 $R_2/(R_2+R_3) \times V_{CC}$가 된다. 여기서 $R_2/(R_2+R_3)$를 β라 하자.

이 상태에서 $+V_{CC}$ 전압이 $R_1 C_1$ 네트워크에 인가되어 있고 연산증폭기의 '−' 입력단자로는 전류가 흐르지 않으므로, $+V_{CC}$에 의해 캐패시터 C_1이 충전되기 시작한다. 따라서, v_M 전압은 충전 시상수(Time Constant) $R_1 C_1$을 가지면서 지수함수적으로 증가하게 된다. v_M이 증가하게 되어 앞서 설정되어 있던 v_P 전압, 즉 $\beta \times V_{CC}$보다 커지게 되면, 그 순간 연산증폭기의 출력전압 v_{out}은 음의 전원전압 $-V_{CC}$로 반전된다. 이때 v_P도 $-\beta \times V_{CC}$로 반전된다.

이후부터는 반대의 작용이 일어난다. v_{out}이 $-V_{CC}$이므로 이 전압에 의해 캐패시터 C_1의 전압 v_M이 방전되기 시작해서, 결국 v_M이 $-\beta \times V_{CC}$보다 작아질 때까지 감소한다. v_M이 $-\beta \times V_{CC}$까지 감소하면 연산증폭기의 상태가 다시 반전되어 v_{out}이 $+V_{CC}$로 돌아가게 된다. 이와 같이 이 회로는 출력전압이 $+V_{CC}$와 $-V_{CC}$의 두 가지 상태를 주기적으로 변하는 비안정 멀티바이브레이터로 동작하면서 구형파를 발생시키는 발진기로 동작한다.

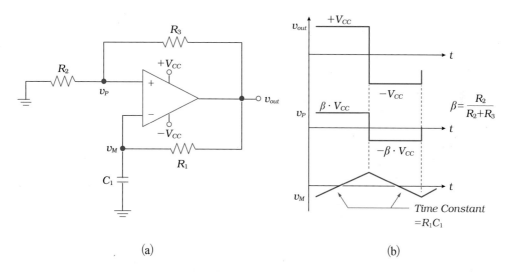

(a)   (b)

그림 22-1 구형파 발진기
(a) 회로도, (b) 주요 파형

이 발진기의 발진 주파수는 다음과 같이 결정된다.

$$f = \frac{1}{2R_1 C_1 \ln\left(\dfrac{1+\beta}{1-\beta}\right)}, \quad \beta = \frac{R_2}{R_2 + R_3} \tag{1}$$

구형파 발진기를 약간 변형하여 하나의 회로에서 구형파와 삼각파가 동시에 발생하도록 만들 수 있다. 그림 22-2(a)는 그림 22-1 회로에서 하나의 연산증폭기가 담당하던 멀티바이브레이터와 적분기 동작을 두 개의 연산증폭기가 각각 담당하도록 변경한 것이다. 먼저, 연산증폭기 A_1은 적분기 동작을 하고 그 출력 v_{out1}으로 삼각파가 발생한다. R_2, R_3에 의한 양의 피드백을 인가한 연산증폭기 A_2로는 쌍안정 멀티바이브레이터(Bistable Multivibrator) 동작을 하게 되는데 그 출력 v_{out2}로 구형파가 발생한다.

이 회로의 동작을 그림 22-2(b)의 출력파형과 같이 보면서 이해해 보자. 초기상태에서 v_{out2}에 $-V_{CC}$가 발생하고 있다고 가정하자. 이 전압이 A_1으로 이루어진 적분기에 입력되어서 v_{out1}은 선형적으로 증가하게 된다. R_2, R_3를 통해 양의 피드백이 가해진 연산증폭기 A_2는 쌍안정 멀티바이브레이터이다. v_{out1}이 $V_{TH} = V_{CC} \times R_2/R_3$를 넘게 되면, v_{out2}가 $-V_{CC}$에서 $+V_{CC}$로 반전된다. v_{out2}가 $+V_{CC}$가 되면 A_1 적분기에 의해 v_{out1}이 선형적으로 감소하게 된다. v_{out1}이 $V_{TL} = -V_{CC} \times R_2/R_3$에 도달하게 되면, v_{out2}가 $-V_{CC}$로 반전된다.

이 회로의 발진 주파수는 다음과 같이 결정된다.

$$f = \frac{1}{4R_1 C_1 \dfrac{R_2}{R_3}} \tag{2}$$

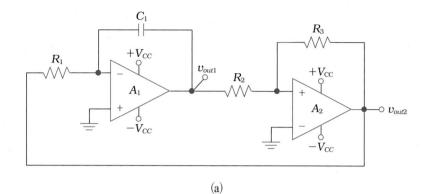

(a)

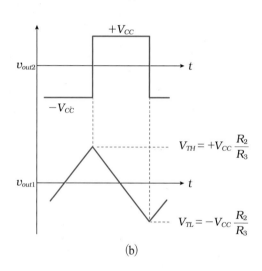

(b)

그림 22-2   삼각파 및 구형파 동시 발생 발진기

(a) 회로도, (b) 출력파형

3 **필요 장비 및 부품**

- 장비: DC 전원공급기, 멀티미터, 오실로스코프

- 부품: 연산증폭기 (uA741), 저항 (3.3 kΩ, 10 kΩ), 캐패시터 (0.2 μF)

4 ▶ 예비 리포트

(1) 그림 22-1 및 그림 22-2의 비안정 멀티바이브레이터 발진기 회로에 대해 발진 주파수를 이론적으로 유도하라. 연산증폭기는 이상적이라고 가정한다.

(2) SPICE 시뮬레이션 과제를 수행하고 그 결과를 보여라.

(3) 본 실험 순서에 따른 내용을 읽고 이론적인 계산이 필요한 부분은 결과를 구하라.

5 ▶ SPICE 시뮬레이션

(1) 그림 22-3의 구형파 발진기 회로를 SPICE에 구성하라.

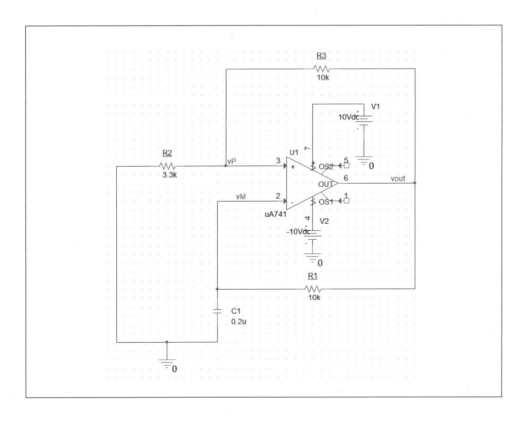

(2) DC 시뮬레이션을 수행하고 회로의 DC 바이어스 조건을 확인하라. 연산증폭기의
     입출력 단자의 전압이 모두 0 V 근처에 안정적으로 바이어스 되어 있는가?

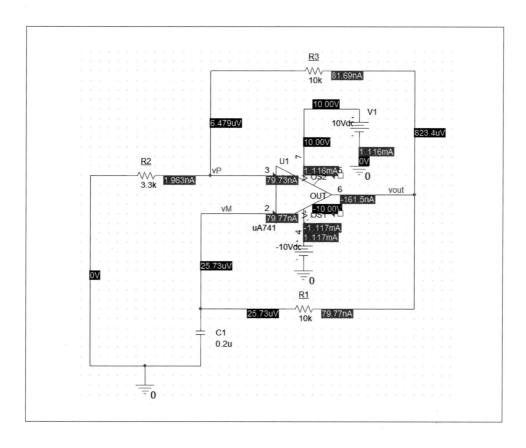

(3) 시간 영역 시뮬레이션을 수행하고 v_{out}, v_P, v_M 파형을 그려라. 세 파형의 모습, 진폭, 주파수를 확인하고 이론적으로 예측한 값과 비교하라.

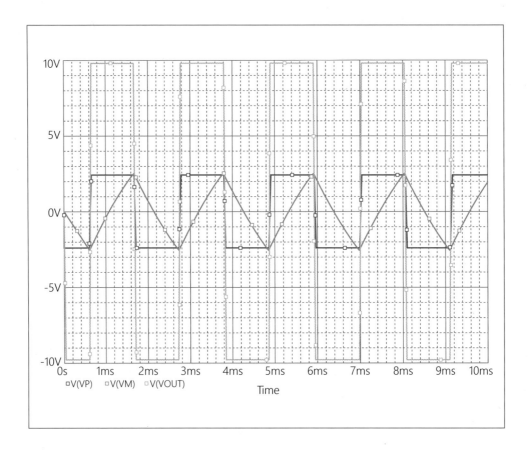

출력 주파수 (측정값, 이론값) = _____

v_{out} 전압 파형 크기 (시뮬레이션값, 이론값) = _____, _____

v_P 전압 파형 크기 (시뮬레이션값, 이론값) = _____, _____

v_M 전압 파형 크기 (시뮬레이션값, 이론값) = _____, _____

(4) 주어진 회로에서 C_1을 0.1 μF으로 바꾼 뒤 시간 영역 시뮬레이션을 수행하고 v_{out}, v_P, v_M 파형을 확인하라. 진폭과 주파수에 어떤 변화가 있는가?

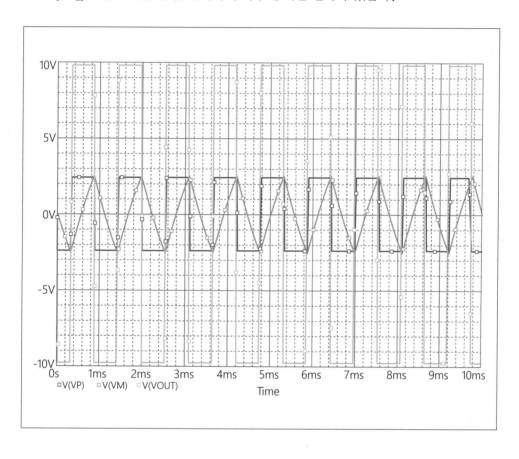

v_{out} 진폭 및 주파수 변화 = _____

v_P 진폭 및 주파수 변화 = _____

v_M 진폭 및 주파수 변화 = _____

(5) 그림 22-4의 삼각파 및 구형파 동시 발생 발진기 회로를 SPICE에 구성하라.

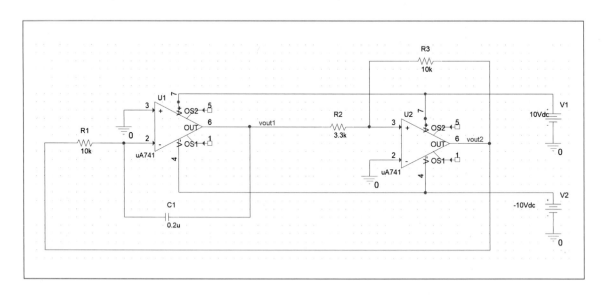

(6) 구성된 회로의 DC 전압, 전류값을 보고 동작 상태를 확인하라.

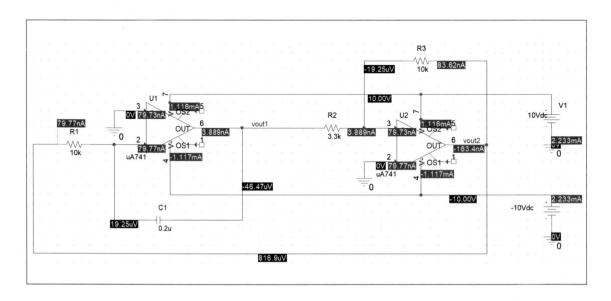

(7) 시간 영역 시뮬레이션을 수행하고 v_{out1}, v_{out2} 파형을 그려라. 파형의 모습, 진폭, 주파수를 확인하고 이론적으로 예측한 값과 비교하라.

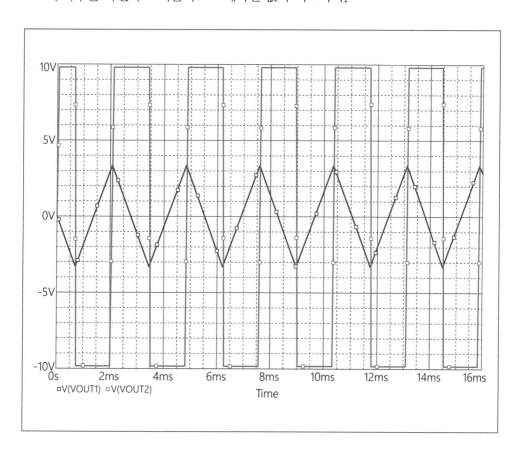

출력 주파수 (측정값, 이론값) = _____

구형파 파형 크기 (시뮬레이션값, 이론값) = _____, _____

삼각파 파형 크기 (시뮬레이션값, 이론값) = _____, _____

(8) 주어진 회로에서 C_1을 0.1 μF으로 바꾼 뒤 시간 영역 시뮬레이션을 수행하고 v_{out1}, v_{out2} 파형을 확인하라. 진폭과 주파수에 어떤 변화가 있는가?

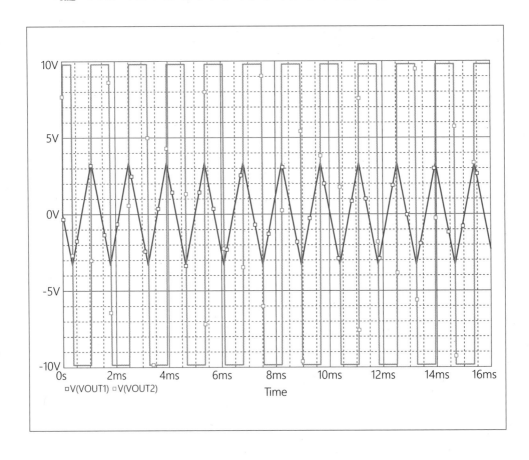

v_{out1} 진폭 및 주파수 변화 = _____

v_{out2} 진폭 및 주파수 변화 = _____

(9) C_1을 원래 값인 0.2 μF으로 바꾸고, R_2를 7 kΩ으로 변경하라. 시간 영역 시뮬레이션을 수행하고 v_{out1}, v_{out2} 파형을 확인하라. 원래 회로와 비교하여 진폭과 주파수에 어떤 변화가 있는가?

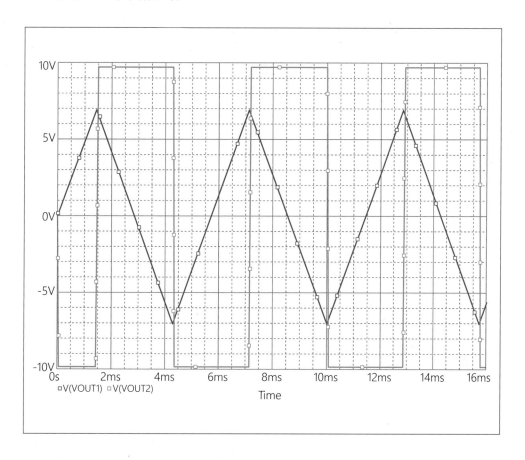

출력 주파수의 변화 (초기값, 변경값) = _____

구형파 크기 변화 (초기값, 변경값) = _____

삼각파 크기 변화 (초기값, 변경값) = _____

6 ▶ 실험 내용

■ **구형파 발진기**

(1) 그림 21-3 구형파 발진기 회로를 브레드보드에 구성하라.

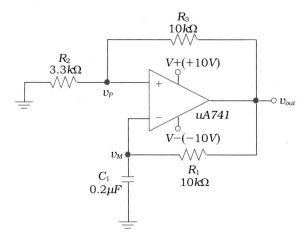

그림 21-3   구형파 발진기 실험 회로

(2) 전원전압을 인가하고 오실로스코프를 사용하여 출력파형 v_{out}을 측정하고 기록하라.

(3) 발진 신호의 주파수 및 진폭은 얼마로 측정되었는가? 이 값을 이론값과 비교하라.

출력 주파수 (측정값, 이론값) = _____

출력신호 크기 (측정값, 이론값) = _____

(4) 오실로스코프를 사용하여 출력파형 v_P, v_M을 측정하라. 시뮬레이션을 통해 예상했던 파형이 나오는지 확인하라.

(5) 발진 주파수를 2배 증가시키기 위하여 R_1, C_1 값을 다시 결정하라. v_{out} 파형을 측정하고 결과를 확인하라.

R_1 (Ω), C_1 (F) = _____

발진 주파수 (Hz) = _____

(6) 발진 주파수를 절반으로 감소시키기 위하여 R_1, C_1 값을 새롭게 결정하라. v_{out} 파형을 측정하여 결과를 확인하라.

$$R_1 \, (\Omega), \, C_1 \, (F) = \underline{\hspace{3cm}}$$

$$발진 \, 주파수 \, (Hz) = \underline{\hspace{3cm}}$$

■ 구형파 및 삼각파 동시 발생 발진기

(7)   그림 21-4 삼각파 및 구형파 동시 발생 발진기 회로를 브레드보드에 구성하라.

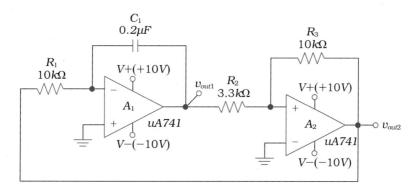

그림 21-4   삼각파 및 구형파 동시 발생 발진기 실험 회로

(8)   전원전압을 인가하고 오실로스코프를 사용하여 출력파형 v_{out1} 및 v_{out2}을 측정하고 기록하라. 삼각파와 구형파가 예상대로 출력되는가?

(9) 측정된 파형의 주파수 및 진폭은 얼마인가? 이 값을 이론값과 비교하라.

발진 주파수 (측정값, 이론값) = _____, _____

구형파 신호 크기 (측정값, 이론값) = _____, _____

삼각파 신호 크기 (측정값, 이론값) = _____, _____

(10) 주어진 회로를 발진 주파수를 가변할 수 있는 주파수 조정 발진기로 변경하고자 한다. 출력신호의 진폭은 변화시키지 않으면서 발진 주파수만을 가변하기 위해서는 R_2, R_3는 고정하고, R_1을 가변하는 방법이 가장 효과적일 것이다. 발진 주파수의 변화 범위, 즉, 최대발진주파수 대비 최소발진주파수의 비를 3배 이상으로 하기 위해서 R_1의 가변 범위는 어떻게 설정해야 하는가?

R_1 가변 범위 (최댓값, 최솟값) = _____, _____

주파수 가변 범위 (최댓값, 최솟값) = _____, _____

(11) 위에서 결정한 R_1 값에 해당하는 가변 저항을 적용하여, 주파수 조정 발진기를 구성하라. 발진 주파수가 최대 및 최소일 때 v_{out1}, v_{out2}의 출력파형을 오실로스코프를 통해 측정하라.

1. 다음 중 발진기로 동작하기 적합한 회로 구조는?

    ① 단안정 멀티바이브레이터(Monostable Multivibrator)

    ② 쌍안정 멀티바이브레이터(Bistable Multivibrator)

    ③ 비안정 멀티바이브레이터(Astable Multivibrator)

    ④ 슈미트 트리거(Schmitt Trigger)

2. 발진기로 동작하기 위해서 반드시 필요한 회로 구성 요소는?

    ① 양의 피드백(Positive Feedback)

    ② 음의 피드백(Negative Feedback)

    ③ 공진기(Resonator)

    ④ 연산증폭기

3. 구형파 발진기 회로에서 발진 주파수를 증가시키기 위한 방법으로 적절치 않은 것은?

    ① 캐패시터 크기 감소

    ② RC 시상수 감소

    ③ 피드백(β) 감소

    ④ 전원전압 감소

4. 전자 시스템에서 수십-수백 MHz 정도의 주파수 대역에서 매우 정밀한 기준 클락을 발생

    시키는 발진기로 많이 사용되는 회로는?

    ① 비안정 멀티바이브레이터(Astable Multivibrator)

    ② 유전체 공진 발진기(Dielectric Resonator Oscillator)

    ③ 수정 발진기(Crystal Oscillator)

    ④ 링 발진기(Ring Oscillator)

5. 다음 중 발진 주파수가 RC 시상수와 관계없는 구조는?

① 콜핏츠 발진기(Colpitts Oscillator)

② 위상천이 발진기(Phase Shift Oscillator)

③ 윈−브리지 발진기(Wien−Bridge Oscillator)

④ 이완 진동 발진기(Relaxation Oscillator)

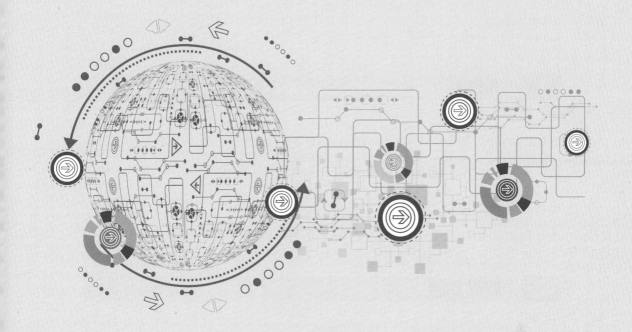

종합 실험 프로젝트 1
파형 발생기

1 ▸ 개요

연산증폭기를 이용하여 파형 발생기(Waveform Generator) 회로를 구현한다. 본 프로젝트의 파형 발생기는 정현파, 구형파, 삼각파를 발생시킬 수 있으며 출력파형의 주파수 및 진폭을 가변할 수 있다.

2 ▸ 배경 이론

그림 P1-1은 파형 발생기의 구성도이다. 파형 발생기는 구형파를 발생하기 위한 구형파 발진기, 구형파를 삼각파로 변환하기 위한 적분기, 그리고 삼각파를 정현파 모양으로 변환하기 위한 저역통과필터로 구성된다. 이렇게 발생된 세 개의 파형을 스위치를 사용하여 적절히 선택하여 출력할 수 있도록 한다. 스위치는 기계적 스위치를 사용할

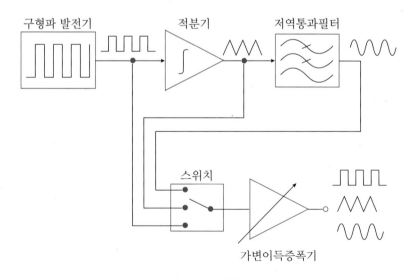

그림 P1-1 파형 발생기 구조

수 있다. 최종단에는 이득을 조정할 수 있는 가변 이득 증폭기(Variable Gain Amplifier)를 추가하여 출력신호의 크기를 조정할 수 있도록 한다.

구형파 발진기, 적분기, 저역통과필터 회로 설계는 앞선 실험 과정 중에 수행한 연산 증폭기 응용 회로 및 멀티바이브레이터 회로를 참고하여 설계한다. 출력신호의 주파수를 가변하기 위해서 구형파 발진기의 주파수를 가변하도록 한다. 캐패시터 또는 저항 성분을 가변하는 방법으로 주파수 가변 기능을 구현할 수 있다. 최종단의 가변 이득 증폭기는 연산증폭기 기반 증폭기로 설계하는 데 가변 저항 등을 사용해서 이득을 가변함으로써 출력파형의 진폭을 조정할 수 있다.

그림 P1-2는 SPICE를 이용하여 설계된 회로의 세 가지 출력파형의 한 예를 보이고 있다. 시뮬레이션 결과에서 보듯이 구형파, 삼각파, 정현파가 적절히 발생되고 있음을 확인할 수 있다.

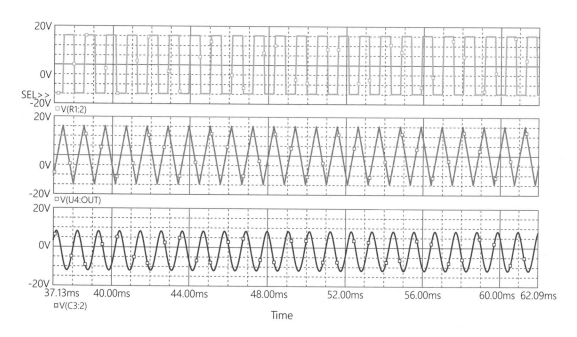

그림 P1-2 세 가지 파형 발생 시뮬레이션 결과

3 ▶ 구현 사양 및 목표

- 전원전압: +/− 10V
- 출력신호의 최대 크기: 진폭 10 V 이상
- 출력파형 선택 기능: 하나의 최종 출력단자에서 스위치를 이용하여 정현파, 삼각파, 구형파를 선택할 수 있는 기능
- 주파수 가변 기능: 최소 1–50 kHz 이상 주파수 가변 가능. 최소와 최대 주파수 범위를 성능 지표로 정량적 평가에 반영함
- 진폭 가변 기능: 최소 1–10 V 이상 진폭을 가변하는 기능 구현. 최소와 최대 진폭 범위를 성능 지표로 정량적 평가에 반영함

4 ▶ 수행 방법

- 브레드보드에 구현하는 것을 기본으로 하되 인쇄회로기판 상에 납땜하여 회로를 구현함으로써 완성도를 높일 수 있다.
- 사용하는 연산증폭기는 실험 과정에서 사용한 부품을 사용한다. 다만, 기본 제공 그 부품의 슬루율, 대역폭 등 특성이 본 과제의 목표를 달성할 수 없다고 판단하면 더 성능이 좋은 연산증폭기를 선택하여 사용할 수 있다. 예를 들어, uA741과 LM318 등의 부품을 비교하여 좋은 것으로 사용할 수 있다.

5 ▶ 평가 기준

- 세 가지 출력파형이 정상적으로 출력되는가?
- 주파수 가변 범위 1–50 kHz의 최소 목표를 만족하는가?
- 진폭 가변 범위 1–10 V의 최소 목표를 만족하는가?
- 주파수 가변 범위 (최대 주파수 ÷ 최소 주파수) 및 진폭 가변 범위 (최대 진폭 ÷ 최소 진폭)의 성능 지표
- 구현된 회로 보드의 완성도 및 심미성

종합 실험 프로젝트 2

무선 전자
감시 시스템

1 ▸ 개요

무선 전자 감시 시스템(Wireless Electronic Surveillance System)은 비접촉식으로 정보를 읽어내는 일종의 RFID(Radio Frequency Identification) 시스템이다. 일반적인 상점에서 출입문에 물품 도난 방지를 위해 많이 사용되고 있으며 그 외에도 다양한 분야에서 응용되고 있다. 본 프로젝트를 통하여 무선 전자 감시 시스템의 구조를 이해하고 구현해 본다.

2 ▸ 배경 이론

그림 P2-1은 무선 전자 감시 시스템의 구성도이다. 무선 전자 감시 시스템은 태그와 감지기로 구성된다.

감지기는 신호발생기로부터 나온 1 MHz 정현파 전압 신호를 $L_1 C_1$ 공진기를 거쳐 R_1을 통해 정류기로 전달된다. 정류기는 정현파 신호를 DC 전압으로 변화시킨다. 이때 정류기에서 발생하는 DC 전압의 크기는 입력되는 교류 신호의 진폭에 비례한다. 감지기의 $L_1 C_1$ 공진기를 입력신호의 주파수인 1 MHz에 공진되도록 설계함으로써 R_1에 전달되는 전압이 최대가 되도록 한다.

태그는 인덕터 L_2와 캐패시터 C_2로 이루어진 공진기이다. 태그가 감지기의 공진기에 접근하게 되면 두 개의 인덕터 L_1, L_2 사이에 유도 결합(Magnetic Coupling)이 형성되고 역기전력이 발생하여 감지기의 $L_1 C_1$ 공진 주파수가 변하게 된다. 이로 인해 정류기로 전달되는 1 MHz 정현파 신호의 크기가 감소하게 되고 정류기의 출력 DC 전압도 감소하게 된다.

정류기 출력에서 발생하는 DC 전압은 미리 설정된 기준 전압 V_{ref}와 비교되어 그 결과에 따라 LED 램프를 이용한 경보등을 켜거나 부저를 이용한 경보음을 발생시킨다.

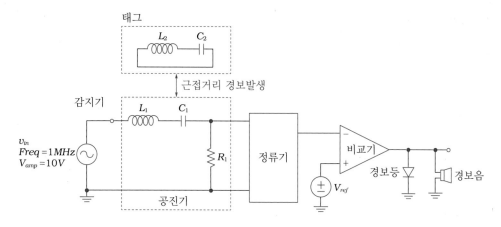

그림 P2-1 무선 전자 감시 시스템

LC 공진기의 공진 주파수는 식 (1)로 결정된다. 예를 들어, 100 μH 인덕턴스와 25 nF 캐패시터를 사용하면 1 MHz 공진 주파수를 얻을 수 있다.

$$f_o = \frac{1}{2\pi\sqrt{LC}} \tag{1}$$

공진기에 사용되는 인덕터 L_1, L_2는 전선을 코일 형태로 감아서 구현할 수 있다. 식 (2)는 권선형 코일의 인덕턴스를 간략히 계산하는 식이다. 여기서, L은 인덕턴스, N은 권선 수, A는 코일의 단면적 πr^2, l은 코일의 길이, μ_o는 진공 투자율(permeability) $4\pi \times 10^7$ H/m, μ_r은 상대 투자율(relative permeability)이다. 사용된 단위는 meter 및 H이다.

$$L = \frac{\mu_r \mu_o N^2 \pi r^2}{l} \tag{2}$$

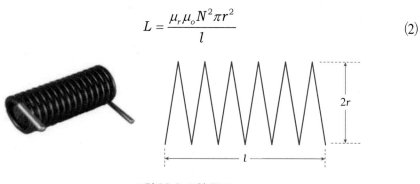

그림 P2-2 코일 구조

3 구현 사양 및 목표

- 최소 감지 거리: 태그 감지 거리 최소 5 cm 이상
- 경보 표시: 태그 감지 시 LED를 이용한 경보등 표시를 기본으로 구현하고, 가능하다면 경보음도 동시에 발생

4 수행 방법

- 사용하는 연산증폭기는 실험에서 사용한 부품을 기본으로 사용하되 필요에 따라 고성능의 연산증폭기를 사용할 수 있다.
- 회로를 설계하고 SPICE 시뮬레이션을 통해 태그가 멀리 떨어져 있을 때와 근접했을 때의 두 경우에 대해 정류기 및 비교기 출력파형을 확인한다.
- 브레드보드에 회로를 구현하여 기능을 확인한 후에 인쇄회로 기판을 이용하여 완성도를 높일 수 있다.

5 평가 기준

- 감지 시스템이 정상적이고 안정적으로 동작하는가?
- 감지 거리 5 cm의 최소 목표를 달성하였는가?
- 최대 감지 거리
- 태그 위치에 따른 정류기 출력전압의 변화량
- 구현된 회로 보드의 완성도 및 심미성

종합 실험 프로젝트 3
오디오 증폭기

1 개요

음성 신호를 스피커를 이용하여 듣기 위해서는 스피커의 부하저항이 5–8 Ω 정도로 낮기 때문에 충분한 전류를 공급해 줄 수 있는 줄력 구동 증폭기가 필요하다. 오디오 증폭기(Audio Amplifier)는 작은 신호를 증폭하여 스피커의 작은 부하저항에 충분히 큰 전력을 공급할 수 있도록 하는 증폭기이다. 음성 신호의 대역폭이 20 Hz에서 20 kHz 정도이므로 여기에 해당하는 대역을 충분히 포함할 수 있는 주파수 특성을 가져야 하고, 5 Ω 정도의 작은 부하저항에 왜곡 없이 충분히 큰 출력 전력을 공급할 수 있어야 한다.

본 프로젝트에서는 스마트폰 등의 헤드셋 단자에서 나오는 작은 음성 신호를 스피커로 감상할 수 있도록 오디오 증폭기를 설계 구현하도록 한다.

2 배경 이론

그림 P3–1은 일반적인 오디오 증폭기의 구조를 보이고 있다. 오디오 증폭기는 스마트폰 헤드셋 단자에서 나오는 음성 신호를 처음 받아들이는 입력단, 스피커의 낮은 부하저항을 충분히 구동하기 위한 푸시풀 증폭기, 최종적으로 스피커로 구성된다.

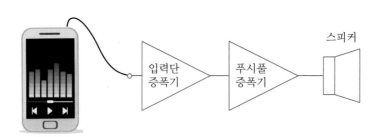

그림 P3-1 오디오 증폭기 구조

입력단 증폭기는 일반적으로 공통 에미터 증폭기와 같은 구조의 증폭기이거나, 연산 증폭기를 이용한 증폭기로 설계된다. 푸시풀 증폭기는 NPN 및 PNP 바이폴라 트랜지스터를 이용한 B급 전력 증폭기로서 실험 20의 내용을 기반으로 설계한다.

3　구현 사양 및 목표

- 입력신호: 스마트폰의 헤드셋 출력단자에서 나오는 음성신호를 사용함
- 스피커: 상용 스피커를 자유롭게 선택하여 사용함
- 출력 전력: 최소 1 Watt
- 음량 조절 기능: 음량 조절 기능이 포함되어 소리의 크기를 조정할 수 있는 기능
- 증폭기 대역폭: 20 Hz–20 kHz

4　수행 방법

- 브레드보드에 구현하는 것을 기본으로 하나 인쇄회로기판에 회로를 구현하여 완성도를 높일 수 있다.
- 전원전압은 +/– 10 V 사용을 기본으로 하되 필요한 경우 변경할 수 있다.
- 사용하는 연산증폭기와 전력 BJT는 실험 과정에서 사용한 부품을 사용하되, 필요에 따라 더 좋은 성능의 부품으로 대체할 수 있다.

5 평가 기준

- 음악 소리가 스피커를 통해서 잡음 없이 명확히 들리는가?
- 음량 조절 기능이 동작하는가?
- 최대 구동 전력은 얼마인가?
- 구현된 회로 보드의 완성도 및 심미성

종합 실험 프로젝트 4
위상천이 발진기

1   개요

연산증폭기를 기반으로 하는 발진기의 한 종류로 위상천이 발진기(Phase Shift Oscillator)를 설계 구현한다. 본 프로젝트를 통하여 위상천이 발진기를 설계 목표에 맞게 구현하도록 한다.

2   배경 이론

그림 P4-1은 위상천이 발진기의 회로도이다. 이 발진기는 반전 증폭기의 입출력 사이에 $R_o C_o$로 이루어진 180° 위상천이 네트워크를 삽입하여 전체적으로 양의 피드백(Positive Feedback)을 구현하는 구조를 갖는다. 이 발진기가 동작하기 위해서는 피드백 루프 위상이 360°일 때 피드백 루프 이득이 1보다 큰 바크하우젠 기준(Barkhausen Criteria)을 만족해야 한다.

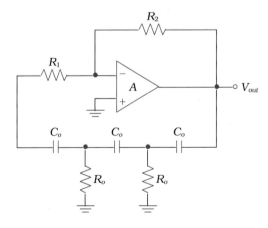

그림 P4-1 위상천이 발진기 회로

3 ▸ 구현 사양 및 목표

- 출력신호의 크기: 진폭 2 V 이상
- 정현파 출력: 왜곡 없는 정현파 출력
- 주파수 가변 기능: 최소 주파수 10 kHz에서 최대 주파수는 15 kHz 이상. 다만, 최대 발진 주파수가 높을수록 높은 평가 점수를 받게 됨

4 ▸ 수행 방법

- 브레드보드에 구현하는 것을 기본으로 하되 인쇄회로기판 상에 납땜하여 회로를 구현하여 완성도를 높일 수 있다.
- 전원전압은 +/− 15V를 기본으로 하되 필요에 따라 변경할 수 있다.
- 사용하는 연산증폭기는 실험 과정에서 사용한 부품을 사용한다. 다만, 기본 제공 부품의 슬루율, 대역폭 등 특성이 본 과제의 목표를 달성할 수 없다고 판단하면 더 성능이 좋은 연산증폭기를 선택하여 사용할 수 있다. 예를 들어, uA741과 LM318 등의 부품을 비교하여 좋은 것으로 사용할 수 있다.

5 ▸ 평가 기준

- 출력파형이 정상적으로 출력되는가?
- 주파수 가변 범위 최소 목표 사양 10-15 kHz를 만족하는가?
- 출력파형의 진폭은 최소 설계 사양을 만족하였는가?
- 최대 동작 주파수는 얼마인가?
- 구현된 회로 보드의 완성도 및 심미성

종합 실험 프로젝트 5
스펙트럼 디스플레이

1 개요

음성 신호의 주파수 스펙트럼 성분에 따라 세 가지 서로 다른 색의 컬러 LED 램프를 표시하는 스펙트럼 디스플레이 장치를 설계 제작한다. 본 프로젝트를 통하여 주파수 성분을 검출하는 능동필터 회로에 대한 이해를 높인다.

2 배경 이론

음악의 음계는 9개의 옥타브로 구분되며 각 옥타브별 음성신호의 주파수는 아래 표와 같다. 일반적으로 '4옥타브 라(A4)' 음의 주파수는 440 Hz로서 이를 기준으로 각 음계의 주파수가 결정되는데, 일반적인 사람의 음정은 3옥타브 및 4옥타브에 해당한다.

옥타브	0	1	2	3	4	5	6	7	8
도(C)	16.35	32.70	65.41	130.81	261.63	523.25	1046.50	2093.00	4186.01
레(D)	18.35	36.71	73.42	146.83	293.66	587.33	1174.66	2349.32	4698.64
미(E)	20.60	41.20	82.41	164.81	329.63	659.26	1318.51	2637.02	5274.04
파(F)	21.83	43.65	87.31	174.61	349.23	698.46	1396.91	2793.83	5587.65
솔(G)	24.50	49.00	98.00	196.00	392.00	783.99	1567.98	3135.96	6271.93
라(A)	27.50	55.00	110.00	220.00	440.00	880.00	1760.00	3520.00	7040.00
시(B)	30.87	61.74	123.47	246.94	493.88	987.77	1975.53	3951.07	7902.13

(단위 : Hz)

우리가 음악을 들을 때 사람의 목소리 및 각종 악기 소리에 따라 매우 넓은 영역의 주파수 성분이 복합적으로 나오게 된다. 본 프로젝트에서는 이러한 주파수 영역을 대략 세 개의 대역으로 나누고 각 대역의 주파수 성분에 따라 서로 다른 색의 LED가 역동적으로 켜지도록 하는 스펙트럼 디스플레이 장치를 구현하고자 한다.

　　스펙트럼 디스플레이 회로의 구조는 그림 P5-1과 같다. 스펙트럼 디스플레이 장
치는 휴대폰 등에서 발생하는 소리를 마이크(예를들어, 콘덴서 마이크)를 사용하
여 전기신호로 변환한다. 변환된 전기신호는 대개 진폭이 작으므로 전치증폭기(Pre-
Amplifier)를 통하여 적절한 진폭을 갖도록 증폭한다. 이 후 전치저역통과필터(Pre-
LPF)를 이용하여 음성 주파수 대역인 20 kHz 이상의 신호를 제거하게 된다. 이를 통해
입력신호에 존재하는 음성신호 대역 이외의 불필요한 잡음 성분을 제거할 수 있다.

　　전치저역통과필터를 통과한 신호는 3가지 음성신호 대역 필터로 인가된다. 3개의 음
성신호대역 필터는 1옥타브에서 3옥타브까지의 신호를 검출하는 저대역 대역통과필터
(Low-Band BPF), 4옥타브에서 5옥타브까지의 신호를 검출하는 중대역 대역통과필터
(Mid-Band BPF), 6옥타브에서 8옥타브까지의 신호를 검출하는 고대역 대역통과필터
(High-Band BPF)로 구성된다. 각각의 필터는 해당 주파수대역의 신호가 입력될 경우
높은 전압을 발생시키게 되고, 이 값을 비교기를 통하여 증폭하여 LED를 구동하게 된
다. 이렇게 함으로써 음악의 주파수 대역별로 서로 다른 색의 LED 점등하는 컬러 스펙
트럼 디스플레이를 구현하게 된다.

　　본 회로의 Preamp, Pre-LPF, BPF, Comparator는 모두 연산증폭기 기반 회로로 구
현할 수 있다.

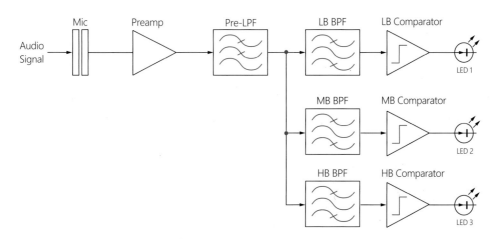

그림 P5-1 스펙트럼 디스플레이 회로

3 ▶ 구현 사양 및 목표

- 입력 주피수별 검출 동작: 110 Hz, 440 Hz, 1760 Hz 신호를 인가했을 때 해당 LED 가 한 개만 켜지고 다른 LED는 반응하지 않음
- 스펙트럼 디스플레이 기능: 임의의 음악을 입력했을 때 스펙트럼에 따라 세개의 LED가 역동적으로 빛을 표시함

4 ▶ 수행 방법

- 브레드보드에 구현하는 것을 기본으로 하되 인쇄회로기판 상에 납땜하여 회로를 구현하여 완성도를 높일 수 있다.
- 사용하는 연산 증폭기는 실험 과정에서 사용한 부품을 사용한다. 다만, 기본 제 공 부품이 슬루율, 대역폭 등 특성이 본 과제의 목표를 달성할 수 없다고 판단하 면 더 성능이 좋은 연산증폭기를 선택하여 사용할 수 있다. 예를 들어, uA741 과 LM318 등의 부품을 비교하여 좋은 것으로 사용할 수 있다.

5 ▶ 평가 기준

- 회로의 주요 지표(Mic 회로, Preamp의 이득, Pre-LPF의 대역, 스펙트럼 센싱 필 터의 주파수 대역, LED 구동회로, 전체 회로의 이득)는 적절히 설계되었는가?
- 3가지 대표 주파수(110, 440, 1760 Hz)에 대해서 해당 LED가 적절히 점등되는가?
- 임의의 음악을 인가했을 때 컬러 디스플레이가 역동적으로 적절히 동작하는가?
- 제작된 회로 보드의 완성도 및 심미성이 우수한가?

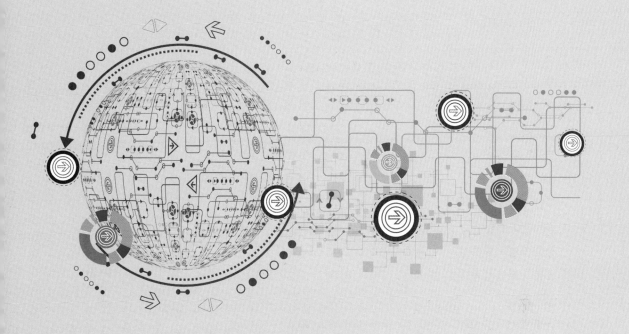

INDEX